"十二五"应用型本科系列规划教材

高 等 数 学

下 册

主 编 蒋国强 蔡 蕃

参 编 张兴龙 汤进龙 孟国明 俞 皓

主 审 刘金林

扬州大学教材出版基金资助

机 械 工 业 出 版 社

本书以高等教育应用型本科人才的培养计划为标准,以提高学生的数学素质、掌握数学的思想方法与培养数学应用创新能力为目的,在充分吸收编者们多年来教学实践经验与教学改革成果的基础上编写而成.

本书分上、下两册.下册内容包括向量代数与空间解析几何、多元函数微分法及其应用、多元函数积分学、无穷级数、微分方程等五章.各章节后配有习题、总习题(含客观题),书末附有部分习题答案与提示.

本书叙述深入浅出,清晰易懂.全书例题典型,习题丰富.本书可作为高等本科院校应用型专业、民办独立学院相关专业的教材,也可作为其他有关专业的教材或教学参考书.

图书在版编目(CIP)数据

高等数学.下册/蒋国强,蔡蕃主编.—北京:机械工业出版社,2010.11(2023.7重印)

"十二五"应用型本科系列规划教材

ISBN 978-7-111-32055-5

Ⅰ.①高… Ⅱ.①蒋…②蔡… Ⅲ.①高等数学 – 高等学校 – 教材 Ⅳ.①013

中国版本图书馆 CIP 数据核字(2010)第 191446 号

机械工业出版社(北京市百万庄大街22号 邮政编码100037)

策划编辑:韩效杰 责任编辑:韩效杰 责任校对:李秋荣

封面设计:路恩中 责任印制:常天培

北京机工印刷厂有限公司印刷

2023 年 7 月第 1 版第 17 次印刷

169mm×239mm ·13.5 印张 ·260 千字

标准书号:ISBN 978-7-111-32055-5

定价:30.00 元

电话服务　　　　　　　　　　网络服务

客服电话:010-88361066　　　机 工 官 网:www.cmpbook.com

　　　　　010-88379833　　　机 工 官 博:weibo.com/cmp1952

　　　　　010-68326294　　　金 书 网:www.golden-book.com

封底无防伪标均为盗版　　机工教育服务网:www.cmpedu.com

前　　言

本书紧扣高等学校高等数学课程教学基本要求,以应用型本科人才的培养计划为标准,以提高学生的数学素质、掌握数学的思想方法与培养数学应用创新能力为目的,在充分吸收编者们多年来教学实践经验与教学改革成果的基础上编写而成.

本书在编写中力求具有以下特点:

1. 科学定位. 本教材主要适用于应用型本科人才的培养.

2. 综合考虑、整体优化,体现"适、宽、精、新、用". 也就是要深浅"适"度;要有更"宽"的知识面;要少而"精";要跟踪应用学科前沿,推陈出"新",反映时代要求;要理论联系实际,学以致"用".

3. 强调特色. 注重从实际背景与几何意义出发引入基本概念、基本理论和基本方法,突出分析思想的启示;强调数学知识、思想、方法为提高数学素养、为数学应用服务的理念,立足于培养学生的科学精神、创新意识和综合运用数学知识解决实际问题的能力.

4. 以学生为本. 体现以学生为中心的教育思想,注重培养学生的自学能力和扩展、发展知识的能力,为今后持续创造性的学习和在实际工作生活中更好的应用数学打好基础.

全书知识系统、结构清晰、详略得当、例题典型、习题丰富,适合作为普通高等院校应用型本科、民办独立学院相关专业的教材,也可供其他有关专业选用为教材或教学参考书.

党的二十大报告指出:"教育是国之大计、党之大计. 培养什么人、怎样培养人、为谁培养人是教育的根本问题. 育人的根本在于立德." 为了更好引导广大学生关注时代和社会,厚植家国情怀,拓展知识视野,本书在每章设置了视频观看学习任务,激发学生怀抱梦想又脚踏实地,敢想敢为又善作善成,立志做有理想、敢担当、能吃苦、肯奋斗的新时代好青年。

本书由扬州大学刘金林教授主审,对他的指导和关心,我们表示衷心的感谢.

本书编写过程中,得到了机械工业出版社和扬州大学的大力支持和帮助,我们在此一并致谢.

参加本书编写的有蒋国强、蔡蕃、张兴龙、汤进龙、孟国明、俞皓等同志. 由于编者水平有限,错误疏漏之处在所难免,敬请各位专家、学者不吝指教,欢迎读者批评指正.

编　者

目　　录

Ⅵ

第7章 向量代数与空间解析几何

本章首先介绍向量的概念、向量的运算,然后建立空间直角坐标系,研究向量的坐标表示,并以向量为工具讨论空间的平面与直线,最后介绍一些重要的曲面和空间曲线.

7.1 向量及其线性运算

7.1.1 向量的概念

在客观世界中,经常会遇到一些量,如面积、体积、长度、温度、质量等,可以用一个数完全确定,这种只有大小的量称为**数量**(或**标量**).另外还有一些量,如位移、速度、加速度、力、力矩等,它们不仅有大小,还有方向,这种既有大小,又有方向的量称为**向量**(或**矢量**).

数学上,常用有向线段表示向量. 有向线段的长度表示向量的大小,有向线段的方向表示向量的方向. 以 A 为起点 B 为终点的有向线段所表示的向量记作 $\overrightarrow{AB}$,有时也用黑体字母 a 或在字母上加箭头 $\vec{a}$ 表示(图 7-1).

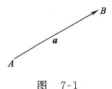

图 7-1

向量的大小称为向量的**模**,向量 a、$\vec{a}$、$\overrightarrow{AB}$ 的模分别记为 $|a|$、$|\vec{a}|$、$|\overrightarrow{AB}|$. 模等于 1 的向量称为**单位向量**.模等于 0 的向量称为**零向量**,记为 $\boldsymbol{0}$ 或 $\vec{0}$.零向量的方向可以看做是任意的.

由于许多实际问题中所碰到的向量常常与起点无关,所以数学上一般只研究与起点无关的向量,并称这种向量为**自由向量**. 在本章,如不加特别说明,所讨论的向量均指自由向量.

因为我们只讨论自由向量,所以如果两个向量 a 和 b 的模相等,且方向相同,我们就称向量 a 和 b 是相等的,记作 $a=b$.如果两个非零向量 a 和 b 方向相同或相反,就称这两个向量平行,记作 $a /\!/ b$.

7.1.2 向量的线性运算

1. 向量的加减法

向量的加法运算规定如下:

设有两个向量 a 与 b,以任意点 O 为起点,作 $\overrightarrow{OA}=a$,以 a 的终点 A 为起点作 $\overrightarrow{AB}=b$,连接 OB,则向量 $\overrightarrow{OB}=c$ 就是向量 a 与 b 的和(图 7-2),即

$$c = a + b.$$

这种作出两向量之和的方法叫做向量加法的**三角形法则**.

当向量 a 与 b 不平行时，求向量 a 与 b 之和还有下述**平行四边形法则**：以任意点 O 为起点，作 $\overrightarrow{OA} = a$，$\overrightarrow{OB} = b$，再以 OA、OB 为边作平行四边形 $OACB$，则对角线向量 $\overrightarrow{OC} = c$ 等于向量 a 与 b 的和 $a + b$（图 7-3）.

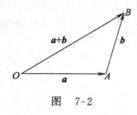

图 7-2

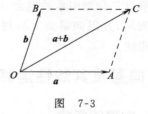

图 7-3

根据向量加法的定义，可知向量的加法满足下列运算规律：

(1) 交换律 $a + b = b + a$；

(2) 结合律 $(a + b) + c = a + (b + c)$.

由于向量的加法满足交换律和结合律，故 n 个向量 $a_1, a_2, \cdots, a_n$ 相加可记作

$$a_1 + a_2 + \cdots + a_n,$$

并由向量加法的三角形法则，得到 n 个向量相加的法则如下：以前一个向量的终点作后一个向量的起点，相继作向量 $a_1, a_2,$ $\cdots, a_n$，再以第一个向量的起点为起点，最后一个向量的终点为终点作一向量，这个向量即为所求的和向量，如图 7-4 所示，有

$$s = a_1 + a_2 + \cdots + a_5$$

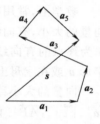

图 7-4

设 a 为一向量，称与 a 的模相同而方向相反的向量为 a 的负向量，记作 $-a$. 规定向量 b 与 $-a$ 的和为向量 b 与 a 的差（图 7-5a），记为 $b - a$，即

$$b - a = b + (-a).$$

向量 b 与 a 的差 $b - a$ 也可按图 7-5b 的方法作出. 从图 7-5b 可以看出，若把向量 a 与 b 移到同一起点 O，则从 a 的终点 A 指向 b 的终点 B 的向量 $\overrightarrow{AB}$ 便是向量 b 与 a 的差 $b - a$.

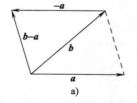

a)

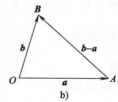

b)

图 7-5

由三角形两边之和大于第三边的原理,有
$$|a+b| \leqslant |a|+|b| \quad \text{及} \quad |a-b| \leqslant |a|+|b|,$$
其中等号在 a 与 b 同向或反向时成立.

2. 向量与数的乘法

向量 a 与实数 λ 的乘积记作 λa,规定 λa 是一个向量,它的模为 $|\lambda a|=|\lambda||a|$,它的方向:当 $\lambda>0$ 时与 a 相同,当 $\lambda<0$ 时与 a 相反.

当 $\lambda=0$ 时,$|\lambda a|=0$,即 λa 为零向量,这时它的方向可以是任意的.

特别地,当 $\lambda=-1$ 时,λa 为 a 的负向量,即:$(-1)a=-a$.

如果用 e_a(或 a^0)表示与非零向量 a 同方向的单位向量,则由向量与数的乘积的定义可知,$|a|e_a$ 与 a 的方向相同,模也相等,故有
$$a=|a|e_a,$$
从而
$$e_a=\frac{a}{|a|}.$$
上式表明任一非零向量除以它的模得到一个与原向量方向相同的单位向量.

可以验证,向量与数的乘积符合下列运算规律:

(1)结合律　$\lambda(\mu a)=\mu(\lambda a)=(\lambda\mu)a$;

(2)分配律　$\lambda(a+b)=\lambda a+\lambda b$;$(\lambda+\mu)a=\lambda a+\mu a$.

向量的加、减及数乘向量统称为向量的**线性运算**.

根据向量与数的乘积的定义,可得两个向量平行的充要条件:

定理 7-1　设向量 $a \neq 0$,那么向量 b 平行于向量 a 的充分必要条件是:存在唯一的实数 λ,使 $b=\lambda a$.

证　条件的充分性是显然的,下面证明条件的必要性.

设 $b \parallel a$,当 b 与 a 同向时,取 $\lambda=\dfrac{|b|}{|a|}$;当 b 与 a 反向时,取 $\lambda=-\dfrac{|b|}{|a|}$.这样,总有 b 与 λa 同向,并且
$$|\lambda a|=|\lambda||a|=\frac{|b|}{|a|}|a|=|b|.$$
由向量相等的概念得 $b=\lambda a$.

再证实数 λ 的唯一性.设存在实数 λ,μ,使 $b=\lambda a$,$b=\mu a$,两式相减,得
$$\lambda a-\mu a=\mathbf{0},$$
故
$$|\lambda-\mu||a|=0.$$
由 $a \neq \mathbf{0}$ 得 $|a| \neq 0$,从而 $|\lambda-\mu|=0$,即 $\lambda=\mu$.

【例 7-1】　在平行四边形 $ABCD$ 中,设 $\overrightarrow{AB}=a$,$\overrightarrow{AD}=b$,试用 a 和 b 表示向量 $\overrightarrow{MA}$,$\overrightarrow{MB}$,$\overrightarrow{MC}$,$\overrightarrow{MD}$,这里 M 是平行四边形对角线的交点(图7-6).

解 由于平行四边形的对角线互相平分，所以

$$a+b=\overrightarrow{AC}=2\,\overrightarrow{AM},$$

即 $-(a+b)=2\,\overrightarrow{MA}$，于是

$$\overrightarrow{MA}=-\frac{1}{2}(a+b).$$

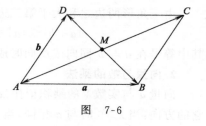

图 7-6

因为 $\overrightarrow{MC}=-\overrightarrow{MA}$，所以

$$\overrightarrow{MC}=\frac{1}{2}(a+b).$$

又因 $-a+b=\overrightarrow{BD}=2\,\overrightarrow{MD}$，所以

$$\overrightarrow{MD}=\frac{1}{2}(b-a).$$

由于 $\overrightarrow{MB}=-\overrightarrow{MD}$，所以

$$\overrightarrow{MB}=\frac{1}{2}(a-b).$$

【例 7-2】 设一个立方体三边上的向量分别为 a,b,c. A,B,C,D,E,F 为各边的中点（图 7-7）. 求证：$\overrightarrow{AB},\overrightarrow{CD},\overrightarrow{EF}$ 组成一个三角形，即 $\overrightarrow{AB}+\overrightarrow{CD}+\overrightarrow{EF}=\mathbf{0}$.

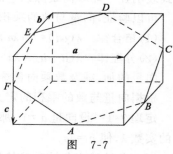

图 7-7

证 因为 $\overrightarrow{AB}=\dfrac{a}{2}+\dfrac{b}{2}$，$\overrightarrow{CD}=-\dfrac{c}{2}-\dfrac{a}{2}$，$\overrightarrow{EF}=-\dfrac{b}{2}+\dfrac{c}{2}$，所以

$$\overrightarrow{AB}+\overrightarrow{CD}+\overrightarrow{EF}=\frac{a}{2}+\frac{b}{2}-\frac{c}{2}-\frac{a}{2}-\frac{b}{2}+\frac{c}{2}=\mathbf{0}.$$

7.1.3 空间直角坐标系

在空间任意取一个定点 O，以 O 为原点作三条具有相同的单位长度，且两两互相垂直的数轴，依次记为 x 轴（横轴）、y 轴（纵轴）、z 轴（竖轴），统称坐标轴（图 7-8）. 这三条轴的正方向要符合右手法则，即以右手握住 z 轴，当右手的四个手指从 x 轴正向以 $\dfrac{\pi}{2}$ 角度转向 y 轴正向时，大拇指的指向就是 z 轴的正向（图 7-9），这样的三条坐标轴构成一个空间直角坐标系，称为 **$Oxyz$ 坐标系**，点 O 称为**坐标原点**（或**原点**）.

通常把 x 轴和 y 轴置于水平面上，而 z 轴是铅直线. 三条坐标轴中的任意两条确定一个平面，称为**坐标面**. 由 x 轴和 y 轴所确定的坐标面叫做 xOy 面，由 y 轴、z 轴及由 z 轴、x 轴所确定的坐标面，分别叫做 yOz 面和 zOx 面. 三个坐标面

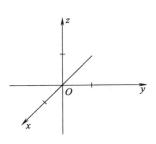

图　7-8

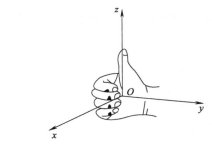

图　7-9

把空间分成八个部分,每一部分叫做**卦限**,含有 x 轴、y 轴及 z 轴正半轴的那个卦限叫做**第一卦限**,其他第二、第三、第四卦限在 xOy 面的上方,按逆时针方向确定. 在 xOy 面下方与第一至第四卦限相对应的是第五至第八卦限. 这八个卦限分别用字母Ⅰ、Ⅱ、Ⅲ、Ⅳ、Ⅴ、Ⅵ、Ⅶ、Ⅷ表示,如图 7-10 所示.

建立了空间直角坐标系后,空间任一点就可以用三个有序的实数来表示.

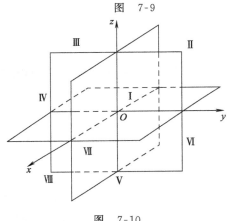

图　7-10

设 M 为空间任意一点,过点 M 分别作三个平面垂直于 x 轴、y 轴和 z 轴,它们与 x 轴、y 轴和 z 轴的交点依次为 P、Q、R(图 7-11). 设这三个点在 x 轴、y 轴、z 轴上的坐标分别为 x、y、z,于是由点 M 就唯一确定了三个有序数 x、y、z;反过来,如果已知三个有序数 x、y、z,我们可以在 x 轴、y 轴、z 轴上分别取坐标为 x、y、z 的三个点 P、Q、R,然后通过点 P、Q、R 分别作垂直于 x 轴、y 轴、z 轴的三个平面,这三个平

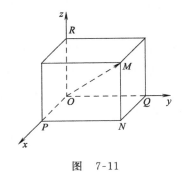

图　7-11

面必然交于空间一点 M. 由此可见,空间一点 M 与三个有序数 x、y、z 之间存在着一一对应关系,我们把有序数 x、y、z 称为点 M 的坐标,并依次称 x、y、z 为点 M 的横坐标、纵坐标、竖坐标,点 M 通常记为 $M(x,y,z)$.

坐标面和坐标轴上的点,其坐标各有一定的特征. 例如:在坐标面 xOy、yOz 和 zOx 上点的坐标分别为 $(x,y,0)$、$(0,y,z)$ 和 $(x,0,z)$;在 x 轴、y 轴和 z 轴上点的坐标分别为 $(x,0,0)$、$(0,y,0)$ 和 $(0,0,z)$;原点的坐标是 $(0,0,0)$.

7.1.4 向量的坐标及向量的运算

向量的运算仅靠几何方法研究是不够的,为此引进向量的坐标,把向量用有序数组表示出来,从而把向量的运算转化为有序数组的代数运算.

设 a 为空间直角坐标系 $Oxyz$ 中任一向量,将 a 的起点平移到坐标原点 O,这时设其终点为 $M(x,y,z)$.过点 M 分别作垂直于 x 轴、y 轴、z 轴的三个平面,与轴的交点分别记为 P、Q、R,如图 7-11 所示.由向量加法的三角形法则,有

$$a = \overrightarrow{OM} = \overrightarrow{OP} + \overrightarrow{PN} + \overrightarrow{NM}$$
$$= \overrightarrow{OP} + \overrightarrow{OQ} + \overrightarrow{OR}.$$

在空间直角坐标系 $Oxyz$ 中,分别取 x 轴、y 轴、z 轴的正向上单位向量 $\boldsymbol{i}$、$\boldsymbol{j}$、$\boldsymbol{k}$,这三个向量称为**坐标系基本单位向量**.根据向量与数的乘积运算可得

$$\overrightarrow{OP} = x\boldsymbol{i}, \overrightarrow{OQ} = y\boldsymbol{j}, \overrightarrow{OR} = z\boldsymbol{k},$$

故

$$a = \overrightarrow{OM} = x\boldsymbol{i} + y\boldsymbol{j} + z\boldsymbol{k}.$$

上式称为向量 a 的**坐标分解式**,向量 $x\boldsymbol{i}$、$y\boldsymbol{j}$、$z\boldsymbol{k}$ 称为向量 a 沿三个坐标轴方向的**分向量**.

显然,给定向量 a,就唯一确定了点 M 及 $\overrightarrow{OP}$、$\overrightarrow{OQ}$、$\overrightarrow{OR}$ 这三个分向量,进而唯一确定三个有序数 x、y、z.反之,给定三个有序数 x、y、z,也唯一确定了点 M 及向量 a.于是,空间一个向量 a 与三个有序数 x、y、z 之间存在着一一对应关系.我们把有序数 x、y、z 称为向量 a 的坐标,记为

$$a = (x, y, z),$$

上式称为向量 a 的**坐标表示式**.

向量 $\overrightarrow{OM}$ 称为点 M 关于原点的**向径**,通常用黑体字母 r 表示,即 $r = \overrightarrow{OM}$.由上述定义可知,点 M 与点 M 的向径有相同的坐标,记号 (x, y, z) 既表示点 M,又表示向径 $\overrightarrow{OM}$.

利用向量的坐标,容易得到向量的加法、减法及向量与数的乘法的运算法则.

设

$$a = (a_x, a_y, a_z), b = (b_x, b_y, b_z),$$

即

$$a = a_x\boldsymbol{i} + a_y\boldsymbol{j} + a_z\boldsymbol{k}, b = b_x\boldsymbol{i} + b_y\boldsymbol{j} + b_z\boldsymbol{k}.$$

利用向量的加法以及向量与数的乘法的运算律,有

$$a + b = (a_x + b_x)\boldsymbol{i} + (a_y + b_y)\boldsymbol{j} + (a_z + b_z)\boldsymbol{k},$$

$$a-b=(a_x-b_x)\boldsymbol{i}+(a_y-b_y)\boldsymbol{j}+(a_z-b_z)\boldsymbol{k},$$
$$\lambda a=(\lambda a_x)\boldsymbol{i}+(\lambda a_y)\boldsymbol{j}+(\lambda a_z)\boldsymbol{k},(\lambda \text{ 为实数})$$

或

$$a+b=(a_x+b_x,a_y+b_y,a_z+b_z),$$
$$a-b=(a_x-b_x,a_y-b_y,a_z-b_z),$$
$$\lambda a=(\lambda a_x,\lambda a_y,\lambda a_z).$$

由此可见,对向量进行加、减及数乘,只需对向量的各个坐标分别进行相应的数量运算即可.

若向量 $\overrightarrow{M_1M_2}$ 的起点为 $M_1(x_1,y_1,z_1)$,终点为 $M_2(x_2,y_2,z_2)$,如图 7-12 所示,则有

$$\overrightarrow{M_1M_2}=\overrightarrow{OM_2}-\overrightarrow{OM_1}$$
$$=(x_2\boldsymbol{i}+y_2\boldsymbol{j}+z_2\boldsymbol{k})-(x_1\boldsymbol{i}+y_1\boldsymbol{j}+z_1\boldsymbol{k})$$
$$=(x_2-x_1)\boldsymbol{i}+(y_2-y_1)\boldsymbol{j}+(z_2-z_1)\boldsymbol{k}$$

即

$$\overrightarrow{M_1M_2}=(x_2-x_1,y_2-y_1,z_2-z_1). \tag{7-1}$$

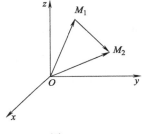

图　7-12

上式表明,向量 $\overrightarrow{M_1M_2}$ 的坐标为 $(x_2-x_1,y_2-y_1,z_2-z_1)$,即向量的坐标等于终点的坐标减去起点的坐标.

由定理 7-1 知道,若向量 $a\neq\boldsymbol{0}$ 且 a 与 b 平行,则 $b=\lambda a$,用坐标表示为

$$(b_x,b_y,b_z)=\lambda(a_x,a_y,a_z),$$

这就相当于向量 a 与 b 对应的坐标成比例:

$$\frac{b_x}{a_x}=\frac{b_y}{a_y}=\frac{b_z}{a_z}, \tag{7-2}$$

式(7-2)中,当 a_x,a_y,a_z 中有一个为零,例如 $a_x=0,a_y,a_z\neq0$ 时,应理解为

$$\begin{cases} b_x=0, \\ \dfrac{b_y}{a_y}=\dfrac{b_z}{a_z}. \end{cases}$$

当 a_x,a_y,a_z 中有两个为零,例如 $a_x=a_y=0,a_z\neq0$ 时,应理解为

$$\begin{cases} b_x=0, \\ b_y=0. \end{cases}$$

【例 7-3】　已知两点 $P(2,3,-1)$ 和 $Q(3,0,1)$,求向量 $\overrightarrow{OP}+\overrightarrow{OQ}$ 和 $3\overrightarrow{OP}-2\overrightarrow{OQ}$.

解　$\overrightarrow{OP}+\overrightarrow{OQ}=(2,3,-1)+(3,0,1)=(5,3,0)$,

$3\overrightarrow{OP}-2\overrightarrow{OQ}=3(2,3,-1)-2(3,0,1)=(6,9,-3)-(6,0,2)=(0,9,-5).$

【例 7-4】　设 $A(x_1,y_1,z_1)$、$B(x_2,y_2,z_2)$ 为两已知点,在直线 AB 上求点 M,使 $\overrightarrow{AM}=\lambda\overrightarrow{MB}(\lambda\neq-1)$.

解 设所求点为 $M(x,y,z)$，由于

$$\overrightarrow{AM}=(x-x_1,y-y_1,z-z_1), \quad \overrightarrow{MB}=(x_2-x,y_2-y,z_2-z),$$

故由条件 $\overrightarrow{AM}=\lambda\overrightarrow{MB}$ 可得

$$(x-x_1,y-y_1,z-z_1)=\lambda(x_2-x,y_2-y,z_2-z),$$

即

$$x-x_1=\lambda(x_2-x),y-y_1=\lambda(y_2-y),z-z_1=\lambda(z_2-z),$$

从而解得

$$x=\frac{x_1+\lambda x_2}{1+\lambda},y=\frac{y_1+\lambda y_2}{1+\lambda},z=\frac{z_1+\lambda z_2}{1+\lambda}.$$

因此所求的点为 $M\left(\dfrac{x_1+\lambda x_2}{1+\lambda},\dfrac{y_1+\lambda y_2}{1+\lambda},\dfrac{z_1+\lambda z_2}{1+\lambda}\right)$.

本例中的点 M 叫做有向线段 $\overrightarrow{AB}$ 的定比分点. 特别地，当 $\lambda=1$ 时，点 M 是有向线段 $\overrightarrow{AB}$ 的中点，其坐标为

$$x=\frac{x_1+x_2}{2},y=\frac{y_1+y_2}{2},z=\frac{z_1+z_2}{2}.$$

7.1.5 向量的模、方向余弦、投影

1. 向量的模与空间两点间的距离

设向量 $\boldsymbol{r}=(x,y,z)$，作 $\overrightarrow{OM}=\boldsymbol{r}$，如图 7-11 所示，有

$$\overrightarrow{OM}=\overrightarrow{OP}+\overrightarrow{OQ}+\overrightarrow{OR},$$

并且

$$\overrightarrow{OP}=x\boldsymbol{i},\overrightarrow{OQ}=y\boldsymbol{j},\overrightarrow{OR}=z\boldsymbol{k}.$$

由于

$$|\overrightarrow{OP}|=|x|,|\overrightarrow{OQ}|=|y|,|\overrightarrow{OR}|=|z|,$$

故按勾股定理可得

$$|\overrightarrow{OM}|=\sqrt{|\overrightarrow{OP}|^2+|\overrightarrow{OQ}|^2+|\overrightarrow{OR}|^2},$$

即向量 $\boldsymbol{r}$ 的模的坐标表达式为

$$|\boldsymbol{r}|=\sqrt{x^2+y^2+z^2}.$$

设 $M_1(x_1,y_1,z_1)$、$M_2(x_2,y_2,z_2)$ 为空间两点，则点 M_1 与点 M_2 之间的距离 $|M_1M_2|$ 就是向量 $\overrightarrow{M_1M_2}$ 的模. 根据式(7-1)，有

$$\overrightarrow{M_1M_2}=(x_2-x_1,y_2-y_1,z_2-z_1),$$

故 M_1、M_2 两点间的距离

$$|M_1M_2|=\sqrt{(x_2-x_1)^2+(y_2-y_1)^2+(z_2-z_1)^2}. \tag{7-3}$$

【例 7-5】 求证以 $A(2,1,-1)$、$B(5,-1,0)$、$C(3,0,1)$ 三点为顶点的三角形是一个等腰三角形.

证　利用公式(7-3)计算可得

$$|AB|^2 = (5-2)^2 + (-1-1)^2 + (0+1)^2 = 14,$$

$$|BC|^2 = (3-5)^2 + (0+1)^2 + (1-0)^2 = 6,$$

$$|CA|^2 = (2-3)^2 + (1-0)^2 + (-1-1)^2 = 6.$$

由于 $|BC| = |CA|$，故 $\triangle ABC$ 是等腰三角形.

【例 7-6】　在 x 轴上求一点 P，使它到点 $M(0, \sqrt{2}, 3)$ 的距离为到点 $N(0, 1, -1)$ 的距离的两倍.

解　因为 P 点在 x 轴上，所以设该点为 $P(x, 0, 0)$，根据式(7-3)有

$$|PM| = \sqrt{x^2 + (-\sqrt{2})^2 + (-3)^2} = \sqrt{x^2 + 11},$$

$$|PN| = \sqrt{x^2 + (-1)^2 + 1^2} = \sqrt{x^2 + 2}.$$

由题意，有

$$|PM| = 2|PN|,$$

即

$$\sqrt{x^2 + 11} = 2\sqrt{x^2 + 2}.$$

解得 $x = \pm 1$，故所求点为 $(1, 0, 0)$ 或 $(-1, 0, 0)$.

【例 7-7】　已知两点 $A(4, 1, -1)$ 和 $B(3, 5, -2)$，求与 $\overrightarrow{AB}$ 同方向的单位向量 $\overrightarrow{AB}^0$.

解　因为 $\overrightarrow{AB} = (-1, 4, -1)$，所以

$$|\overrightarrow{AB}| = \sqrt{(-1)^2 + 4^2 + (-1)^2} = 3\sqrt{2},$$

于是

$$\overrightarrow{AB}^0 = \frac{\overrightarrow{AB}}{|\overrightarrow{AB}|} = \frac{1}{3\sqrt{2}}(-1, 4, -1) = \left(-\frac{\sqrt{2}}{6}, \frac{2\sqrt{2}}{3}, -\frac{\sqrt{2}}{6}\right).$$

2. 方向角与方向余弦

先引进两向量的夹角的概念.

设有两个非零向量 a、b，任取空间一点 O，作 $\overrightarrow{OA} = a$，$\overrightarrow{OB} = b$，在两向量 a、b 所决定的平面内，规定不超过 π 的角 $\angle AOB$（设 $\varphi = \angle AOB, 0 \leqslant \varphi \leqslant \pi$）（图 7-13），叫做向量 a 与 b 的**夹角**，记为 $(a \hat{\,} b)$ 或 $(b \hat{\,} a)$，即 $(a \hat{\,} b) = \varphi$. 如果向量 a 与 b 中有一个是零向量，规定它们的夹角可在 0 与 π 之间任意取值.

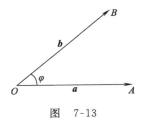

图　7-13

非零向量 a 与三条坐标轴正向之间的夹角 α、β、γ 称为向量 a 的**方向角**，$\cos\alpha$、$\cos\beta$、$\cos\gamma$ 叫做向量 a 的**方向余弦**. 设 $a = \overrightarrow{OM} = (x, y, z)$（图 7-14），由于 $MP \perp$

OP，故

$$\cos \alpha = \frac{x}{|\boldsymbol{a}|} = \frac{x}{\sqrt{x^2 + y^2 + z^2}},$$

类似可得

$$\cos \beta = \frac{y}{|\boldsymbol{a}|} = \frac{y}{\sqrt{x^2 + y^2 + z^2}},$$

$$\cos \gamma = \frac{z}{|\boldsymbol{a}|} = \frac{z}{\sqrt{x^2 + y^2 + z^2}}.$$

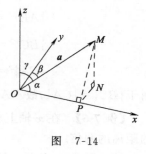

图 7-14

显然，向量 $\boldsymbol{a}$ 的方向余弦满足关系式

$$\cos^2 \alpha + \cos^2 \beta + \cos^2 \gamma = 1,$$

且

$$\boldsymbol{a}^0 = \frac{\boldsymbol{a}}{|\boldsymbol{a}|} = (\cos \alpha, \cos \beta, \cos \gamma).$$

上式表明：与 $\boldsymbol{a}$ 同方向的单位向量就是以向量 $\boldsymbol{a}$ 的方向余弦为坐标的向量.

【例 7-8】 已知两点 $M_1(2,2,\sqrt{2})$ 与 $M_2(1,3,0)$，求向量 $\overrightarrow{M_1M_2}$ 的模、方向余弦和方向角.

解 由于 $\overrightarrow{M_1M_2} = (1-2, 3-2, 0-\sqrt{2}) = (-1, 1, -\sqrt{2})$，

所以

$$|\overrightarrow{M_1M_2}| = \sqrt{(-1)^2 + 1^2 + (-\sqrt{2})^2} = 2,$$

$$\cos \alpha = -\frac{1}{2}, \cos \beta = \frac{1}{2}, \cos \gamma = -\frac{\sqrt{2}}{2};$$

$$\alpha = \frac{2\pi}{3}, \quad \beta = \frac{\pi}{3}, \quad \gamma = \frac{3\pi}{4}.$$

【例 7-9】 设向量 $\overrightarrow{P_1P_2}$ 与 x 轴和 y 轴的夹角分别为 $\frac{\pi}{3}$、$\frac{\pi}{4}$，且 $|\overrightarrow{P_1P_2}| = 2$，如果点 P_1 的坐标为 $(1,0,3)$，求点 P_2 的坐标.

解 设向量 $\overrightarrow{P_1P_2}$ 的方向角为 α、β、γ，那么有

$$\cos \alpha = \cos \frac{\pi}{3} = \frac{1}{2}, \quad \cos \beta = \cos \frac{\pi}{4} = \frac{\sqrt{2}}{2},$$

由关系式 $\cos^2 \alpha + \cos^2 \beta + \cos^2 \gamma = 1$，得

$$\cos \gamma = \pm \sqrt{1 - \cos^2 \alpha - \cos^2 \beta} = \pm \frac{1}{2}.$$

设 P_2 的坐标为 (x, y, z)，一方面

$$\overrightarrow{P_1P_2} = (x-1, y, z-3);$$

另一方面

$$\overrightarrow{P_1P_2} = |\overrightarrow{P_1P_2}| \overrightarrow{P_1P_2}^0 = 2(\cos \alpha, \cos \beta, \cos \gamma)$$

$$= (1, \sqrt{2}, \pm 1).$$

由

$$(x-1, y, z-3) = (1, \sqrt{2}, \pm 1)$$

得 $x = 2, y = \sqrt{2}, z = 4$ 或 $x = 2, y = \sqrt{2}, z = 2$，故点 P_2 的坐标为 $(2, \sqrt{2}, 4)$ 或 $(2, \sqrt{2}, 2)$.

3. 向量在轴上的投影

设 u 为一数轴，M 为一已知点，过点 M 作垂直于 u 轴的平面 α，那么平面 α 与轴 u 的交点 M' 叫做点 M 在轴 $\boldsymbol{u}$ 上的投影(图 7-15).

设向量 $\overrightarrow{AB}$ 的起点 A 和终点 B 在轴 u 上的投影分别为点 A' 和 B'，$\boldsymbol{e}$ 是与 u 轴同方向的单位向量. 由于 $\overrightarrow{A'B'}$ 与 $\boldsymbol{e}$ 平行，故存在唯一常数 λ，使

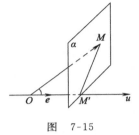

图　7-15

$$\overrightarrow{A'B'} = \lambda \boldsymbol{e}.$$

我们把数 λ 称为**向量 $\overrightarrow{AB}$ 在轴 u 上的投影**，记作 $\mathrm{Prj}_u \overrightarrow{AB}$ 或 $(\overrightarrow{AB})_u$，即 $\mathrm{Prj}_u \overrightarrow{AB} = \lambda$，$u$ 轴称为**投影轴**.

按照上述定义，如果直角坐标系 $Oxyz$ 中向量 $\boldsymbol{a} = (a_x, a_y, a_z)$，则

$$a_x = \mathrm{Prj}_x \boldsymbol{a}, \quad a_y = \mathrm{Prj}_y \boldsymbol{a}, \quad a_z = \mathrm{Prj}_z \boldsymbol{a},$$

或

$$a_x = (\boldsymbol{a})_x, \quad a_y = (\boldsymbol{a})_y, \quad a_z = (\boldsymbol{a})_z.$$

应该注意的是，向量在坐标轴上的投影与向量在坐标轴上的分向量有本质的区别，向量 $\boldsymbol{a}$ 在坐标轴上的投影是三个数 a_x、a_y 和 a_z，而向量在坐标轴上的分向量是三个向量 $a_x \boldsymbol{i}$、$a_y \boldsymbol{j}$ 和 $a_z \boldsymbol{k}$.

向量的投影有如下性质：

性质 1（投影定理）　向量 $\boldsymbol{a}$ 在轴 u 上的投影等于向量的模乘以向量与轴正向的夹角 φ 的余弦. 即

$$\mathrm{Prj}_u \boldsymbol{a} = |\boldsymbol{a}| \cos \varphi.$$

性质 2　两个向量的和在轴 u 上的投影等于两个向量在该轴上的投影之和. 即

$$\mathrm{Prj}_u (\boldsymbol{a} + \boldsymbol{b}) = \mathrm{Prj}_u \boldsymbol{a} + \mathrm{Prj}_u \boldsymbol{b}.$$

性质 3　向量与数的乘积在轴 u 上的投影等于向量在该轴上的投影与数的乘积. 即

$$\mathrm{Prj}_u (\lambda \boldsymbol{a}) = \lambda \mathrm{Prj}_u \boldsymbol{a}.$$

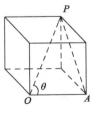

图　7-16

【例 7-10】 设 OA、OP 分别为立方体的一条棱和一条对角线，且 $|\overrightarrow{OA}| = a$，求 $\overrightarrow{OA}$ 在以 $\overrightarrow{OP}$ 为轴上的投影 $\mathrm{Prj}_{\overrightarrow{OP}} \overrightarrow{OA}$（图 7-16）.

解　设 $\angle AOP = \theta$，因为 $\cos\theta = \dfrac{|OA|}{|OP|} = \dfrac{1}{\sqrt{3}}$，所以

$$\mathrm{Prj}_{\overrightarrow{OP}}\,\overrightarrow{OA} = |\overrightarrow{OA}|\cos\theta = \frac{a}{\sqrt{3}}.$$

习　题　7.1

1. 设向量 $m = a + 2b - 3c$，$n = -2a + 3b - 4c$，用 a,b,c 表示 $2m - 3n$.

2. 把 $\triangle ABC$ 的边 BC 四等分，分点依次是 D_1, D_2, D_3，再把各分点与点 A 连接. 如果 $\overrightarrow{AB} = c$，$\overrightarrow{BC} = a$，试用 a,c 表示向量 $\overrightarrow{D_1A}$、$\overrightarrow{D_2A}$、$\overrightarrow{D_3A}$.

3. 用向量方法证明：三角形两边中点的连线平行于第三边，且长度为第三边的一半.

4. 指出下列各点在直角坐标系中的哪个卦限？

$\quad A(-1,2,3)$；　$B(3,4,-2)$；　$C(2,-4,-3)$；　$D(2,-6,7)$.

5. 指出下列各点在直角坐标系中的位置：

$\quad A(-3,4,0)$；　$B(0,1,-2)$；　$C(0,-3,0)$；　$D(-2,0,0)$.

6. 求点 (a,b,c) 关于(1)各坐标面；(2)各坐标轴；(3)坐标原点的对称点的坐标.

7. 已知立方体的一个顶点在原点，三条棱在正半坐标轴上，若棱长为 a，求它的其它各顶点的坐标.

8. 已知两点 $M_1 = (2,0,1)$、$M_2 = (3,-4,5)$，试用坐标表达式表示向量 $\overrightarrow{M_1M_2}$ 及 $-3\,\overrightarrow{M_1M_2}$.

9. 求点 $(2,4,-5)$ 到各坐标轴的距离.

10. 在 yOz 面上，求与三点 $A(2,1,2)$、$B(1,3,1)$、$C(0,-1,2)$ 等距离的点.

11. 试证明以三点 $A(4,1,9)$、$B(10,-1,6)$、$C(2,4,3)$ 为顶点的三角形为等腰直角三角形.

12. 求平行于向量 $a = (5,-7,\sqrt{7})$ 的单位向量.

13. 设 $P(4,0,2)$、$Q(3,-\sqrt{2},3)$，计算向量 $\overrightarrow{PQ}$ 的模、方向余弦及方向角.

14. 设向量的方向余弦分别满足(1)$\cos\beta = 0$；(2)$\cos\gamma = 1$；(3)$\cos\beta = \cos\gamma = 0$，那么这些向量与坐标轴或坐标面有什么关系？

15. 设向量 a 与轴 u 的夹角为 $30°$，且其模是 6，求 a 在轴 u 上的投影.

16. 一向量的起点在点 $A(2,-3,7)$，它在 x 轴，y 轴和 z 轴上的投影依次为 $-2,4$ 和 6，求该向量的终点 B 的坐标.

17. 设 $m = i - 2j + 5k$，$n = 2i - 3j - 7k$ 和 $p = 7i + 3j - 4k$，求向量 $a = 4m + 3n - p$ 在 x 轴上的投影及在 y 轴上的分向量.

7.2　数量积　向量积

7.2.1　两向量的数量积

由物理学知道,一物体在常力 F 作用下沿直线运动,若位移为 s,则力 F 所做的功为

$$W = |F||s|\cos\theta,$$

式中,θ 为力 F 与位移 s 的夹角. 两个向量的这种运算在力学、工程等许多实际问题中经常遇到,为此我们抽去其具体背景,引入下列概念.

两个向量 a 和 b 的模与它们的夹角 θ（$0 \leqslant \theta \leqslant \pi$）的余弦的乘积,称为向量 a 与 b 的**数量积**,记作 $a \cdot b$（图 7-17）,即

$$a \cdot b = |a||b|\cos\theta.$$

数量积有时也称为"**点积**"或"**内积**".

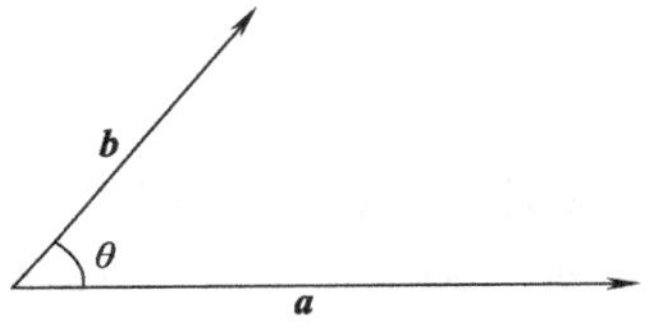

根据这个定义,上述力 F 所做的功 W 是力 F 与位移 s 的数量积,即

$$W = F \cdot s.$$

图　7-17

当 $a \neq 0$ 时,$|b|\cos\theta = |b|\cos(\widehat{a,b})$ 是向量 b 在向量 a 的方向上的投影,用 $\text{Prj}_a b$ 来表示这个投影,便有

$$a \cdot b = |a|\text{Prj}_a b,$$

同理,当 $b \neq 0$ 时,有

$$a \cdot b = |b|\text{Prj}_b a.$$

即两个向量的数量积等于其中一个向量的模和另一个向量在此向量方向上的投影的乘积.

由向量的数量积的定义可推得:

(1) $a \cdot a = |a|^2$.

这是因为夹角 $\theta = 0$,所以 $a \cdot a = |a|^2\cos 0 = |a|^2$.

(2) 向量 $a \perp b$ 的充分必要条件是 $a \cdot b = 0$.

这是因为当 a 与 b 中有一个为零向量时,由于零向量的方向是任意的,故可认为零向量与任何向量都垂直,结论显然成立;当 a 与 b 均不为零向量时,$a \perp b$ 的充分必要条件是 $\theta = \dfrac{\pi}{2}$,即 $a \cdot b = |a||b|\cos\dfrac{\pi}{2} = 0$.

向量的数量积满足下列运算规律:

(1) 交换律　$a \cdot b = b \cdot a$;

(2) 结合律　$(\lambda a) \cdot b = \lambda(a \cdot b)$;

13

（3）分配律 $\boldsymbol{a} \cdot (\boldsymbol{b}+\boldsymbol{c})=\boldsymbol{a} \cdot \boldsymbol{b}+\boldsymbol{a} \cdot \boldsymbol{c}$.

上面三个运算规律可由数量积定义以及向量在轴上投影的性质导出. 我们仅对（3）加以证明.

如果 $\boldsymbol{a}=\boldsymbol{0}$，式（3）显然成立；如果 $\boldsymbol{a}\neq\boldsymbol{0}$，那么有

$$\boldsymbol{a} \cdot (\boldsymbol{b}+\boldsymbol{c})=|\boldsymbol{a}|\operatorname{Prj}_a(\boldsymbol{b}+\boldsymbol{c}),$$

根据投影性质 7-2，可知

$$\operatorname{Prj}_a(\boldsymbol{b}+\boldsymbol{c})=\operatorname{Prj}_a\boldsymbol{b}+\operatorname{Prj}_a\boldsymbol{c},$$

因此

$$\begin{aligned}
\boldsymbol{a} \cdot (\boldsymbol{b}+\boldsymbol{c})&=|\boldsymbol{a}|(\operatorname{Prj}_a\boldsymbol{b}+\operatorname{Prj}_a\boldsymbol{c})\\
&=|\boldsymbol{a}|\operatorname{Prj}_a\boldsymbol{b}+|\boldsymbol{a}|\operatorname{Prj}_a\boldsymbol{c}\\
&=\boldsymbol{a} \cdot \boldsymbol{b}+\boldsymbol{a} \cdot \boldsymbol{c}.
\end{aligned}$$

【例 7-11】 试证明不等式 $|\boldsymbol{a}+\boldsymbol{b}|\leqslant|\boldsymbol{a}|+|\boldsymbol{b}|$，其中 $\boldsymbol{a}$、$\boldsymbol{b}$ 为任意向量.

证 因为 $|\boldsymbol{a}+\boldsymbol{b}|^2=(\boldsymbol{a}+\boldsymbol{b}) \cdot (\boldsymbol{a}+\boldsymbol{b})=\boldsymbol{a} \cdot \boldsymbol{a}+2\boldsymbol{a} \cdot \boldsymbol{b}+\boldsymbol{b} \cdot \boldsymbol{b}$，

又

$$\boldsymbol{a} \cdot \boldsymbol{b}=|\boldsymbol{a}||\boldsymbol{b}|\cos\theta\leqslant|\boldsymbol{a}||\boldsymbol{b}|,$$

于是

$$|\boldsymbol{a}+\boldsymbol{b}|^2\leqslant|\boldsymbol{a}|^2+2|\boldsymbol{a}||\boldsymbol{b}|+|\boldsymbol{b}|^2=(|\boldsymbol{a}|+|\boldsymbol{b}|)^2,$$

故

$$|\boldsymbol{a}+\boldsymbol{b}|\leqslant|\boldsymbol{a}|+|\boldsymbol{b}|.$$

下面我们来推导数量积的坐标表达式.

设向量 $\boldsymbol{a}=a_x\boldsymbol{i}+a_y\boldsymbol{j}+a_z\boldsymbol{k},\boldsymbol{b}=b_x\boldsymbol{i}+b_y\boldsymbol{j}+b_z\boldsymbol{k}$，则

$$\begin{aligned}
\boldsymbol{a} \cdot \boldsymbol{b}&=(a_x\boldsymbol{i}+a_y\boldsymbol{j}+a_z\boldsymbol{k}) \cdot (b_x\boldsymbol{i}+b_y\boldsymbol{j}+b_z\boldsymbol{k})\\
&=a_x\boldsymbol{i} \cdot (b_x\boldsymbol{i}+b_y\boldsymbol{j}+b_z\boldsymbol{k})+a_y\boldsymbol{j} \cdot (b_x\boldsymbol{i}+b_y\boldsymbol{j}+b_z\boldsymbol{k})+a_z\boldsymbol{k} \cdot (b_x\boldsymbol{i}+\\
&\quad b_y\boldsymbol{j}+b_z\boldsymbol{k})\\
&=a_xb_x\boldsymbol{i} \cdot \boldsymbol{i}+a_xb_y\boldsymbol{i} \cdot \boldsymbol{j}+a_xb_z\boldsymbol{i} \cdot \boldsymbol{k}+a_yb_x\boldsymbol{j} \cdot \boldsymbol{i}+a_yb_y\boldsymbol{j} \cdot \boldsymbol{j}+a_yb_z\\
&\quad \boldsymbol{j} \cdot \boldsymbol{k}+a_zb_x\boldsymbol{k} \cdot \boldsymbol{i}+a_zb_y\boldsymbol{k} \cdot \boldsymbol{j}+a_zb_z\boldsymbol{k} \cdot \boldsymbol{k}.
\end{aligned}$$

因为 $\boldsymbol{i},\boldsymbol{j},\boldsymbol{k}$ 互相垂直且模均为 1，故由数量积的定义得

$$\boldsymbol{i} \cdot \boldsymbol{i}=\boldsymbol{j} \cdot \boldsymbol{j}=\boldsymbol{k} \cdot \boldsymbol{k}=1,\quad \boldsymbol{i} \cdot \boldsymbol{j}=\boldsymbol{j} \cdot \boldsymbol{i}=\boldsymbol{j} \cdot \boldsymbol{k}=\boldsymbol{k} \cdot \boldsymbol{j}=\boldsymbol{k} \cdot \boldsymbol{i}=\boldsymbol{i} \cdot \boldsymbol{k}=0.$$

因此得到两向量的数量积的坐标表达式为

$$\boldsymbol{a} \cdot \boldsymbol{b}=a_xb_x+a_yb_y+a_zb_z.$$

即两个向量的数量积等于它们的对应坐标乘积之和.

由于 $\boldsymbol{a} \cdot \boldsymbol{b}=|\boldsymbol{a}||\boldsymbol{b}|\cos\theta$，故两个非零向量 $\boldsymbol{a}$ 和 $\boldsymbol{b}$ 夹角余弦的表达式为

$$\cos\theta=\frac{\boldsymbol{a} \cdot \boldsymbol{b}}{|\boldsymbol{a}||\boldsymbol{b}|}=\frac{a_xb_x+a_yb_y+a_zb_z}{\sqrt{a_x^2+a_y^2+a_z^2}\sqrt{b_x^2+b_y^2+b_z^2}}. \tag{7-4}$$

【例 7-12】 已知三点 $M(1,1,1)$、$A(2,2,1)$ 和 $B(2,1,2)$，求 $\angle AMB$.

解　作向量$\overrightarrow{MA}$及$\overrightarrow{MB}$，$\angle AMB$就是向量$\overrightarrow{MA}$与$\overrightarrow{MB}$的夹角，因为

$$\overrightarrow{MA}=(1,1,0),\quad \overrightarrow{MB}=(1,0,1),$$

从而

$$\overrightarrow{MA}\cdot\overrightarrow{MB}=1\times1+1\times0+0\times1=1,$$

$$|\overrightarrow{MA}|=\sqrt{1^2+1^2+0^2}=\sqrt{2},$$

$$|\overrightarrow{MB}|=\sqrt{1^2+0^2+1^2}=\sqrt{2},$$

代入式(7-4)，得$\cos\angle AMB=\dfrac{\overrightarrow{MA}\cdot\overrightarrow{MB}}{|\overrightarrow{MA}||\overrightarrow{MB}|}=\dfrac{1}{\sqrt{2}\cdot\sqrt{2}}=\dfrac{1}{2}$. 所以

$$\angle AMB=\frac{\pi}{3}.$$

15

7.2.2　两向量的向量积

在物理学中有一类关于物体转动的问题，与力对物体做功的问题不同，它不但要考虑物体所受的力的情况，还要分析这类力所产生的力矩. 下面从一个具体问题入手，引出一种新的向量运算.

现有一个杠杆L，其支点为O. 一个常力$\boldsymbol{F}$作用于杠杆的P点处，$\boldsymbol{F}$与$\overrightarrow{OP}$的夹角为θ(图7-18a). 则由物理学知识可知，力$\boldsymbol{F}$对支点O的力矩是一个向量$\boldsymbol{M}$，它的模为$|\boldsymbol{M}|=|OQ||\boldsymbol{F}|=|\overrightarrow{OP}||\boldsymbol{F}|\sin\theta$，而$\boldsymbol{M}$的方向垂直于$\overrightarrow{OP}$与$\boldsymbol{F}$所决定的平面，$\boldsymbol{M}$的指向是按右手法则从$\overrightarrow{OP}$以不超过$\pi$的角转向$\boldsymbol{F}$来确定的，即当右手的四个手指从$\overrightarrow{OP}$以不超过$\pi$的角转向$\boldsymbol{F}$握拳时，大拇指的指向就是$\boldsymbol{M}$的指向(图7-18b).

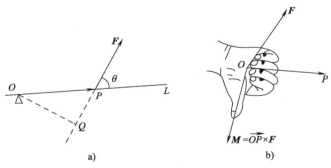

图　7-18

这种由两个已知向量按上述规则确定另一个向量的情况，在其他实际问题中经常会遇到，于是抽象出两个向量的向量积这一概念.

两个向量$\boldsymbol{a}$与$\boldsymbol{b}$的**向量积**是一个向量，它的模为$|\boldsymbol{a}||\boldsymbol{b}|\sin\theta$(其中$\theta$是$\boldsymbol{a}$、$\boldsymbol{b}$的夹角)；它的方向垂直于向量$\boldsymbol{a}$和$\boldsymbol{b}$所决定的平面(既垂直于$\boldsymbol{a}$又垂直于$\boldsymbol{b}$)，其指向按右手法则从$\boldsymbol{a}$转向$\boldsymbol{b}$来确定(图7-19)，向量$\boldsymbol{a}$与$\boldsymbol{b}$的向量积记作$\boldsymbol{a}\times\boldsymbol{b}$.

向量积有时也称为"叉积"或"外积".

由向量积的定义,上面的力矩 $\boldsymbol{M}$ 等于 $\overrightarrow{OP}$ 与 $\boldsymbol{F}$ 的向量积,即 $\boldsymbol{M}=\overrightarrow{OP}\times\boldsymbol{F}$.

由向量积的定义可以推得:

(1) $\boldsymbol{a}\times\boldsymbol{a}=\boldsymbol{0}$.

这是因为夹角 $\theta=0$,所以 $|\boldsymbol{a}\times\boldsymbol{a}|=|\boldsymbol{a}||\boldsymbol{a}|\sin\theta=0$.

(2) 向量 $\boldsymbol{a}/\!/\boldsymbol{b}$ 的充分必要条件为 $\boldsymbol{a}\times\boldsymbol{b}=\boldsymbol{0}$.

当 $\boldsymbol{a}$ 与 $\boldsymbol{b}$ 中有一个为零向量时,结论显然成立;当 $\boldsymbol{a}$
与 $\boldsymbol{b}$ 均不为零向量时, $\boldsymbol{a}/\!/\boldsymbol{b}$ 等价于 $\theta=0$ 或 $\theta=\pi$,即 $|\boldsymbol{a}\times\boldsymbol{b}|$
$=|\boldsymbol{a}||\boldsymbol{b}|\sin\theta=0$,亦即 $\boldsymbol{a}\times\boldsymbol{b}=\boldsymbol{0}$.

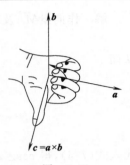

图 7-19

向量积满足下列运算律:

(1) 反交换律 $\quad\boldsymbol{a}\times\boldsymbol{b}=-\boldsymbol{b}\times\boldsymbol{a}$;

(2) 结合律 $\quad(\lambda\boldsymbol{a})\times\boldsymbol{b}=\lambda(\boldsymbol{a}\times\boldsymbol{b})=\boldsymbol{a}\times(\lambda\boldsymbol{b})\quad$ (λ 是数);

(3) 分配律 $\quad\boldsymbol{a}\times(\boldsymbol{b}+\boldsymbol{c})=\boldsymbol{a}\times\boldsymbol{b}+\boldsymbol{a}\times\boldsymbol{c}$.

这三个运算规律可由向量积的定义导出,证明从略.

下面来推导向量积的坐标表达式.

设向量 $\boldsymbol{a}=a_x\boldsymbol{i}+a_y\boldsymbol{j}+a_z\boldsymbol{k}$, $\boldsymbol{b}=b_x\boldsymbol{i}+b_y\boldsymbol{j}+b_z\boldsymbol{k}$,则

$$\begin{aligned}
\boldsymbol{a}\times\boldsymbol{b}&=(a_x\boldsymbol{i}+a_y\boldsymbol{j}+a_z\boldsymbol{k})\times(b_x\boldsymbol{i}+b_y\boldsymbol{j}+b_z\boldsymbol{k})\\
&=a_x\boldsymbol{i}\times(b_x\boldsymbol{i}+b_y\boldsymbol{j}+b_z\boldsymbol{k})+a_y\boldsymbol{j}\times(b_x\boldsymbol{i}+b_y\boldsymbol{j}+b_z\boldsymbol{k})+\\
&\quad a_z\boldsymbol{k}\times(b_x\boldsymbol{i}+b_y\boldsymbol{j}+b_z\boldsymbol{k})\\
&=a_xb_x(\boldsymbol{i}\times\boldsymbol{i})+a_xb_y(\boldsymbol{i}\times\boldsymbol{j})+a_xb_z(\boldsymbol{i}\times\boldsymbol{k})+a_yb_x(\boldsymbol{j}\times\boldsymbol{i})+a_yb_y(\boldsymbol{j}\times\boldsymbol{j})+\\
&\quad a_yb_z(\boldsymbol{j}\times\boldsymbol{k})+a_zb_x(\boldsymbol{k}\times\boldsymbol{i})+a_zb_y(\boldsymbol{k}\times\boldsymbol{j})+a_zb_z(\boldsymbol{k}\times\boldsymbol{k})
\end{aligned}$$

因为 $\boldsymbol{i},\boldsymbol{j},\boldsymbol{k}$ 为坐标系基本单位向量,由向量积的定义可得

$$\boldsymbol{i}\times\boldsymbol{i}=\boldsymbol{j}\times\boldsymbol{j}=\boldsymbol{k}\times\boldsymbol{k}=\boldsymbol{0},$$

$$\boldsymbol{i}\times\boldsymbol{j}=\boldsymbol{k},\quad\boldsymbol{j}\times\boldsymbol{k}=\boldsymbol{i},\quad\boldsymbol{k}\times\boldsymbol{i}=\boldsymbol{j},$$

$$\boldsymbol{j}\times\boldsymbol{i}=-\boldsymbol{k},\quad\boldsymbol{k}\times\boldsymbol{j}=-\boldsymbol{i},\quad\boldsymbol{i}\times\boldsymbol{k}=-\boldsymbol{j}.$$

因此,两个向量的向量积的坐标表达式为:

$$\boldsymbol{a}\times\boldsymbol{b}=(a_yb_z-a_zb_y)\boldsymbol{i}+(a_zb_x-a_xb_z)\boldsymbol{j}+(a_xb_y-a_yb_x)\boldsymbol{k}.$$

为了便于记忆,将 $\boldsymbol{a}$ 与 $\boldsymbol{b}$ 的向量积写成如下行列式的形式

$$\boldsymbol{a}\times\boldsymbol{b}=\begin{vmatrix} \boldsymbol{i} & \boldsymbol{j} & \boldsymbol{k} \\ a_x & a_y & a_z \\ b_x & b_y & b_z \end{vmatrix}.$$

【例 7-13】 设 $\boldsymbol{a}=(1,3,-1)$, $\boldsymbol{b}=(2,-1,3)$,计算 $\boldsymbol{a}\times\boldsymbol{b}$.

解 $\quad\boldsymbol{a}\times\boldsymbol{b}=\begin{vmatrix} \boldsymbol{i} & \boldsymbol{j} & \boldsymbol{k} \\ 1 & 3 & -1 \\ 2 & -1 & 3 \end{vmatrix}=8\boldsymbol{i}-5\boldsymbol{j}-7\boldsymbol{k}.$

【例 7-14】 已知三角形 ABC 的顶点分别为 $A(3,4,-1)$，$B(2,3,0)$、$C(4,6,1)$，求该三角形的面积.

解　根据向量积的定义，可知三角形 ABC 的面积

$$S_{\triangle ABC}=\frac{1}{2}|\overrightarrow{AB}||\overrightarrow{AC}|\sin\angle A=\frac{1}{2}|\overrightarrow{AB}\times\overrightarrow{AC}|.$$

由于 $\overrightarrow{AB}=(-1,-1,1)$，$\overrightarrow{AC}=(1,2,2)$，因此

$$\overrightarrow{AB}\times\overrightarrow{AC}=\begin{vmatrix} \boldsymbol{i} & \boldsymbol{j} & \boldsymbol{k} \\ -1 & -1 & 1 \\ 1 & 2 & 2 \end{vmatrix}=-4\boldsymbol{i}+3\boldsymbol{j}-\boldsymbol{k},$$

于是

$$S_{\triangle ABC}=\frac{1}{2}|-4\boldsymbol{i}+3\boldsymbol{j}-\boldsymbol{k}|=\frac{1}{2}\sqrt{(-4)^2+3^2+(-1)^2}=\frac{1}{2}\sqrt{26}.$$

习　题　7.2

1. 设 $\boldsymbol{a}=2\boldsymbol{i}+\boldsymbol{j}+\boldsymbol{k}$，$\boldsymbol{b}=3\boldsymbol{i}-\boldsymbol{j}+2\boldsymbol{k}$，求
(1)$\boldsymbol{a}\cdot\boldsymbol{b}$ 和 $\boldsymbol{a}\times\boldsymbol{b}$；(2)$2\boldsymbol{a}\cdot(-3\boldsymbol{b})$ 和 $3\boldsymbol{a}\times(-2\boldsymbol{b})$；(3)$\boldsymbol{a}$、$\boldsymbol{b}$ 的夹角.

2. 设单位向量 $\boldsymbol{a},\boldsymbol{b},\boldsymbol{c}$ 满足 $\boldsymbol{a}+\boldsymbol{b}+\boldsymbol{c}=0$，求 $\boldsymbol{a}\cdot\boldsymbol{b}+\boldsymbol{b}\cdot\boldsymbol{c}+\boldsymbol{c}\cdot\boldsymbol{a}$.

3. 设向量 $\boldsymbol{a}=\boldsymbol{i}+\boldsymbol{j}-4\boldsymbol{k}$，$\boldsymbol{b}=\boldsymbol{i}-2\boldsymbol{j}+2\boldsymbol{k}$，求
(1)$\boldsymbol{a}$ 在 $\boldsymbol{b}$ 上的投影；(2)$\boldsymbol{b}$ 在 $\boldsymbol{a}$ 上的投影.

4. 把质量为 100 kg 重的物体从 $M_1(3,1,8)$ 沿直线移动到 $M_2(1,4,2)$，求重力所做的功（长度单位为 m，重力方向为 z 轴负方向）.

5. 设向量 $\boldsymbol{a}=(3,5,-2)$，$\boldsymbol{b}=(2,1,4)$，若 $\lambda\boldsymbol{a}+\mu\boldsymbol{b}$ 与 z 轴垂直，求 λ 和 μ 的关系.

6. 已知 $M_1(1,-3,4)$、$M_2(-2,1,-1)$ 和 $M_3(-3,-1,1)$，求与 $\overrightarrow{M_1M_2}$、$\overrightarrow{M_2M_3}$ 同时垂直的单位向量.

7. 已知向量 $\overrightarrow{OA}=8\boldsymbol{i}+4\boldsymbol{j}+\boldsymbol{k}$，$\overrightarrow{OB}=2\boldsymbol{i}-2\boldsymbol{j}+\boldsymbol{k}$，求 $\triangle OAB$ 的面积.

8. 利用向量证明不等式

$$|a_1b_1+a_2b_2+a_3b_3|\leqslant\sqrt{a_1^2+a_2^2+a_3^2}\cdot\sqrt{b_1^2+b_2^2+b_3^2}$$

其中 a_1、a_2、a_3、b_1、b_2、b_3 为任意实数，并说明在何种条件下等号成立.

7.3　曲面及其方程

7.3.1　曲面方程的概念

像平面解析几何中把平面曲线与二元方程 $F(x,y)=0$ 对应起来一样，在空间

解析几何中也把空间曲面与三元方程 $F(x,y,z)=0$ 对应起来.

设在空间直角坐标系中曲面 S 与方程 $F(x,y,z)=0$ 满足下述关系：

(1) 曲面 S 上任一点的坐标都满足方程 $F(x,y,z)=0$；

(2) 不在曲面 S 上的点的坐标都不满足方程

$$F(x,y,z)=0.$$

那么，方程 $F(x,y,z)=0$ 就称为**曲面 S 的方程**，而曲面 S 称为**方程 $F(x,y,z)=0$ 的图形**（图 7-20）.

【例 7-15】 求球心在点 $M_0(x_0,y_0,z_0)$、半径为 R 的球面方程（图 7-21）.

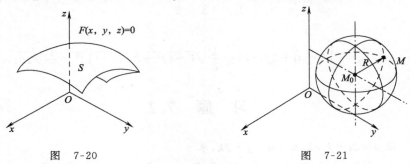

图 7-20   图 7-21

解 在球面上任意取一点 $M(x,y,z)$，则有 $|M_0M|=R$. 由两点间的距离公式，得

$$\sqrt{(x-x_0)^2+(y-y_0)^2+(z-z_0)^2}=R,$$

即

$$(x-x_0)^2+(y-y_0)^2+(z-z_0)^2=R^2. \tag{7-5}$$

这就是球面上任一点的坐标所满足的方程，而不在球面上的点都不满足方程（7-5）. 因此，方程（7-5）就是球心在 $M_0(x_0,y_0,z_0)$、半径为 R 的球面方程.

如果球心在坐标原点，即 $x_0=y_0=z_0=0$，那么球面方程为

$$x^2+y^2+z^2=R^2.$$

【例 7-16】 设有相异两点 $M_1(x_1,y_1,z_1)$、$M_2(x_2,y_2,z_2)$，求线段 M_1M_2 的垂直平分面的方程.

解 所求的平面就是与 M_1 和 M_2 等距离的点的几何轨迹. 设 $P(x,y,z)$ 为所求平面上的任意一点，由题意有，$|M_1P|=|M_2P|$，即

$$\sqrt{(x-x_1)^2+(y-y_1)^2+(z-z_1)^2}=\sqrt{(x-x_2)^2+(y-y_2)^2+(z-z_2)^2},$$

化简得

$$Ax+By+Cz+D=0, \tag{7-6}$$

其中 $A=x_2-x_1,B=y_2-y_1,C=z_2-z_1,D=\dfrac{1}{2}(x_1^2+y_1^2+z_1^2-x_2^2-y_2^2-z_2^2)$ 均为常数.

式(7-6)就是所求平面上的点的坐标所满足的方程,而不在此平面上的点的坐标都不满足这个方程,所以式(7-6)就是所求平面的方程.

我们特别指出,若 $M_1(0,0,0)$、$M_2(0,0,2t)(t \neq 0)$,则线段 M_1M_2 的垂直平分平面就是过点 $M_0(0,0,t)$ 且与 xOy 平面平行的平面,故过点 $M_0(0,0,t)$ 且与 xOy 平面平行的平面方程为

$$z=t.$$

类似地,过 x 轴上点 $(m,0,0)$ 且与 yOz 平面平行的平面及过 y 轴上点 $(0,n,0)$ 且与 zOx 平面平行的平面的方程分别为

$$x=m, \quad y=n.$$

通过上面的例子可知,作为点的几何轨迹的曲面可以用它的点的坐标所满足的方程来表示.反之,关于变量 x、y、z 的方程在几何上通常表示一个曲面.因此在空间解析几何中关于曲面的研究,有下列两个基本问题:

(1)已知一曲面作为点的几何轨迹时,建立此曲面的方程;

(2)已知坐标 x、y、z 满足的一个方程时,研究此方程所表示的曲面的形状.

【例 7-17】 方程 $x^2+y^2+z^2-4x+6y=0$ 表示怎样的曲面?

解 通过配方,原方程可化为

$$(x-2)^2+(y+3)^2+z^2=13.$$

与方程(7-5)比较可知,原方程表示球心在点 $M_0(2,-3, \quad 0)$、半径为 $R=\sqrt{13}$ 的球面.

7.3.2 旋转曲面

由一条平面曲线 C 绕其同一平面上的一条定直线 L 旋转一周所形成的曲面称为**旋转曲面**,定直线 L 称为旋转曲面的**轴**,平面曲线 C 称为旋转曲面的**母线**.

设在 yOz 平面上有一已知曲线 C,其方程为

$$f(y,z)=0,$$

以 z 轴为旋转轴,将曲线 C 绕其旋转一周.下面建立该旋转曲面(图 7-22)的方程.

设 $M(x,y,z)$ 是旋转曲面上的任意一点,则 M 必定是由曲线 C 上某一点 $M_1(0,y_1,z_1)$ 旋转而来的,这时 $z=z_1$,并且点 M 到 z 轴的距离与点 M_1 到 z 轴的距离相等,即

$$\sqrt{x^2+y^2}=|y_1|.$$

由于 M_1 在曲线 C 上,因而 $f(y_1,z_1)=0$. 将 $z_1=z$, $y_1=\pm\sqrt{x^2+y^2}$ 代入方程 $f(y_1,z_1)=0$,得

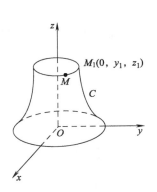

图 7-22

$$f(\pm\sqrt{x^2+y^2},z)=0,$$

这就是所求的旋转曲面的方程.

上述推导表明：在曲线 C 的方程 $f(y,z)=0$ 中将 y 改写为 $\pm\sqrt{x^2+y^2}$ 而保持 z 不变,便得曲线 C 绕 z 轴旋转所成的旋转曲面的方程.

同理,曲线 C 绕 y 轴旋转所成的旋转曲面的方程为

$$f(y,\pm\sqrt{x^2+z^2})=0.$$

一般地,求坐标平面上的曲线绕此坐标平面内的一条坐标轴旋转所成的旋转曲面的方程时,只要保持此平面曲线方程中与旋转轴同名的坐标不变,而以另两个坐标平方和的平方根代替该方程中的另一坐标,便得该旋转曲面的方程.

【例 7-18】 将 xOz 坐标面上的椭圆 $\dfrac{x^2}{a^2}+\dfrac{z^2}{c^2}=1$ 分别绕 x 轴和 z 轴旋转一周,求所形成的旋转曲面的方程.

解 绕 x 轴旋转所形成的旋转曲面方程为

$$\frac{x^2}{a^2}+\frac{y^2+z^2}{c^2}=1;$$

绕 z 轴旋转所形成的旋转曲面方程为

$$\frac{x^2+y^2}{a^2}+\frac{z^2}{c^2}=1.$$

【例 7-19】 直线 L 绕另一条与 L 相交的直线 K 旋转一周,所得旋转曲面叫做**圆锥面**.两直线的交点叫做圆锥面的**顶点**,两直线的夹角 $\alpha\left(0<\alpha<\dfrac{\pi}{2}\right)$ 叫做圆锥面的**半顶角**.试建立顶点在坐标原点 O,旋转轴为 z 轴,半顶角为 α 的圆锥面的方程.（图 7-23）

解 在 yOz 坐标面上,直线 L 的方程为

$$z=y\cot\alpha,$$

由于 z 轴为旋转轴,故得圆锥面的方程为

$$z=\pm\sqrt{x^2+y^2}\cot\alpha,$$

两边平方得

$$z^2=a^2(x^2+y^2), \tag{7-7}$$

其中 $a=\cot\alpha$.

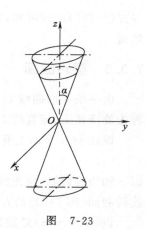

图 7-23

7.3.3 柱面

平行于定直线并沿定曲线 C 移动的直线 L 所形成的曲面称为**柱面**,定曲线 C 叫做柱面的**准线**,动直线 L 叫做柱面的**母线**(图7-24).

下面讨论几种特殊的柱面.

考虑准线 C 为 xOy 面内的曲线 $F(x,y)=0$，沿准线 C 作母线平行于 z 轴的柱面. 若 $M(x,y,z)$ 是柱面上的任一点，则过点 M 的母线与 z 轴平行，令其与 C 的交点为 N，显然点 N 的坐标是 $(x,y,0)$，并且有 $F(x,y)=0$，这就是柱面上的点 $M(x,y,z)$ 的坐标满足的方程.

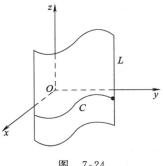

图　7-24

反过来，若空间一点 $M(x,y,z)$ 的坐标满足方程 $F(x,y)=0$，则点 $N(x,y,0)$ 必在准线 C 上，即 $M(x,y,z)$ 在过点 $N(x,y,0)$ 的母线上，所以 $M(x,y,z)$ 必在柱面上.

综上所述，不含变量 z 的方程 $F(x,y)=0$ 在空间直角坐标系中表示母线平行于 z 轴的柱面，其准线为 xOy 面内的曲线 $F(x,y)=0$.

类似地，不含变量 y 的方程 $G(x,z)=0$ 在空间直角坐标系中表示母线平行于 y 轴的柱面，其准线为 xOz 面内的曲线 $G(x,z)=0$；不含变量 x 的方程 $H(y,z)=0$ 在空间直角坐标系中表示母线平行于 x 轴的柱面，其准线为 yOz 面内的曲线 $H(y,z)=0$.

例如，方程 $x^2+y^2=R^2$ 表示母线平行于 z 轴的柱面（图 7-25）. 这个柱面称为**圆柱面**.

又如，方程 $y^2=2pz(p>0)$ 表示母线平行于 x 轴，该柱面叫做**抛物柱面**（图 7-26）.

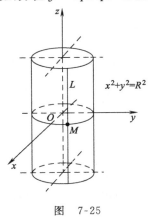

图　7-25

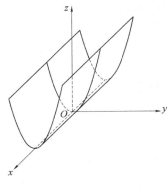

图　7-26

需要特别指出的是，如果限制在 xOy 平面上考虑，$F(x,y)=0$ 表示一条曲线；但在空间解析几何中，$F(x,y)=0$ 表示一个母线平行于 z 轴的柱面.

7.3.4　二次曲面

与平面解析几何中规定二次曲线相类似，我们把三元二次方程所表示的曲面叫做**二次曲面**. 本节利用截痕法讨论几种主要的二次曲面的几何形状. 所谓**截痕法**, 就是利用坐标面或平行于坐标面的平面去截割曲面, 考察其交线（即截痕）的形状, 然后加以综合, 从而了解曲面全貌的方法.

1. 椭球面

方程

$$\frac{x^2}{a^2}+\frac{y^2}{b^2}+\frac{z^2}{c^2}=1, \quad (a>0, b>0, c>0) \tag{7-8}$$

所表示的曲面叫做**椭球面**, 其中 a、b、c 叫做椭球面的**半轴**.

由方程(7-8)可知

$$|x|\leqslant a, \quad |y|\leqslant b, \quad |z|\leqslant c,$$

这说明椭球面包含在由六个平面 $x=\pm a$、$y=\pm b$、$z=\pm c$ 所围成的长方体内.

下面研究椭球面的形状. 用平面 $z=t(|t|<c)$ 去截割椭球面, 所得截痕是平面 $z=t$ 上的椭圆

$$\frac{x^2}{\frac{a^2}{c^2}(c^2-t^2)}+\frac{y^2}{\frac{b^2}{c^2}(c^2-t^2)}=1,$$

它的两个半轴分别为 $\frac{a}{c}\sqrt{c^2-t^2}$ 与 $\frac{b}{c}\sqrt{c^2-t^2}$. 显然, 当 t 变动时, 该椭圆的中心都在 z 轴上, 当 $|t|$ 由 0 逐渐增大到 c 时, 椭圆的截面由大到小, 最后缩成一点.

用平面 $x=m(|m|<a)$ 或平面 $y=n$ ($|n|<b$) 去截割椭球面, 分别可得到上述类似的结果.

综上所述, 可得椭球面的形状如图 7-27 所示.

2. 椭圆锥面

由方程

$$z^2=\frac{x^2}{a^2}+\frac{y^2}{b^2} \quad (a>0, b>0) \tag{7-9}$$

所表示的曲面叫做**椭圆锥面**.

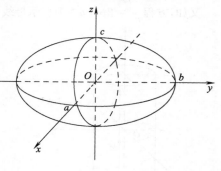

图 7-27

用平面 $z=t$ 去截此曲面, 当 $t=0$ 时, 得到一点 $(0,0,0)$; 当 $t\neq 0$ 时, 所得截痕是平面 $z=t$ 上的椭圆, 其方程为

$$\frac{x^2}{\left(\frac{at}{c}\right)^2}+\frac{y^2}{\left(\frac{bt}{c}\right)^2}=1,$$

它的两个半轴分别等于 $\frac{a|t|}{c}$ 与 $\frac{b|t|}{c}$, 当 t 变动时, 该椭圆的中心都在 z 轴上, 当 $|t|$ 由小逐渐增大时, 椭圆的截面由小到大.

再考虑用平面 $x=m$ 和 $y=n$ 去截曲面所得截痕（过程从略）.综合这些截痕,可得椭圆锥面的形状如图 7-28 所示.

3. 双曲面

由方程

$$\frac{x^2}{a^2}+\frac{y^2}{b^2}-\frac{z^2}{c^2}=1 \quad (a>0,b>0,c>0) \quad (7\text{-}10)$$

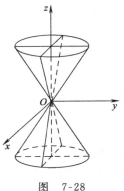

图 7-28

所表示的曲面叫做**单叶双曲面**.

用平面 $z=t$ 去截曲面,其截痕为 $z=t$ 面上的椭圆,其方程为

$$\frac{x^2}{a^2}+\frac{y^2}{b^2}=1+\frac{t^2}{c^2}.$$

该椭圆的中心在 z 轴上,两个半轴分别为 $\frac{a}{c}\sqrt{c^2+t^2}$ 与 $\frac{b}{c}\sqrt{c^2+t^2}$.显然,当 $t=0$ 时,截得的椭圆最小,当 $|t|$ 由 0 逐渐增大时,椭圆的截面由小变大.

再考虑用平面 $x=m$ 和 $y=n$ 去截曲面所得截痕.综合这些截痕,可得单叶双曲面的形状如图 7-29 所示.

由方程

$$\frac{x^2}{a^2}+\frac{y^2}{b^2}-\frac{z^2}{c^2}=-1 \quad (a>0,b>0,c>0) \quad (7\text{-}11)$$

所表示的曲面叫做**双叶双曲面**.利用截痕法可以判定出它的形状如图 7-30 所示.

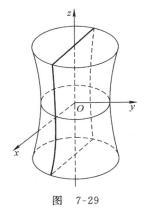

图 7-29

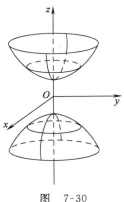

图 7-30

4. 抛物面

由方程

$$\frac{x^2}{2p}+\frac{y^2}{2q}=z \quad (p,q \text{ 同号}) \quad (7\text{-}12)$$

所表示的曲面叫做**椭圆抛物面**,下面用截痕法研究 $p>0,q>0$ 时椭圆抛物面的形状.

由方程(7-12)可知,当 $p>0,q>0$ 时,$z\geqslant 0$,曲面在 xOy 平面上方.

用平面 $z=t(t\geqslant 0)$ 去截椭圆抛物面,当 $t=0$ 时,截痕仅为坐标原点 O,我们把该点叫做椭圆抛物面的顶点;当 $t>0$ 时,所得截痕方程为

$$\frac{x^2}{2pt}+\frac{y^2}{2qt}=1.$$

这个椭圆的半轴分别为 $\sqrt{2pt}$ 与 $\sqrt{2qt}$.当 t 变动时,这种椭圆的中心都在 z 轴上,当 t 逐渐增大时椭圆的截面也逐渐增大.

再考虑用平面 $x=m$ 和 $y=n$ 去截曲面所得截痕.综合这些截痕,可得单叶双曲面的形状如图 7-31 所示.

由方程

$$-\frac{x^2}{2p}+\frac{y^2}{2q}=z \quad (p、q \text{ 同号}) \tag{7-13}$$

所表示的曲面叫做**双曲抛物面**或**马鞍面**.由截痕法可知双曲抛物面(7-13)的形状如图 7-32 所示。

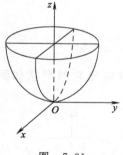

图 7-31

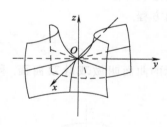

图 7-32

习 题 7.3

1. 一动点 M 到点 $B(-4,2,4)$ 的距离是到点 $A(5,4,0)$ 距离的两倍,求动点 M 的轨迹方程.

2. 建立以点 $(-1,-3,2)$ 为球心,且过点 $(1,-1,1)$ 的球面方程.

3. 方程 $x^2+y^2+z^2-2x+4y-4z-7=0$ 表示什么曲面?

4. 将 xOz 坐标面上的椭圆 $4x^2+z^2=9$ 绕 z 轴旋转一周,求所形成的旋转曲面的方程.

5. 将 yOz 坐标面上的抛物线 $z^2=4y$ 绕 y 轴旋转一周,求所形成的旋转曲面的方程.

6. 将 xOy 坐标面上的双曲线 $9x^2-4y^2=16$ 分别绕 x 轴和 y 轴旋转一周, 求所形成的旋转曲面的方程.

7. 说明下列旋转曲面是如何形成的?

(1) $\dfrac{x^2}{4}+\dfrac{y^2}{4}+\dfrac{z^2}{9}=1$;
 (2) $\dfrac{x^2}{16}-\dfrac{y^2}{9}+\dfrac{z^2}{16}=1$;

(3) $x^2-3y^2-3z^2=1$;
 (4) $(z-a)^2=x^2+y^2$.

8. 画出下列方程所表示的曲面:

(1) $x^2+(y-a)^2=a^2$;
 (2) $\dfrac{x^2}{9}-\dfrac{y^2}{4}=1$;

(3) $\dfrac{x^2}{9}+z^2=1$;
 (4) $y^2-4z=0$.

9. 画出下列方程所表示的二次曲面的图形:

(1) $\dfrac{x^2}{4}+\dfrac{y^2}{9}+z^2=1$;
 (2) $x^2+\dfrac{y^2}{4}-z^2=1$;

(3) $4x^2-4y^2-z^2=4$;
 (4) $z=\dfrac{x^2}{3}+\dfrac{y^2}{4}$;

(5) $z^2=x^2+\dfrac{y^2}{4}$.

7.4　空间曲线及其方程

7.4.1　空间曲线的一般式方程

空间曲线可看做两个相交曲面的交线. 设
$$F(x,y,z)=0 \text{ 和 } G(x,y,z)=0$$
是两个相交曲面的方程, 它们相交于曲线 C(图 7-33), 点 $M(x,y,z)$ 在曲线 C 上当且仅当点 M 的坐标满足方程组

$$\begin{cases} F(x,y,z)=0, \\ G(x,y,z)=0. \end{cases} \quad (7\text{-}14)$$

因此, 曲线 C 可以用上述方程组来表示. 方程组 (7-14) 叫做**空间曲线** C 的一般式方程.

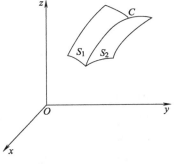

图　7-33

【例 7-20】　方程组 $\begin{cases} x^2+y^2=1, \\ z=2 \end{cases}$ 表示怎样的曲线?

解　此方程组中第一个方程表示母线平行于 z 轴的圆柱面, 其准线是 xOy 面上的圆, 该圆的圆心在原点 O, 半径为 1. 方程组中第二个方程表示平行于 xOy 面

的平面. 方程组就表示上述平面与圆柱面的交线, 如图 7-34 所示.

【例 7-21】 方程组 $\begin{cases} z=\sqrt{4a^2-x^2-y^2}, \\ (x-a)^2+y^2=a^2 \end{cases}$ 表示怎样的曲线?

解 方程组中第一个方程表示球心在原点 O, 半径为 $2a$ 的上半球面. 第二个方程表示母线平行于 z 轴的圆柱面, 它的准线是 xOy 面上的圆, 该圆的圆心在点 $(a,0)$, 半径为 a. 方程组就是表示上述半球面与圆柱面的交线, 如图 7-35 所示.

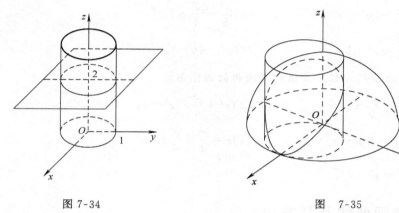

图 7-34   图 7-35

7.4.2 空间曲线的参数方程

空间曲线 C 的方程除了一般式方程之外, 也可以用参数方程来表示. 一般地, 设 x, y, z 是区间 I 上参数 t 的函数, 即

$$\begin{cases} x=x(t), \\ y=y(t), \quad t \in I \\ z=z(t), \end{cases} \tag{7-15}$$

当给定 $t=t_0 \in I$ 时, 就得到一个点 $(x(t_0), y(t_0), z(t_0))$; 随着 t 在区间 I 上的变动便可得到全部点组成的整条空间曲线 C. 方程组 (7-15) 叫做**空间曲线的参数方程**.

【例 7-22】 空间一动点 M 在圆柱面 $x^2+y^2=a^2$ 上以角速度 ω 绕 z 轴旋转, 同时又以线速度 v 沿平行于 z 轴的正方向上升 (其中 ω, v 都是常数), 则动点 M 的轨迹称为**螺旋线**, 试建立其参数方程.

解 取时间 t 为参数. 设当 $t=0$ 时, 动点位于 x 轴上的点 $A(a,0,0)$ 处. 经过时间 t, 动点由 A 运动到 $M(x,y,z)$, 如图 7-36 所示. 显然, 点 M 在 xOy 平面上的投影为 $M'(x,y,0)$. 由于动点在圆柱面上以角速度 ω 绕 z 轴旋转, 所以经过时间 t, $\angle AOM'=\omega t$, 从而

$$x=|OM'|\cos \angle AOM'=a\cos \omega t,$$

$$y=|OM'|\sin\angle AOM'=a\sin\omega t,$$

又因动点同时以线速度 v 沿平行于 z 轴的正方向上升，所以

$$z=|M'M|=vt.$$

因此，螺旋线的参数方程为

$$\begin{cases} x=a\cos\omega t, \\ y=a\sin\omega t, \\ z=vt. \end{cases}$$

除了时间 t 之外，也可以用其它变量作参数. 例如令 $\theta=\omega t$ 为参数，并记 $b=\dfrac{v}{\omega}$，则螺旋线的参数方程又可写为

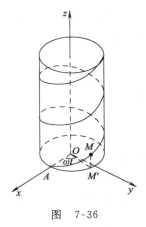

图　7-36

$$\begin{cases} x=a\cos\theta, \\ y=a\sin\theta, \\ z=b\theta. \end{cases}$$

螺旋线是实践中常用的曲线，如螺栓的螺纹就是这种曲线.

7.4.3　空间曲线在坐标面上的投影

1. 投影柱面与投影

设 C 为一空间曲线，以曲线 C 为准线、母线平行于 z 轴（即垂直于 xOy 面）的柱面叫做曲线 C 关于 xOy 面的**投影柱面**. 投影柱面与 xOy 面的交线叫做空间曲线 C 在 xOy 面上的**投影曲线**，或简称**投影**（图 7-37）.

曲线 C 关于 yOz、xOz 面的投影柱面及在 yOz、xOz 面上的投影可类似定义.

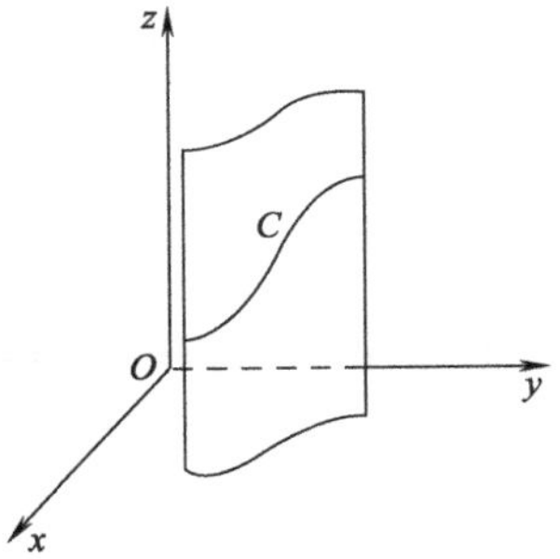

2. 投影的确定

设空间曲线 C 的一般式方程为

$$\begin{cases} F(x,y,z)=0, \\ G(x,y,z)=0. \end{cases} \tag{7-16}$$

消去方程组(7-16)中的变量 z，得

$$H(x,y)=0. \tag{7-17}$$

由于方程(7-17)是由方程组(7-16)消去 z 得到的，因此当点 $M(x,y,z)$ 在曲线 C 上时，其坐标 x,y 必满足方程(7-17)，这表明曲线 C 上的点都在由方程(7-17)所表示的曲面上. 据 7.3.3 节可知，方程(7-17)表示一个母线平行于 z 轴的柱面，该

图　7-37

27

柱面必定包含曲线 C，从而柱面(7-17)必定包含曲线 C 关于 xOy 面的投影柱面，而方程组

$$\begin{cases} H(x,y)=0, \\ z=0 \end{cases}$$

所表示的曲线必定包含曲线 C 在 xOy 面上的投影.

类似地，消去方程组(7-16)中的变量 x（或 y），得 $R(y,z)=0$（或 $T(x,z)=0$），它所表示的柱面必定包含曲线 C 关于 yOz（或 xOz）面的投影柱面；将此柱面方程与 $x=0$（或 $y=0$）联立，所表示的曲线必定包含曲线 C 在 yOz（或 xOz）面上的投影.

【例 7-23】 求上半球面 $z=\sqrt{4-x^2-y^2}$ 和锥面 $z^2=3(x^2+y^2)$ 的交线 C（图 7-38）在 xOy 面上的投影曲线的方程.

解 将 $z=\sqrt{4-x^2-y^2}$ 代入 $z^2=3(x^2+y^2)$，消去变量 z，变形得

$$x^2+y^2=1.$$

容易看出，这就是交线 C 关于 xOy 面的投影柱面，因此交线 C 在 xOy 面上的投影方程为

$$\begin{cases} x^2+y^2=1, \\ z=0. \end{cases}$$

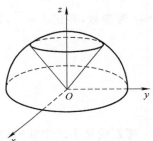

图 7-38

习　题　7.4

1. 画出下列曲线在第一卦限内的图形：

(1) $\begin{cases} x=2 \\ y=1; \end{cases}$　(2) $\begin{cases} z=\sqrt{a^2-x^2-y^2} \\ x=y; \end{cases}$　(3) $\begin{cases} x^2+z^2=R^2 \\ x^2+y^2=R^2. \end{cases}$

2. 指出下列方程所表示的曲线：

(1) $\begin{cases} x^2+y^2+z^2=9, \\ x=2; \end{cases}$　　　　　　(2) $\begin{cases} x^2+y^2-z=0, \\ y=1; \end{cases}$

(3) $\begin{cases} x^2-y^2-\dfrac{z^2}{4}=1, \\ z=-2. \end{cases}$

3. 分别求母线平行于 x 轴及 y 轴且通过曲线 $\begin{cases} x^2+2y^2+z^2=9 \\ x^2+y^2-3z^2=0 \end{cases}$ 的柱面方程.

4. 求旋转抛物面 $y^2+z^2-3x=0$ 与平面 $y+z=1$ 的交线在 xOy 面上的投影曲线的方程.

5. 求球面 $x^2+y^2+z^2=4$ 与平面 $x+y+z=0$ 的交线在 xOy 面上的投影曲线的方程.

6. 已知曲线 $\begin{cases} x=8\cos t, \\ y=4\sqrt{2}\sin t, \quad (0 \leqslant t \leqslant 2\pi), \\ z=-4\sqrt{2}\sin t, \end{cases}$ 求它在三个坐标面上的投影曲线的直角坐标方程.

7.5 平面及其方程

在本节和下一节里,我们利用向量这一工具在空间直角坐标系中讨论最简单的曲面和曲线——平面和直线.

7.5.1 平面的点法式方程

如果一非零向量垂直于一平面,那么此向量就称为该平面的**法向量**.显然,一个平面的法向量有无穷多个,而平面上的任一向量均与该平面的法向量垂直.

我们知道,过空间一点可作出唯一的平面垂直于已知直线,所以当平面 Π 上的一点 $M_0(x_0,y_0,z_0)$ 和它的一个法向量 $\boldsymbol{n}=(A,B,C)$ 为已知时,平面 Π 的位置就完全确定了.下面我们来建立平面 Π 的方程.

设 $M(x,y,z)$ 是平面 Π 上的任一点(图 7-39),因为 $\boldsymbol{n} \perp \Pi$,所以 $\boldsymbol{n} \perp \overrightarrow{M_0M}$,即

$$\boldsymbol{n} \cdot \overrightarrow{M_0M} = 0,$$

由于

$$\boldsymbol{n}=(A,B,C), \quad \overrightarrow{M_0M}=(x-x_0,y-y_0,z-z_0),$$

所以

$$A(x-x_0)+B(y-y_0)+C(z-z_0)=0. \quad (7\text{-}18)$$

这就是平面 Π 上任一点 M 的坐标 x,y,z 所满足的方程.

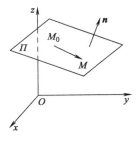

图 7-39

反之,如果点 $M(x,y,z)$ 不在平面 Π 上,那么向量 $\overrightarrow{M_0M}$ 与法向量 $\boldsymbol{n}$ 不垂直,从而 $\boldsymbol{n} \cdot \overrightarrow{M_0M} \neq 0$,即不在平面 Π 上的点 M 的坐标 x,y,z 不满足方程(7-18).

由此可知,平面 Π 上的任一点的坐标 x,y,z 都满足方程(7-18),不在平面 Π 上的点的坐标都不满足方程(7-18).这样,方程(7-18)就是平面 Π 的方程,而平面 Π 就是方程(7-18)的图形.由于方程(7-18)是由平面上的一点 M_0 和平面的一个法向量 $\boldsymbol{n}$ 来确定的,所以称方程(7-18)为**平面的点法式方程**.

【例 7-24】 求过点 $(1,-3,0)$,且以 $\boldsymbol{n}=(2,-1,4)$ 为法向量的平面的方程.

解 根据平面的点法式方程(7-18),所求平面的方程为

$$2(x-1)-(y+3)+4(z-0)=0,$$

即
$$2x - y + 4z - 5 = 0$$

【例 7-25】 已知平面上的三点 $M_1(1,1,1)$、$M_2(3,-2,1)$ 及 $M_3(5,3,2)$，求此平面的方程．

解 先求出平面的一个法向量．由向量积的定义，$\overrightarrow{M_1M_2} \times \overrightarrow{M_1M_3}$ 与向量 $\overrightarrow{M_1M_2}$、$\overrightarrow{M_1M_3}$ 都垂直，即 $\overrightarrow{M_1M_2} \times \overrightarrow{M_1M_3}$ 与平面垂直，故取 $n = \overrightarrow{M_1M_2} \times \overrightarrow{M_1M_3}$，而
$$\overrightarrow{M_1M_2} = (2, -3, 0), \quad \overrightarrow{M_1M_3} = (4, 2, 1),$$

所以
$$n = \begin{vmatrix} \boldsymbol{i} & \boldsymbol{j} & \boldsymbol{k} \\ 2 & -3 & 0 \\ 4 & 2 & 1 \end{vmatrix} = -3\boldsymbol{i} - 2\boldsymbol{j} + 16\boldsymbol{k},$$

即 $n = (-3, -2, 16)$．

根据平面的点法式方程(7-18)，所求平面的方程为
$$-3(x-1) - 2(y-1) + 16(z-1) = 0,$$

即
$$3x + 2y - 16z + 11 = 0.$$

7.5.2 平面的一般式方程

由于平面的点法式方程(7-18)可以化为如下三元一次方程
$$Ax + By + Cz + D = 0. \tag{7-19}$$
其中，$D = -(Ax_0 + By_0 + Cz_0)$，而任一平面都可由它上面的一点和它的法向量来确定，所以任一平面都可以用一个三元一次方程来表示．

反过来，设有一个三元一次方程(7-19)，我们任取一组数 x_0、y_0、z_0，使其满足方程(7-19)，即
$$Ax_0 + By_0 + Cz_0 + D = 0, \tag{7-20}$$

将式(7-19)、式(7-20)相减，得
$$A(x - x_0) + B(y - y_0) + C(z - z_0) = 0 \tag{7-21}$$
把方程(7-21)与平面的点法式方程(7-18)相比较，可知方程(7-21)是通过点 M_0 (x_0, y_0, z_0)，以 $n = (A, B, C)$ 为法向量的平面方程．注意到方程(7-19)与方程(7-21)同解，故方程(7-19)表示一个以 $n = (A, B, C)$ 为法向量的平面．我们把方程(7-19)称为**平面的一般式方程**，其中 x、y、z 的系数就是该平面的一个法向量，即 $n = (A, B, C)$．

对于一些特殊的三元一次方程，应该熟悉它们图形的特点．

若 $D = 0$，则方程(7-19)变成 $Ax + By + Cz = 0$，它表示一个通过坐标原点的平面；

若 $C=0$,则方程(7-19)变成 $Ax+By+D=0$,平面的法向量 $\boldsymbol{n}=(A,B,0)$ 垂直于 z 轴,方程表示一个与 z 轴平行的平面.

类似地,$Ax+Cz+D=0$ 表示一个与 y 轴平行的平面;$By+Cz+D=0$ 表示一个与 x 轴平行的平面.

若 $B=C=0$,则方程(7-19)变成 $Ax+D=0$,平面的法向量 $\boldsymbol{n}=(A,0,0)$ 同时垂直于 y 轴和 z 轴,故方程表示平行于 yOz 面的平面.

类似地,$By+D=0$ 表示一个平行于 xOz 面的平面;$Cz+D=0$ 表示平行于 xOy 面的平面.

【例 7-26】 已知一个平面通过 x 轴和点 $(4,2,-1)$,求该平面方程.

解　因为所求平面通过 x 轴,必然平行于 x 轴,故 $A=0$;又因为平面通过原点,所以 $D=0$.于是可设所求的平面方程为

$$By+Cz=0.$$

由于平面通过点 $(4,2,-1)$,故

$$2B-C=0,$$

即

$$C=2B.$$

把上式代入所设方程,得

$$By+2Bz=0.$$

因 $B\neq0$,故所求平面的方程为

$$y+2z=0.$$

7.5.3　平面的截距式方程

设一个平面与 x、y、z 轴的三个交点依次是 $P(a,0,0)$、$Q(0,b,0)$、$R(0,0,c)$ (图 7-40),其中 $a\neq0,b\neq0,c\neq0$.我们来建立该平面的方程.

设该平面的方程为

$$Ax+By+Cz+D=0,$$

因为平面经过 P、Q、R 三点,故它们的坐标都满足上述方程,即

$$\begin{cases} aA+D=0, \\ bB+D=0, \\ cC+D=0, \end{cases}$$

解方程组,得 $A=-\dfrac{D}{a}$,$B=-\dfrac{D}{b}$,$C=-\dfrac{D}{c}$.将它们代入所设方程并除以 $D(D\neq0)$,便得

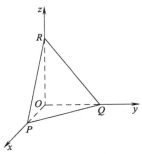

图　7-40

$$\frac{x}{a}+\frac{y}{b}+\frac{z}{c}=1. \tag{7-22}$$

方程(7-22)叫做**平面的截距式方程**,而 a、b、c 依次叫做平面在 x、y、z 轴上的**截距**.

7.5.4 两平面的夹角

两平面法线向量间的夹角(通常指锐角)称为**两平面的夹角**.

设两平面 Π_1、Π_2 的方程分别为

$$A_1x+B_1y+C_1z+D_1=0,$$
$$A_2x+B_2y+C_2z+D_2=0,$$

它们的法向量依次为

$$\boldsymbol{n}_1=(A_1,B_1,C_1) \text{ 和 } \boldsymbol{n}_2=(A_2,B_2,C_2),$$

那么两个平面的夹角 θ 为 $(\widehat{\boldsymbol{n}_1,\boldsymbol{n}_2})$ 或 $\pi-(\widehat{\boldsymbol{n}_1,\boldsymbol{n}_2})$ 两者

中的锐角(图 7-41),因此 $\cos\theta=|\cos(\widehat{\boldsymbol{n}_1,\boldsymbol{n}_2})|$.由两

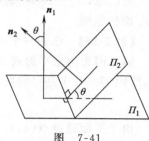

图 7-41

向量夹角余弦的坐标表示式(7-4)可知,平面 Π_1、Π_2 的夹角 θ 满足

$$\cos\theta=\frac{|A_1A_2+B_1B_2+C_1C_2|}{\sqrt{A_1^2+B_1^2+C_1^2}\sqrt{A_2^2+B_2^2+C_2^2}}. \tag{7-23}$$

由于两个平面互相垂直或平行相当于它们的法向量互相垂直或平行,故由两个向量互相垂直或平行的条件立即可得:

平面 Π_1、Π_2 互相垂直的充分必要条件是

$$A_1A_2+B_1B_2+C_1C_2=0; \tag{7-24}$$

平面 Π_1、Π_2 互相平行或重合的充分必要条件是

$$\frac{A_1}{A_2}=\frac{B_1}{B_2}=\frac{C_1}{C_2}. \tag{7-25}$$

【例 7-27】 求两平面 $x-y+2z-3=0$ 和 $2x+y+z-4=0$ 的夹角.

解 由公式(7-23)有

$$\cos\theta=\frac{|1\times2+(-1)\times1+2\times1|}{\sqrt{1^2+(-1)^2+2^2}\sqrt{2^2+1^2+1^2}}=\frac{1}{2},$$

因此所求的夹角为 $\theta=\dfrac{\pi}{3}$.

【例 7-28】 求经过两点 $M_1(3,-2,9)$,$M_2(-6,0,-4)$ 且垂直于平面 $2x-y+4z-7=0$ 的平面方程.

解法 1 设所求平面的一个法向量为

$$\boldsymbol{n}=(A,B,C).$$

因 $\overrightarrow{M_1M_2}=(-9,2,-13)$ 在所求平面上,它必与 $\boldsymbol{n}$ 垂直,所以有

$$-9A+2B-13C=0,\tag{7-26}$$

又因所求的平面垂直于已知平面 $2x-y+4z-7=0$，所以又有

$$2A-B+4C=0.\tag{7-27}$$

由式(7-26)、式(7-27)得到

$$A=-C,\quad B=2C.$$

由平面的点法式方程可知，所求平面方程为

$$A(x-3)+B(y+2)+C(z-9)=0.$$

将 $A=-C$ 和 $B=2C$ 代入上式，并约去 $C(C\neq0)$，便得

$$-(x-3)+2(y+2)+(z-9)=0,$$

即

$$x-2y-z+2=0.$$

解法 2　由于所求平面的法线向量 $\boldsymbol{n}$ 与 $\overrightarrow{M_1M_2}=(-9,2,-13)$ 垂直，并且所求平面又和 $2x-y+4z-7=0$ 垂直，故 $\boldsymbol{n}$ 与该平面的法线向量 $(2,-1,4)$ 垂直，于是 $\boldsymbol{n}$ 可取 $\overrightarrow{M_1M_2}$ 与 $(2,-1,4)$ 的向量积，即

$$\boldsymbol{n}=(-9,2,-13)\times(2,-1,4)=\begin{vmatrix}\boldsymbol{i}&\boldsymbol{j}&\boldsymbol{k}\\-9&2&-13\\2&-1&4\end{vmatrix}$$

$$=(-5,10,5)=-5(1,-2,-1).$$

由平面的点法式方程可知，所求平面的方程为

$$(x-3)-2(y+2)-(z-9)=0,$$

即

$$x-2y-z+2=0.$$

在本节的最后，我们给出点到平面的距离公式.

设平面方程为

$$Ax+By+Cz+D=0,$$

$P_0(x_0,y_0,z_0)$ 是平面 $Ax+By+Cz+D=0$ 外的一点，下面我们来求点 P_0 到该平面的距离 d（图 7-42）.

在平面上任取一点 $P_1(x_1,y_1,z_1)$，那么 P_0 与已知平面的距离 d 就是向量 $\overrightarrow{P_1P_0}$ 在平面法向量 $\boldsymbol{n}=(A,B,C)$ 上的投影的绝对值（加上绝对值是因为 $\overrightarrow{P_1P_0}$ 与 $\boldsymbol{n}$ 的夹角有可能是钝角），即

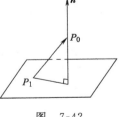

图　7-42

$$d=|\mathrm{Prj}_n\,\overrightarrow{P_1P_0}|=\frac{|\overrightarrow{P_1P_0}\cdot\boldsymbol{n}|}{|\boldsymbol{n}|}.$$

由于

$$\overrightarrow{P_1P_0}\cdot\boldsymbol{n}=(x_0-x_1)A+(y_0-y_1)B+(z_0-z_1)C$$

$$= Ax_0 + By_0 + Cz_0 - (Ax_1 + By_1 + Cz_1),$$

由 $P_1(x_1, y_1, z_1)$ 在平面上，得 $Ax_1 + By_1 + Cz_1 + D = 0$，即

$$D = -(Ax_1 + By_1 + Cz_1),$$

所以

$$\overrightarrow{P_1P_0} \cdot \boldsymbol{n} = Ax_0 + By_0 + Cz_0 + D,$$

从而所求点到平面的距离为

$$d = \frac{|\overrightarrow{P_1P_0} \cdot \boldsymbol{n}|}{|\boldsymbol{n}|} = \frac{|Ax_0 + By_0 + Cz_0 + D|}{\sqrt{A^2 + B^2 + C^2}}. \tag{7-28}$$

例如，求点 $(2,1,1)$ 到平面 $x + y - z + 1 = 0$ 的距离，可利用式 (7-28)，得

$$d = \frac{|1 \times 2 + 1 \times 1 - 1 \times 1 + 1|}{\sqrt{1^2 + 1^2 + (-1)^2}} = \frac{3}{\sqrt{3}} = \sqrt{3}.$$

习 题 7.5

1. 求过点 $(3, 2, -5)$ 且与平面 $3x - 2y + 7z - 4 = 0$ 平行的平面方程.

2. 求过点 $M(2, 9, -6)$ 且与连接坐标原点及点 M 的线段 OM 垂直的平面方程.

3. 求过 $(2, -1, 4)$、$(0, 2, 3)$、$(-1, 3, -2)$ 三个点的平面方程.

4. 指出下列各平面的特殊位置，并画出图形：

(1) $y = 0$； (2) $2x - 5 = 0$； (3) $3x - 4y - 12 = 0$； (4) $3x - y = 0$；

(5) $y + 2z = 2$； (6) $x - 2z = 0$； (7) $5x + 6y - z = 0$

5. 求平面 $3x - 4y + 5z - 12 = 0$ 与三个坐标面夹角的余弦.

6. 一平面平行于向量 $\boldsymbol{a} = (2, 3, -4)$ 和 $\boldsymbol{b} = (1, -2, 0)$ 且经过点 $(1, 0, -1)$，求该平面方程.

7. 求三个平面 $3x - z - 6 = 0$，$x + y - 1 = 0$，$x - 3y - 2z - 6 = 0$ 的交点.

8. 求下列特殊位置的平面方程：

(1) 平行于 yOz 面且经过点 $(2, -5, 3)$；

(2) 通过 z 轴和点 $(2, -4, 1)$；

(3) 平行于 y 轴且经过两点 $(1, -2, 3)$ 和 $(-6, -2, 7)$；

9. (1) 求点 $(0, 1, -2)$ 到平面 $2x + 2y - 2z - 3 = 0$ 的距离；

(2) 求两平面 $x + y - z + 1 = 0$ 与 $2x + 2y - 2z - 3 = 0$ 之间的距离.

7.6 空间直线及其方程

7.6.1 空间直线的一般式方程

如果两平面不平行，则必相交于一直线. 因此，空间任一直线 L 都可看做两平

面的交线(图 7-43). 设平面 Π_1、Π_2 的方程分别为
$A_1 x + B_1 y + C_1 z + D_1 = 0$、$A_2 x + B_2 y + C_2 z + D_2 = 0$,
则直线 L 上任一点的坐标应满足方程组

$$\begin{cases} A_1 x + B_1 y + C_1 z + D_1 = 0, \\ A_2 x + B_2 y + C_2 z + D_2 = 0. \end{cases} \quad (7\text{-}29)$$

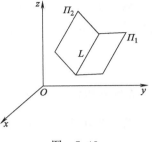

反过来,若点 M 不在空间直线 L 上,那么它就
不可能同时在平面 Π_1 和 Π_2 上,从而其坐标不满足
方程组(7-29). 因此直线 L 可由方程组(7-29)表示,
方程组(7-29)叫做空间直线的**一般式方程**.

图 7-43

显然,通过空间一条直线 L 的平面有无穷多个,只需任意选取其中的两个平
面,把它们的方程联立起来,所得的方程组就表示空间直线 L.

7.6.2 空间直线的对称式方程和参数方程

如果一个非零向量与一条已知直线平行,这个向量就叫做这条直线的**方向向
量**.

设 $M_0(x_0, y_0, z_0)$ 为直线 L 上的一已知点,$s = (m, n, p)$ 为直线的一个方向向
量,则直线 L 的位置就完全确定了. 下面我们来建立这条直线的方程.

设点 $M(x, y, z)$ 是直线 L 上的任一点,则向量
$\overrightarrow{M_0 M} = (x - x_0, y - y_0, z - z_0)$ 与直线 L 的方向向量
$s = (m, n, p)$ 平行(图 7-44),于是有

$$\frac{x - x_0}{m} = \frac{y - y_0}{n} = \frac{z - z_0}{p}. \quad (7\text{-}30)$$

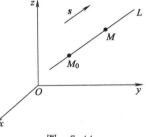

反之,若点 $M(x, y, z)$ 不在直线 L 上,则向量
$\overrightarrow{M_0 M}$ 与方向向量 s 不平行,从而点 M 的坐标不满足
式(7-30). 因此方程组(7-30)就是直线 L 的方程.

图 7-44

我们把方程(7-30)叫做**空间直线的对称式或点向式方程**.

直线的任一方向向量 s 的坐标 m, n, p 叫做这条直线的一组**方向数**,而向量 s
的方向余弦叫做该直线的**方向余弦**.

在直线的对称式方程(7-30)中,令 $\dfrac{x - x_0}{m} = \dfrac{y - y_0}{n} = \dfrac{z - z_0}{p} = t$,则得

$$\begin{cases} x = x_0 + mt, \\ y = y_0 + nt, \\ z = z_0 + pt. \end{cases} \quad (7\text{-}31)$$

方程组(7-31)叫做**直线的参数方程**.

【**例 7-29**】 求过两点 $M_1(-3, 1, 2)$ 和 $M_2(-2, 3, 1)$ 的直线方程.

解 因为向量$\overrightarrow{M_1M_2}=(1,2,-1)$平行于所求直线,所以可取直线的方向向量为$\overrightarrow{M_1M_2}$,故由对称式方程得到所求直线为

$$\frac{x+3}{1}=\frac{y-1}{2}=\frac{z-2}{-1}.$$

【例 7-30】 将直线$\begin{cases}x-2y+3z-4=0,\\3x+2y-5z-4=0\end{cases}$化为对称式方程和参数方程.

解 先求出直线上的一点(x_0,y_0,z_0).不妨取$z_0=0$,代入直线方程得

$$\begin{cases}x-2y-4=0,\\3x+2y-4=0.\end{cases}$$

解得$x_0=2,y_0=-1$,即$(2,-1,0)$是所给直线上的一点.

下面再求直线的方向向量.由于两平面的交线与这两个平面的法向量$\boldsymbol{n}_1=(1,-2,3)$、$\boldsymbol{n}_2=(3,2,-5)$都垂直,所以可取直线的方向向量为

$$\boldsymbol{s}=\boldsymbol{n}_1\times\boldsymbol{n}_2=\begin{vmatrix}\boldsymbol{i}&\boldsymbol{j}&\boldsymbol{k}\\1&-2&3\\3&2&-5\end{vmatrix}=2(2\boldsymbol{i}+7\boldsymbol{j}+4\boldsymbol{k}).$$

因此,所给直线的对称式方程为

$$\frac{x-2}{2}=\frac{y+1}{7}=\frac{z}{4}.$$

令$\dfrac{x-2}{2}=\dfrac{y+1}{7}=\dfrac{z}{4}=t$,得所给直线的参数方程为

$$\begin{cases}x=2+2t,\\y=-1+7t,\\z=4t.\end{cases}$$

7.6.3　两直线的夹角

两直线的方向向量的夹角(一般为锐角)叫做**两直线的夹角**.

设两直线L_1和L_2的方向向量分别为$\boldsymbol{s}_1=(m_1,n_1,p_1)$和$\boldsymbol{s}_2=(m_2,n_2,p_2)$,那么$L_1$和$L_2$的夹角$\varphi$应为$(\widehat{\boldsymbol{s}_1,\boldsymbol{s}_2})$和$\pi-(\widehat{\boldsymbol{s}_1,\boldsymbol{s}_2})$两者中的锐角,因此$\cos\varphi=|\cos(\widehat{\boldsymbol{s}_1,\boldsymbol{s}_2})|$,即直线$L_1$和$L_2$的夹角$\varphi$的方向余弦是

$$\cos\varphi=\frac{|m_1m_2+n_1n_2+p_1p_2|}{\sqrt{m_1{}^2+n_1{}^2+p_1{}^2}\sqrt{m_2{}^2+n_2{}^2+p_2{}^2}}. \tag{7-32}$$

由于两直线互相垂直或平行相当于它们的方向向量互相垂直或平行,故由两个向量互相垂直或平行的条件立即可得

直线L_1、L_2互相垂直的充分必要条件是$m_1m_2+n_1n_2+p_1p_2=0$;

直线L_1、L_2互相平行或重合的充分必要条件是$\dfrac{m_1}{m_2}=\dfrac{n_1}{n_2}=\dfrac{p_1}{p_2}.$

【例 7-31】 求直线 $L_1: \dfrac{x-1}{1} = \dfrac{y}{-4} = \dfrac{z+3}{1}$ 和 $L_2: \dfrac{x}{2} = \dfrac{y+2}{-2} = \dfrac{z}{-1}$ 的夹角.

解 直线 L_1 的方向向量为 $\boldsymbol{s}_1 = (1, -4, 1)$;直线 L_2 的方向向量为 $\boldsymbol{s}_2 = (2, -2, -1)$,设直线 L_1 和 L_2 的夹角为 φ,那么由式(7-32)有

$$\cos\varphi = \frac{|1\times2 + (-4)\times(-2) + 1\times(-1)|}{\sqrt{1^2 + (-4)^2 + 1^2}\sqrt{2^2 + (-2)^2 + (-1)^2}} = \frac{1}{\sqrt{2}},$$

所以 $\varphi = \dfrac{\pi}{4}$.

7.6.4 直线与平面的夹角

当直线与平面不垂直时,直线与它在平面上的投影直线所成的夹角 $\varphi(0 \leqslant \varphi < \dfrac{\pi}{2})$ 称为**直线与平面的夹角**(图 7-45).当直线与平面垂直时,规定直线与平面的夹角为 $\dfrac{\pi}{2}$.

设直线的方向向量为 $\boldsymbol{s} = (m, n, p)$,平面的法向量为 $\boldsymbol{n} = (A, B, C)$,直线与平面的夹角为 φ,那么 $\varphi = \left| \dfrac{\pi}{2} - (\overset{\wedge}{\boldsymbol{s}, \boldsymbol{n}}) \right|$,因此 $\sin\varphi = |\cos(\overset{\wedge}{\boldsymbol{s}, \boldsymbol{n}})|$.按两向量夹角余弦的坐标表达式,有

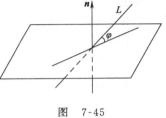

图 7-45

$$\sin\varphi = \frac{|Am + Bn + Cp|}{\sqrt{A^2 + B^2 + C^2}\sqrt{m^2 + n^2 + p^2}}. \tag{7-33}$$

由于直线与平面垂直相当于直线的方向向量与平面的法向量平行,直线与平面平行或直线在平面内相当于直线的方向向量与平面的法向量垂直,故由两个向量互相垂直或平行的条件立即可得

直线与平面垂直的充分必要条件是

$$\frac{A}{m} = \frac{B}{n} = \frac{C}{p}; \tag{7-34}$$

直线与平面平行或直线在平面内的充分必要条件是

$$Am + Bn + Cp = 0. \tag{7-35}$$

【例 7-32】 求过点 $M(2, 2, -1)$ 且与平面 $\Pi: 3x - 2y + 5z + 7 = 0$ 垂直的直线的方程.

解 因为所求直线垂直于已知平面,所以可取平面 Π 的法向量 $\boldsymbol{n} = (3, -2, 5)$ 作为所求直线的方向向量 $\boldsymbol{s}$,于是所求直线的方程为

$$\frac{x-2}{3} = \frac{y-2}{-2} = \frac{z+1}{5}.$$

【例 7-33】 求直线 $\dfrac{x-3}{2} = \dfrac{y+1}{-5} = \dfrac{z}{3}$ 与平面 $2x - y - 2z + 1 = 0$ 的交点.

解 已知直线的参数方程为

$$x=3+2t, \quad y=-1-5t, \quad z=3t,$$

代入平面方程，得

$$2(3+2t)-(-1-5t)-2(3t)+1=0.$$

解上述方程，得 $t=-\dfrac{8}{3}$. 把 $t=-\dfrac{8}{3}$ 代入到直线参数方程,得所求交点的坐标为

$$x=-\frac{7}{3}, \quad y=\frac{37}{3}, \quad z=-8.$$

【例 7-34】 求过点 $M(2,-1,3)$ 且与直线 $L: \dfrac{x-1}{2}=\dfrac{y}{-1}=\dfrac{z+2}{1}$ 相交,又平行于平面 $\Pi: 3x-2y+z+5=0$ 的直线的方程.

解法 1 设所求直线为 L_1,则 L_1 在过 M 和 L 的平面 Π_1 内,同时也在过 M 且平行于 Π 的平面 Π_2 内.

在 L 上取一点 $P(1,0,-2)$,则平面 Π_1 的法向量 $\boldsymbol{n}_1$ 既垂直于 L 的方向向量 $\boldsymbol{s}=(2,-1,1)$,又垂直于 $\overrightarrow{MP}=(-1,1,-5)$,故平面 Π_1 的法向量可取为 $\boldsymbol{n}_1=\boldsymbol{s}\times\overrightarrow{MP}$,即

$$\boldsymbol{n}_1=\begin{vmatrix} \boldsymbol{i} & \boldsymbol{j} & \boldsymbol{k} \\ 2 & -1 & 1 \\ -1 & 1 & -5 \end{vmatrix}=4\boldsymbol{i}+9\boldsymbol{j}+\boldsymbol{k}.$$

于是平面 Π_1 为

$$4(x-2)+9(y+1)+(z-3)=0;$$

又显然平面 Π_2 为

$$3(x-2)-2(y+1)+(z-3)=0,$$

从而所求直线 L_1 的方程是

$$\begin{cases} 4(x-2)+9(y+1)+(z-3)=0, \\ 3(x-2)-2(y+1)+(z-3)=0, \end{cases}$$

即

$$\begin{cases} 4x+9y+z-2=0, \\ 3x-2y+z-11=0. \end{cases}$$

解法 2 直线 L 的参数式方程为

$$x=1+2t, \quad y=-t, \quad z=-2+t.$$

设直线 L 与 L_1 的交点为 $N(1+2t_0,-t_0,-2+t_0)$,则 N 与 $M(2,-1,3)$ 的连线垂直于平面 Π 的法向量,于是

$$\overrightarrow{MN}\cdot(3,-2,1)=0.$$

将 $\overrightarrow{MN}=(2t_0-1,1-t_0,t_0-5)$ 代入上式,得

$$3(2t_0-1)+(-2)(1-t_0)+(t_0-5)=0.$$

解上述方程,得 $t_0 = \dfrac{10}{9}$. 把 $t_0 = \dfrac{10}{9}$ 代入到 $\overrightarrow{MN}$ 表达式中,得

$$\overrightarrow{MN} = \left(\frac{11}{9}, -\frac{1}{9}, -\frac{35}{9}\right) = \frac{1}{9}(11, -1, -35).$$

根据直线方程的对称式可知,所求直线方程为

$$\frac{x-2}{11} = \frac{y+1}{-1} = \frac{z-3}{-35}.$$

习　题　7.6

39

1. 求过点 $(-1, 2, 5)$ 且平行于直线 $\dfrac{x-1}{1} = \dfrac{y-2}{-3} = \dfrac{z-3}{-1}$ 的直线方程.

2. 求过两点 $P_1(2, 3, 1)$ 和 $P_2(3, -2, 5)$ 的直线方程.

3. 求直线 $\begin{cases} x - 2y + z - 1 = 0 \\ 2x + y - 2z + 2 = 0 \end{cases}$ 的对称式方程和参数方程.

4. 求过点 $(-1, 3, -2)$ 且与两平面 $x - 2y + 3z - 4 = 0$ 和 $3x + 2y - 5z + 1 = 0$ 平行的直线方程.

5. 求直线 $L_1 : x - 1 = \dfrac{y-5}{2} = z + 6$ 与 $L_2 : \begin{cases} x + 2y - z + 1 = 0 \\ x - y + z + 2 = 0 \end{cases}$ 的夹角.

6. 证明直线 $\begin{cases} 3x + 6y - 3z - 8 = 0 \\ 2x - y - z = 0 \end{cases}$ 与直线 $\begin{cases} x + 2y - z - 7 = 0 \\ -2x + y + z - 7 = 0 \end{cases}$ 平行.

7. 求直线 $\begin{cases} 3x + y - z - 13 = 0 \\ y + 2z - 8 = 0 \end{cases}$ 与平面 $x - 2y + 2z + 3 = 0$ 的夹角.

8. 求过点 $(0, 2, -1)$ 且与直线 $\begin{cases} 2x - y + 3z - 5 = 0 \\ x + 2y - z + 3 = 0 \end{cases}$ 垂直的平面方程.

9. 求过点 $(3, 1, -2)$ 且通过直线 $\dfrac{x-4}{5} = \dfrac{y+3}{2} = \dfrac{z}{1}$ 的平面方程.

10. 确定下列每一组直线与平面的关系:

(1) $\dfrac{x-2}{3} = \dfrac{y+3}{-2} = \dfrac{z-1}{3}$ 和 $x - 3y - 3z + 4 = 0$;

(2) $\dfrac{x-4}{2} = \dfrac{y+3}{-1} = \dfrac{z}{3}$ 和 $2x - y + 3z - 7 = 0$;

(3) $\dfrac{x-2}{-1} = \dfrac{y-2}{2} = \dfrac{z+3}{5}$ 和 $8x - y + 2z - 8 = 0$.

11. 求过点 $(1, 2, 1)$ 且与两直线 $\begin{cases} x - y + z - 1 = 0 \\ x + 2y - z + 1 = 0 \end{cases}$ 和 $\begin{cases} x - y + z = 0 \\ 2x - y + z = 0 \end{cases}$ 平行的平面方程.

12. 求点 $(2,-1,1)$ 到直线 $\begin{cases} x-2y+z-1=0 \\ x+2y-z+3=0 \end{cases}$ 的距离.

13. 设 M_0 是直线 L 外一点，M 是直线 L 上任意一点，且直线的方向向量为 s，证明：点 M_0 到直线 L 的距离是

$$d = \frac{|\overrightarrow{M_0M} \times s|}{|s|}.$$

总 习 题 7

1. 选择题

(1) 设向量 a,b,c 满足 $a+b+c=0$，则 $a \times b + b \times c + c \times a = ($).

     A. 0 B. $a \times b \times c$ C. $3(a \times b)$ D. $b \times c$

(2) 设直线 $L: \begin{cases} x+3y+2z+1=0, \\ 2x-y-10z+3=0 \end{cases}$ 及平面 $\Pi: 4x-2y+z-2=0$，则直线 L

     (   ).

     A. 平行于 Π B. 在 Π 上   C. 垂直于 Π D. 与 Π 斜交

(3) 设有直线 $L_1: \dfrac{x-1}{1} = \dfrac{y-5}{-2} = \dfrac{z+8}{1}$ 与 $L_2: \begin{cases} x-y=6, \\ 2y+z=3, \end{cases}$ 则 L_1 与 L_2 的夹角为

     (   ).

     A. $\dfrac{\pi}{2}$ B. $\dfrac{\pi}{3}$ C. $\dfrac{\pi}{4}$ D. $\dfrac{\pi}{6}$

(4) 设向量 a 与三个坐标面 xOy, yOz, zOx 的夹角分别为 α, β, γ（$0 \leqslant \alpha, \beta, \gamma \leqslant \dfrac{\pi}{2}$），则 $\cos^2\alpha + \cos^2\beta + \cos^2\gamma = ($).

     A. 2   B. 1   C. 0   D. 3

2. 填空题

(1) 设向量 $a=(2,1,2)$，$b=(4,-1,10)$，$c=\lambda a+b$，且 $a \perp c$，则常数 $\lambda = $ _____.

(2) 已知向量 $a=(-1,3,0)$，$b=(3,1,0)$，$|c|=r$，则满足条件 $a=b \times c$ 时，r 的最小值为 _____.

(3) 母线平行于 z 轴且通过曲线 $\begin{cases} 2x^2+y^2+z^2=16, \\ x^2-y^2+z^2=0 \end{cases}$ 的柱面方程 _____.

(4) 直线 $\begin{cases} x+y+z=a, \\ x+cy=b \end{cases}$ 在 yOz 面上的投影直线是 _____.

3. 设向量 $a+3b \perp 7a-5b$，$a-4b \perp 7a-2b$，求两向量 a 和 b 的夹角.

4. 设 $|\boldsymbol{a}|=4$，$|\boldsymbol{b}|=3$，$\widehat{(\boldsymbol{a},\boldsymbol{b})}=\dfrac{\pi}{6}$，求以 $\boldsymbol{a}+2\boldsymbol{b}$ 及 $\boldsymbol{a}-3\boldsymbol{b}$ 为边的平行四边形的面积.

5. 已知动点 $M(x,y,z)$ 到 xOy 平面的距离与点 M 到点 $(1,-1,2)$ 的距离相等，求动点 M 的轨迹方程.

6. 指出下列旋转曲面是什么曲线绕哪个轴旋转而成的，并画出曲面的图形：

(1) $2x^2+2y^2-z=0$；　　　　　　　(2) $\dfrac{x^2}{4}+\dfrac{y^2}{9}+\dfrac{z^2}{4}=1$；

(3) $x^2-y^2-z^2=2$.

7. 平面 $2x-2y+z-9=0$ 与球面 $x^2+y^2+z^2=25$ 的交线是圆，写出该圆的方程，并求出该圆的半径.

8. 求曲线 $\begin{cases} z=2-x^2-y^2, \\ z=(x-1)^2+(y-1)^2 \end{cases}$ 在三个坐标面上的投影曲线的方程.

9. 求锥面 $z=\sqrt{x^2+y^2}$ 与柱面 $z^2=2x$ 所围立体在三个坐标面上的投影.

10. 在直线 $\dfrac{x}{1}=\dfrac{y+7}{2}=\dfrac{z-3}{-1}$ 上求一点，使它到点 $(3,2,6)$ 的距离最短.

11. 设一平面垂直于平面 $z=0$，并通过从点 $(1,-1,1)$ 到直线 $\begin{cases} y-z+1=0, \\ x=0 \end{cases}$ 的垂线，求此平面方程.

12. 求过点 $(-1,0,4)$，且平行于平面 $3x-4y+z-10=0$，又与直线：$\dfrac{x+1}{1}=\dfrac{y-3}{1}=\dfrac{z}{2}$ 相交的直线方程.

中国创造：外骨骼机器人

第8章 多元函数微分法及其应用

上册中我们所讨论的函数都是只有一个自变量的函数,即一元函数.但自然科学和工程技术中的很多问题都要取决于多个因素,反映到数学上,就是一个变量依赖于多个变量的情形.这就提出了多元函数以及多元函数的微积分问题.

多元函数微分学是一元函数微分学的推广和发展,它们既有很多类似之处,又有不少重大差别.由于从二元函数到二元以上的多元函数,有关概念、理论和方法大多可以类推,所以我们重点介绍二元函数微分学及其应用.

8.1 多元函数的基本概念

8.1.1 平面点集

坐标平面上具有某种性质 Q 的点 (x,y) 的集合称为平面点集.记作
$$D=\{(x,y)\,|\,(x,y)\text{具有某性质 }Q\}.$$
例如,平面上到原点的距离小于 1 的点的集合(图 8-1)是
$$D_1=\{(x,y)\,|\,x^2+y^2<1\}.$$
又如,横坐标的绝对值不大于 3 且纵坐标的绝对值不大于 4 的点的集合(图8-2)是
$$D_2=\{(x,y)\,|\,|x|\leqslant 3,|y|\leqslant 4\}.$$

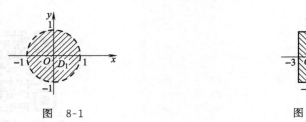

图 8-1   图 8-2

坐标平面上所有点的集合记为 $\mathbf{R}^2$,即
$$\mathbf{R}^2=\{(x,y)\,|\,-\infty<x<+\infty,-\infty<y<+\infty\}.$$

设点 $P(x_0,y_0)$ 为 xOy 平面上的一点,δ 为一正数,所有与点 P 的距离小于 δ 的点 (x,y) 的集合,称为点 P 的 δ **邻域**,记为 $U(P,\delta)$,即
$$U(P,\delta)=\{(x,y)\,|\,\sqrt{(x-x_0)^2+(y-y_0)^2}<\delta\}.$$
在几何上,点 P 的 δ 邻域就是以点 P 为圆心,δ 为半径的圆的内部(图 8-3).

点 P 的去心 δ 邻域记为 $\overset{\circ}{U}(P,\delta)$,即

$$\overset{\circ}{U}(P,\delta)=\{(x,y)\,|\,0<\sqrt{(x-x_0)^2+(y-y_0)^2}<\delta\}.$$

如果不需要强调邻域的半径,则可用 $U(P)$ 表示点 P 的某个邻域.用 $\overset{\circ}{U}(P)$ 表示 P 的某个去心邻域.

设 E 为 xOy 面上的一个点集,如果点 $P\in E$ 且存在点 P 的某个邻域 $U(P)$,使得 $U(P)\subset E$,则称点 P 为 E 的**内点**(图 8-4).

图　8-3　　　　　　　　　　　图　8-4

如果点集 E 中的每一点都是 E 的内点,则称 E 为**开集**.

例如,$D_1=\{(x,y)\,|\,x^2+y^2<1\}$ 为开集,$D_2=\{(x,y)\,|\,|x|\leqslant 3,|y|\leqslant 4\}$ 不是开集.

如果点 P 的任一邻域内既有属于 E 的点,又有不属于 E 的点(点 P 本身可以属于 E,也可以不属于 E),那么称点 P 为 E 的**边界点**(图 8-4),E 的边界点的全体称为 E 的**边界**.

如果平面点集 E 是开集,并且对于 E 中的任意两点都可用整个位于 E 内的折线连接起来,则称 E 为**区域**或**开区域**.开区域连同它的边界称为**闭区域**.今后在不需要区分开区域和闭区域时,我们通称为区域.

如果平面点集 E 总可以被包含在一个以原点为中心半径适当大的圆内,则称 E 为**有界集**,否则称为**无界集**.

对照上述概念,前述点集 D_1 为有界开区域,点集 D_2 为有界闭区域,点集 $D_3=\{(x,y)\,|\,x+y<1\}$ 为无界开区域(图 8-5).注意,点集 $D_4=\{(x,y)\,|\,x^2+y^2\leqslant 1,x+y<1\}$ 是一个有界集,但它既不是开区域,又不是闭区域.

为了方便,我们经常用二元不等式或不等式组来表示平面区域.例如,把区域 $D_1=\{(x,y)\,|\,x^2+y^2<1\}$ 简单地表示成区域 $D_1:x^2+y^2<1$.又如,把闭区域 $D_2=\{(x,y)\,|\,|x|\leqslant 3,|y|\leqslant 4\}$ 简记为闭区域 $D_2:|x|\leqslant 3,|y|\leqslant 4$.

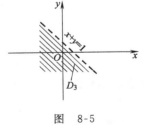

图　8-5

8.1.2　多元函数的概念

在很多实际问题中,经常会遇到多个变量之间的依赖关系,这就需要引入多元函数的概念.

【例 8-1】 正圆锥体的体积 V 和它的底半径 r、高 h 之间有关系

$$V=\frac{1}{3}\pi r^2 h,$$

当 (r,h) 在点集 $\{(r,h)\,|\,r>0,h>0\}$ 内取定一对值 (r,h) 时，V 的对应值随之确定.

【例 8-2】 将一笔本金 R（常数）存入银行，所获得的利息 L 与年利率 r、存款年限 t 有关系

$$L=R(1+r)^t-R,$$

当 (r,t) 在点集 $\{(r,t)\,|\,r>0,t\in \mathbf{N}^+\}$ 内取定一对值 (r,t) 时，L 的对应值随之确定.

对上面两个不同性质的问题，去掉变量所代表的具体意义，抽出它们的共性，引入二元函数的概念.

定义 8-1 设 D 为平面上的一个非空点集，若对 D 中的任一点 (x,y)，变量 z 按照某种法则 f 总有唯一确定的值与之对应，则称 z 是变量 x,y 的**二元函数**，记为 $z=f(x,y)$，其中 x、y 称为**自变量**，z 称为**因变量**，D 称为该函数的**定义域**.

设 $(x_0,y_0)\in D$，与 (x_0,y_0) 对应的因变量的值 z_0 称为函数 $z=f(x,y)$ 在点 (x_0,y_0) 处的**函数值**，记作 $z\Big|_{\substack{x=x_0\\y=y_0}}$ 或 $f(x_0,y_0)$，即 $z\Big|_{\substack{x=x_0\\y=y_0}}=f(x_0,y_0)=z_0$.

关于二元函数的定义域，与一元函数相类似，我们作如下约定：在一般的讨论用解析式（算式）表示的函数时，它的定义域就是使这个解析式有意义的实数对 (x,y) 所构成的集合，并称其为**自然定义域**.

类似地，可定义三元及三元以上的函数. 当 $n\geqslant 2$ 时，n 元函数统称为**多元函数**.

【例 8-3】 求函数 $z=\arcsin\dfrac{x^2+y^2}{4}+\dfrac{1}{\sqrt{x+y-1}}$ 的定义域.

解 要使表达式有意义，必须满足

$$\begin{cases}\left|\dfrac{x^2+y^2}{4}\right|\leqslant 1,\\ x+y-1>0.\end{cases}$$

故所求函数的定义域为

$$D=\{(x,y)\,|\,x^2+y^2\leqslant 4,\ x+y>1\}（图 8-6）.$$

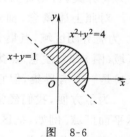

图 8-6

【例 8-4】 已知 $f(x-y,x+y)=xy$，求 $f(x,y)$.

解 设 $u=x-y$，$v=x+y$，则 $x=\dfrac{u+v}{2}$，$y=\dfrac{v-u}{2}$，

所以

$$f(u,v)=\frac{u+v}{2}\cdot\frac{v-u}{2}=\frac{v^2-u^2}{4},$$

从而

$$f(x,y)=\frac{y^2-x^2}{4}.$$

二元函数的几何意义：

设二元函数 $z=f(x,y)$ 的定义域为 D，对点 $P(x,y)\in D$，对应的函数值为 $z=f(x,y)$. 分别以 x、y、z 为横、纵、竖坐标，可以在空间确定一点 $M(x,y,z)$. 当点 P 在 D 内遍取一切点时，对应点 M 的轨迹就是函数 $z=f(x,y)$ 的几何图形. 它通常是一张曲面 Σ（图 8-7），该曲面在 xOy 面上的投影即为函数 $z=f(x,y)$ 的定义域 D.

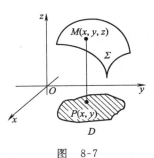

图 8-7

例如，二元函数 $z=x+y$ 的图形是一张平面；二元函数 $z=\sqrt{a^2-x^2-y^2}$ 的图形是上半球面.

8.1.3 多元函数的极限

设函数 $f(x,y)$ 在区域 D 上有定义，$P_0(x_0,y_0)$ 是 D 的内点或边界点. 如果当 D 内的点 $P(x,y)$ 无限趋近于点 $P_0(x_0,y_0)$ 时，对应的函数值 $f(x,y)$ 无限趋近于常数 A，那么 A 就叫做 $f(x,y)$ 当 $x\to x_0$，$y\to y_0$ 时的极限. 记作

$$\lim_{(x,y)\to(x_0,y_0)}f(x,y)=A，或 \lim_{\substack{x\to x_0\\y\to y_0}}f(x,y)=A，或 f(x,y)\to A((x,y)\to(x_0,y_0))$$

由于 $P(x,y)\to P_0(x_0,y_0)$ 等价于 P 与 P_0 这两点间的距离 $\sqrt{(x-x_0)^2+(y-y_0)^2}\to 0$，所以我们可仿照一元函数的极限定义给出二元函数极限的定义.

定义 8-2 设函数 $f(x,y)$ 在区域 D 上有定义，$P_0(x_0,y_0)$ 是 D 的内点或边界点. 如果存在常数 A，对于任意给定的正数 ε，总存在正数 δ，使得 D 内的点 $P(x,y)$ 满足 $0<\sqrt{(x-x_0)^2+(y-y_0)^2}<\delta$ 时，就有

$$|f(x,y)-A|<\varepsilon，$$

那么称常数 A 为函数 $f(x,y)$ 当 $(x,y)\to(x_0,y_0)$ 时的**极限**，记作

$$\lim_{\substack{x\to x_0\\y\to y_0}}f(x,y)=A.$$

必须注意，所谓二元函数的极限存在，是指 $P(x,y)$ 以任何方式趋于 $P_0(x_0,y_0)$ 时，二元函数 $f(x,y)$ 都无限趋于同一个常数 A. 因此，如果 $P(x,y)$ 以不同特殊方式趋于 $P_0(x_0,y_0)$ 时，对应的函数值 $f(x,y)$ 趋于不同的常数，那么就可以断定该函数 $f(x,y)$ 当 $(x,y)\to(x_0,y_0)$ 时的极限不存在.

【例 8-5】 设 $f(x,y)=\begin{cases}\dfrac{xy}{x^2+y^2}, & x^2+y^2\neq 0 \\ 0, & x^2+y^2=0,\end{cases}$ 证明：$\lim_{\substack{x\to 0\\y\to 0}}f(x,y)$ 不存在.

证　因为当 $P(x,y)$ 沿直线 $y=kx$ 趋于 $(0,0)$ 时,

$$\lim_{\substack{x\to 0 \\ y=kx\to 0}} f(x,y)=\lim_{x\to 0}\frac{xkx}{x^2+(kx)^2}=\frac{k}{1+k^2},$$

它是随 k 的值的不同而改变的,所以极限 $\lim\limits_{\substack{x\to 0 \\ y\to 0}} f(x,y)$ 不存在.

以上关于二元函数的极限概念,可相应地推广到三元及三元以上的多元函数上去.

一元函数的极限性质及极限运算法则,都可以"平行"地推广到多元函数上来,这里不再重复.

【例 8-6】　求 $\lim\limits_{\substack{x\to 0 \\ y\to 2}}\dfrac{\sin(2xy)}{x}$.

解　原式 $=\lim\limits_{\substack{x\to 0 \\ y\to 2}}\dfrac{\sin(2xy)}{2xy}\cdot 2y=\lim\limits_{\substack{x\to 0 \\ y\to 2}}\dfrac{\sin(2xy)}{2xy}\cdot\lim\limits_{\substack{x\to 0 \\ y\to 2}}2y$
$$=1\cdot 4=4$$

8.1.4　多元函数的连续性

类似于一元函数连续的概念,我们有:

定义 8-3　设函数 $f(x,y)$ 在区域 D 内有定义,$P_0(x_0,y_0)\in D$. 如果

$$\lim_{\substack{x\to x_0 \\ y\to y_0}} f(x,y)=f(x_0,y_0),$$

则称 $f(x,y)$ 在点 $P_0(x_0,y_0)$ 处**连续**,并称点 $P_0(x_0,y_0)$ 为函数 $f(x,y)$ 的一个**连续点**.

若函数 $f(x,y)$ 在区域 D 上每一点都连续,则称函数 $f(x,y)$ 在**区域 D 上连续**或称 $f(x,y)$ 是区域 D 上的**连续函数**.

以上关于二元函数的连续性概念,可相应地推广到 n 元函数上去.

与一元初等函数相类似,多元初等函数是指可用一个式子表示的多元函数,这个式子是由常数及含有不同自变量的一元基本初等函数经过有限次的四则运算和复合运算得到的.例如,函数 $z=\sin\dfrac{1}{x^2+y^2-1}$ 及函数 $z=y\ln\left(1+\dfrac{\cos y}{x^2+y}\right)+$

$\tan x-2$ 等等,都是多元初等函数,而函数 $f(x,y)=\begin{cases}\dfrac{xy}{x^2+y^2}, & x^2+y^2\neq 0, \\ 0, & x^2+y^2=0\end{cases}$ 不是多元初等函数.

对于多元初等函数,我们可以证得下列结论:

一切多元初等函数在其定义区域上连续. 这里所说的定义区域是指包含在定义域内的区域.

由上述结论及二元函数的连续性定义 8-3,就得到求二元函数极限的一个重要方法:若函数 $f(x,y)$ 为二元初等函数,点 $P_0(x_0,y_0)$ 在此函数的定义区域内,则有

$$\lim_{\substack{x \to x_0 \\ y \to y_0}} f(x,y) = f(x_0,y_0).$$

【例 8-7】 求 $\lim\limits_{\substack{x \to 0 \\ y \to 0}} \dfrac{\sqrt{1-x+y}-1}{x-y}$.

解 $\lim\limits_{\substack{x \to 0 \\ y \to 0}} \dfrac{\sqrt{1-x+y}-1}{x-y} = \lim\limits_{\substack{x \to 0 \\ y \to 0}} \dfrac{1-x+y-1}{(x-y)(\sqrt{1-x+y}+1)}$

$\qquad\qquad = \lim\limits_{\substack{x \to 0 \\ y \to 0}} \dfrac{-1}{\sqrt{1-x+y}+1} = -\dfrac{1}{2}.$

类似于闭区间上一元连续函数的性质,有界闭区域上多元连续函数具有如下性质:

定理 8-1(有界性与最大值最小值定理) 在有界闭区域 D 上的多元连续函数必定在 D 上有界,且能取得它的最大值和最小值.

定理 8-2(介值定理) 在有界闭区域 D 上的多元连续函数必取得介于最大值和最小值之间的任何值.

习　题　8.1

1. 已知 $f(x,y) = \dfrac{xy}{x^2-y^2}$,试求 $f(2,1)$,$f(1,0)$ 和 $f(tx,ty)$.

2. 设 $f(x+y,x-y) = xy+y^2$,求 $f(x,y)$.

3. 求下列各函数的定义域:

(1) $z = \arcsin\dfrac{x^2+y^2}{2}$;

(2) $z = \sqrt{x-y} + 2\ln(1-x-y)$;

(3) $u = \sqrt{x^2+y^2+z^2-r^2} + \dfrac{1}{\sqrt{R^2-x^2-y^2-z^2}}$ $(R>r>0)$;

(4) $u = 3\sqrt{2-z} - \mathrm{e}^{\sqrt{z-x^2-y^2}}$.

4. 求下列函数极限:

(1) $\lim\limits_{\substack{x \to 0 \\ y \to 2}} y\ln(y+\mathrm{e}^x)$;

(2) $\lim\limits_{\substack{x \to 1 \\ y \to 0}} \left[\dfrac{x+y}{x^2+y^2} + 2\cos(xy) \right]$;

(3) $\lim\limits_{(x,y) \to (0,0)} \dfrac{xy}{\sqrt{4+3xy}-2}$;

(4) $\lim\limits_{\substack{x \to 1 \\ y \to 0}} \dfrac{\sin(2xy)}{y}$.

47

5.证明下列极限不存在：

$(1)\lim\limits_{\substack{x\to 0 \\ y\to 0}}\dfrac{x+y}{x-y}$;　　　　　　　　　　$(2)\lim\limits_{\substack{x\to 0 \\ y\to 0}}\dfrac{xy}{x+y}.$

8.2 偏导数

8.2.1 偏导数及其计算法

对于一元函数,因变量对自变量的变化率,就是一元函数的导数.对于多元函数,往往要研究在其它变量固定不变时,因变量对某个自变量的变化率,这种变化率就是多元函数的偏导数.以二元函数 $z=f(x,y)$ 为例,如果固定自变量 $y=y_0$,则函数 $z=f(x,y_0)$ 就是 x 的一元函数,该函数对 x 的变化率（即导数）就称为函数 $z=f(x,y)$ 对 x 的偏导数.这样把一元函数导数的极限定义式移用到二元函数上来,就有下面偏导数的定义.

定义 8-4 设函数 $z=f(x,y)$ 在点 (x_0,y_0) 的某一邻域内有定义,当 y 固定在 y_0,而 x 在 x_0 处取得增量 Δx 时,相应的函数有增量 $f(x_0+\Delta x,y_0)-f(x_0,y_0)$,如果

$$\lim\limits_{\Delta x\to 0}\frac{f(x_0+\Delta x,y_0)-f(x_0,y_0)}{\Delta x}$$

存在,则称此极限值为函数 $z=f(x,y)$ 在点 (x_0,y_0) **处对 x 的偏导数**,记作

$$\frac{\partial z}{\partial x}\bigg|_{\substack{x=x_0 \\ y=y_0}},\quad \frac{\partial f}{\partial x}\bigg|_{\substack{x=x_0 \\ y=y_0}},\quad z'_x(x_0,y_0)\text{ 或 } f'_x(x_0,y_0)^{\ominus}$$

即

$$f'_x(x_0,y_0)=\lim\limits_{\Delta x\to 0}\frac{f(x_0+\Delta x,y_0)-f(x_0,y_0)}{\Delta x}.$$

类似地,函数 $z=f(x,y)$ 在点 (x_0,y_0) 处对 y 的偏导数可定义为

$$\lim\limits_{\Delta y\to 0}\frac{f(x_0,y_0+\Delta y)-f(x_0,y_0)}{\Delta y},$$

记作

$$\frac{\partial z}{\partial y}\bigg|_{\substack{x=x_0 \\ y=y_0}},\quad \frac{\partial f}{\partial y}\bigg|_{\substack{x=x_0 \\ y=y_0}},\quad z'_y(x_0,y_0)\text{ 或 } f'_y(x_0,y_0).$$

如果函数 $z=f(x,y)$ 在区域 D 内每一点 (x,y) 处对 x 的偏导数都存在,那么这个偏导数就是 x,y 的函数,我们称之为函数 $z=f(x,y)$ **对自变量 x 的偏导函数**,记作

$$\frac{\partial z}{\partial x},\quad \frac{\partial f}{\partial x},\quad z'_x(x,y)\text{ 或 } f'_x(x,y)$$

$\ominus$　偏导数记号 $z'_x(x_0,y_0),f'_y(x_0,y_0)$ 也可记为 $z_x(x_0,y_0),f_y(x_0,y_0)$,下面高阶偏导数的记号也有类似的情形.

类似地,可以定义函数 $z=f(x,y)$ **对自变量 y 的偏导函数**,记作

$$\frac{\partial z}{\partial y}, \quad \frac{\partial f}{\partial y}, \quad z'_y(x,y) \text{ 或 } f'_y(x,y).$$

与导数 $f'(x_0)$ 和 $f'(x)$ 之间的关系类似,点 (x_0,y_0) 处的偏导数 $f'_x(x_0,y_0)$ 就是偏导函数 $f'_x(x,y)$ 在点 (x_0,y_0) 处的函数值;偏导数 $f'_y(x_0,y_0)$ 就是偏导函数 $f'_y(x,y)$ 在点 (x_0,y_0) 处的函数值. 就像一元函数的导函数一样,以后在不至于混淆的地方也把偏导函数简称为偏导数.

偏导数的概念还可推广到二元以上的函数. 例如,三元函数 $u=f(x,y,z)$ 在点 (x,y,z) 处对 x 的偏导数定义为

$$f'_x(x,y,z)=\lim_{\Delta x \to 0}\frac{f(x+\Delta x,y,z)-f(x,y,z)}{\Delta x}.$$

由偏导数的概念不难看出,求多元函数对某个自变量的偏导数并不需要新的方法,只需把函数中的其余自变量看做常数,因变量对这个自变量求导即可. 例如,对于函数 $z=f(x,y)$,求 $\frac{\partial z}{\partial x}$ 时,只要把 $f(x,y)$ 中的 y 暂时看做常数,在这前提下,z 对 x 求导,即得 $\frac{\partial z}{\partial x}$;求 $\frac{\partial z}{\partial y}$ 时,只要把 $f(x,y)$ 中的 x 暂时看做常数,在这前提下,z 对 y 求导,即得 $\frac{\partial z}{\partial y}$.

【例 8-8】 设函数 $z=x^3+3xy+y^2$,求 $\frac{\partial z}{\partial x}\Big|_{\substack{x=2\\y=1}}$ 及 $\frac{\partial z}{\partial y}\Big|_{\substack{x=2\\y=1}}$.

解　求 $\frac{\partial z}{\partial x}$ 时,把 y 看做常数,此时 y^2 也是常数,于是得

$$\frac{\partial z}{\partial x}=(x^3)'_x+(3xy)'_x+(y^2)'_x=3x^2+3y+0=3x^2+3y.$$

求 $\frac{\partial z}{\partial y}$ 时,把 x 看做常数,此时 x^3 也是常数,于是得

$$\frac{\partial z}{\partial y}=(x^3)'_y+(3xy)'_y+(y^2)'_y=0+3x+2y=3x+2y.$$

将点 $(2,1)$ 代入上面结果,得

$$\frac{\partial z}{\partial x}\Big|_{\substack{x=2\\y=1}}=(3x^2+3y)\Big|_{\substack{x=2\\y=1}}=15,$$

$$\frac{\partial z}{\partial y}\Big|_{\substack{x=2\\y=1}}=(3x+2y)\Big|_{\substack{x=2\\y=1}}=8.$$

【例 8-9】 设函数 $z=\arctan\dfrac{x+y}{x-y}$,求 $\dfrac{\partial z}{\partial x}$ 及 $\dfrac{\partial z}{\partial y}$.

解　$\dfrac{\partial z}{\partial x}=\dfrac{1}{1+\left(\dfrac{x+y}{x-y}\right)^2}\cdot\dfrac{x-y-(x+y)}{(x-y)^2}=\dfrac{-y}{x^2+y^2}$,

$$\frac{\partial z}{\partial y}=\frac{1}{1+\left(\dfrac{x+y}{x-y}\right)^2}\cdot\frac{x-y-(x+y)(-1)}{(x-y)^2}=\frac{x}{x^2+y^2}.$$

【例 8-10】 设函数 $u=z^6(3x-y^2)+\ln\sqrt{y^3+z^2}$，求 $\dfrac{\partial u}{\partial x},\dfrac{\partial u}{\partial y},\dfrac{\partial u}{\partial z}$.

解 函数即为 $u=z^6(3x-y^2)+\dfrac{1}{2}\ln(y^3+z^2)$. 把 y,z 看做常数，对 x 求导得

$$\frac{\partial u}{\partial x}=3z^6;$$

把 x,z 看做常数，对 y 求导得

$$\frac{\partial u}{\partial y}=-2yz^6+\frac{3y^2}{2(y^3+z^2)};$$

把 x,y 看做常数，对 z 求导得

$$\frac{\partial u}{\partial z}=6z^5(3x-y^2)+\frac{z}{(y^3+z^2)}.$$

注意： 在一元函数中，在某点可导必在该点连续. 但对于多元函数，即使各偏导数在某点存在，也不能保证函数在该点连续. 例如，函数

$$f(x,y)=\begin{cases}\dfrac{xy}{x^2+y^2}, & x^2+y^2\neq0,\\ 0, & x^2+y^2=0\end{cases}$$

在点 $(0,0)$ 处的两个偏导数为

$$f'_x(0,0)=\lim_{\Delta x\to0}\frac{f(0+\Delta x,0)-f(0,0)}{\Delta x}=\lim_{\Delta x\to0}\frac{0}{\Delta x}=0,$$

$$f'_y(0,0)=\lim_{\Delta y\to0}\frac{f(0,0+\Delta y)-f(0,0)}{\Delta y}=\lim_{\Delta y\to0}\frac{0}{\Delta y}=0,$$

即 $f(x,y)$ 在点 $(0,0)$ 处偏导数存在，由例 8-5 及定义 8-3 知 $f(x,y)$ 在 $(0,0)$ 处不连续.

二元函数偏导数的几何意义

设 $M_0(x_0,y_0,f(x_0,y_0))$ 为曲面 $z=f(x,y)$ 上的一点，过点 M_0 作平面 $y=y_0$，截此曲面得一曲线，此曲线在平面 $y=y_0$ 上的方程为 $z=f(x,y_0)$. 由于 $f'_x(x_0,y_0)=\dfrac{\mathrm{d}f(x,y_0)}{\mathrm{d}x}\Big|_{x=x_0}$，故由导数几何意义知：偏导数 $f'_x(x_0,y_0)$ 就是这曲线在点 M_0 处的切线 M_0T_x 对 x 轴的斜率（图 8-8）. 如果切线 M_0T_x 与 x 轴正向的夹角为 α，则有 $\tan\alpha=\dfrac{\partial f}{\partial x}\Big|_{\substack{x=x_0\\y=y_0}}$. 同样，偏导数 $f'_y(x_0,y_0)$

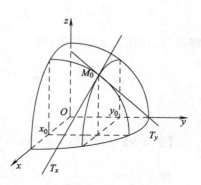

图 8-8

的几何意义是曲面被平面 $x=x_0$ 所截得的曲线在点 M_0 处切线 M_0T_y 对 y 轴的斜率.

8.2.2　高阶偏导数

设函数 $z=f(x,y)$ 在区域 D 内具有偏导数

$$\frac{\partial z}{\partial x}=f'_x(x,y), \quad \frac{\partial z}{\partial y}=f'_y(x,y),$$

那么在 D 内 $f'_x(x,y)$，$f'_y(x,y)$ 都是 x,y 的函数. 如果这两个函数的偏导数也存在,则称 $f'_x(x,y)$ 及 $f'_y(x,y)$ 的偏导数为函数 $z=f(x,y)$ 的**二阶偏导数**. 按照对变量求导次序的不同有下列四个二阶偏导数:

$$\frac{\partial}{\partial x}\left(\frac{\partial z}{\partial x}\right)=\frac{\partial^2 z}{\partial x^2}=f''_{xx}(x,y), \quad \frac{\partial}{\partial y}\left(\frac{\partial z}{\partial x}\right)=\frac{\partial^2 z}{\partial x\partial y}=f''_{xy}(x,y),$$

$$\frac{\partial}{\partial x}\left(\frac{\partial z}{\partial y}\right)=\frac{\partial^2 z}{\partial y\partial x}=f''_{yx}(x,y), \quad \frac{\partial}{\partial y}\left(\frac{\partial z}{\partial y}\right)=\frac{\partial^2 z}{\partial y^2}=f''_{yy}(x,y),$$

其中第二、第三两个偏导数称为**二阶混合偏导数**.

类似地,可定义三阶、四阶以及 n 阶偏导数. 我们把二阶及二阶以上的偏导数称为**高阶偏导数**. 相对于高阶偏导数,偏导数 $f'_x(x,y)$ 及 $f'_y(x,y)$ 就叫做函数 $z=f(x,y)$ 的**一阶偏导数**.

【例 8-11】　设 $z=x^3y^2-5xy^3+2y-1$,求 $\dfrac{\partial^2 z}{\partial x^2}, \dfrac{\partial^2 z}{\partial y^2}, \dfrac{\partial^2 z}{\partial x\partial y}, \dfrac{\partial^2 z}{\partial y\partial x}$.

解　$\dfrac{\partial z}{\partial x}=3x^2y^2-5y^3$, $\qquad\qquad\dfrac{\partial z}{\partial y}=2x^3y-15xy^2+2.$

$\dfrac{\partial^2 z}{\partial x^2}=6xy^2$, $\qquad\qquad\qquad\dfrac{\partial^2 z}{\partial y^2}=2x^3-30xy.$

$\dfrac{\partial^2 z}{\partial x\partial y}=6x^2y-15y^2$, $\qquad\qquad\dfrac{\partial^2 z}{\partial y\partial x}=6x^2y-15y^2.$

在本例中我们看到 $\dfrac{\partial^2 z}{\partial x\partial y}=\dfrac{\partial^2 z}{\partial y\partial x}$,那么是否所有二元函数的两个二阶混合偏导数都相等呢? 可举例说明事实并非如此,但在一定条件下,有下述定理.

定理 8-3　如果函数 $z=f(x,y)$ 的两个二阶混合偏导数 $\dfrac{\partial^2 z}{\partial x\partial y}$ 和 $\dfrac{\partial^2 z}{\partial y\partial x}$ 在区域 D 内连续,那么在该区域 D 内 $\dfrac{\partial^2 z}{\partial x\partial y}=\dfrac{\partial^2 z}{\partial y\partial x}$.

这个定理说明,二阶混合偏导数在连续的条件下与求偏导次序无关. 另外高阶混合偏导数也有相应的结论.

【例 8-12】　设函数 $z=x^y$,求 $\dfrac{\partial^3 z}{\partial x^2\partial y}, \dfrac{\partial^3 z}{\partial x\partial y\partial x}$.

解 $\dfrac{\partial z}{\partial x} = yx^{y-1}$,

$$\dfrac{\partial^2 z}{\partial x^2} = y(y-1)x^{y-2} = (y^2 - y)x^{y-2},$$

$$\dfrac{\partial^3 z}{\partial x^2 \partial y} = (2y-1)x^{y-2} + (y^2 - y)x^{y-2}\ln x$$

$$= [2y-1 + y(y-1)\ln x]x^{y-2},$$

由于三阶混合偏导数都连续，故

$$\dfrac{\partial^3 z}{\partial x \partial y \partial x} = \dfrac{\partial^3 z}{\partial x^2 \partial y} = [2y-1 + y(y-1)\ln x]x^{y-2}.$$

【例 8-13】 设函数 $z = f\left(\dfrac{y}{x}\right)$, $f(u)$ 二阶可导, 求 $\dfrac{\partial^2 z}{\partial x \partial y}$.

解 令 $u = \dfrac{y}{x}$, 则

$$\dfrac{\partial z}{\partial x} = f'(u)\left(-\dfrac{y}{x^2}\right) = -\dfrac{y}{x^2}f'(u),$$

$$\dfrac{\partial^2 z}{\partial x \partial y} = -\dfrac{1}{x^2}f'(u) - \dfrac{y}{x^2}f''(u) \cdot \dfrac{1}{x} = -\dfrac{xf'(u) + yf''(u)}{x^3}.$$

对于二元以上的函数,我们也可以类似地定义高阶偏导数,而且在高阶偏导数连续时,混合偏导数也与求偏导次序无关.

【例 8-14】 设函数 $u = x^3 y^2 \sin z - 5x + 1$, 求 $\dfrac{\partial^2 u}{\partial z \partial x}$, $\dfrac{\partial^3 u}{\partial y^2 \partial x}$, $\dfrac{\partial^3 u}{\partial y \partial x \partial y}$.

解 因为 $\dfrac{\partial u}{\partial z} = x^3 y^2 \cos z$, $\dfrac{\partial u}{\partial y} = 2x^3 y \sin z$, 所以

$$\dfrac{\partial^2 u}{\partial z \partial x} = 3x^2 y^2 \cos z, \quad \dfrac{\partial^2 u}{\partial y^2} = 2x^3 \sin z, \quad \dfrac{\partial^2 u}{\partial y \partial x} = 6x^2 y \sin z,$$

$$\dfrac{\partial^3 u}{\partial y^2 \partial x} = \dfrac{\partial}{\partial x}\left(\dfrac{\partial^2 u}{\partial y^2}\right) = 6x^2 \sin z, \quad \dfrac{\partial^3 u}{\partial y \partial x \partial y} = \dfrac{\partial^3 u}{\partial y^2 \partial x} = 6x^2 \sin z.$$

习 题 8.2

1. 求下列函数的偏导数:

(1) $z = x^3 y - xy^3$;

(2) $z = \dfrac{x^2 + y^2}{xy}$;

(3) $z = \dfrac{y}{x^2 + y^2}$;

(4) $z = \sin^2(2x - 3y)$;

(5) $z = y\sqrt{4x - y^2}$;

(6) $u = x^{\frac{y}{z}}$;

(7) $u = z^3 \sqrt{\ln(2xy)}$.

2. 计算下列各题：

(1) 设 $f(x,y)=\ln\left(1+\dfrac{y}{2x}\right)$，求 $f'_x(1,2)$ 和 $f'_y(1,2)$；

(2) 设 $z=(1+xy)^y$，求 $z'_y(1,1)$；

(3) 设 $z=\mathrm{e}^{x^2y}+y-(y-2)\arccos\dfrac{1}{x+y}$，求 $z'_x(x,2)$；

(4) 设 $u=\dfrac{2x-y^3}{z}$，求 $u'_y(1,1,1)$ 及 $u'_z(1,1,1)$.

3. 设 $T=2\pi\sqrt{\dfrac{l}{g}}$，证明：$l\dfrac{\partial T}{\partial l}+g\dfrac{\partial T}{\partial g}=0$.

4. 设 $z=xyf\left(\dfrac{y}{x}\right)$，其中 $f(u)$ 可导，证明：$x\dfrac{\partial z}{\partial x}+y\dfrac{\partial z}{\partial y}=2z$.

5. 曲线 $\begin{cases}z=1-x^2-y^2,\\ y=1\end{cases}$ 在点 $\left(-\dfrac{1}{2},1,-\dfrac{1}{4}\right)$ 处的切线对 x 轴的倾角是多少？

6. 求下列函数的二阶偏导数 $\dfrac{\partial^2 z}{\partial x^2},\dfrac{\partial^2 z}{\partial y^2},\dfrac{\partial^2 z}{\partial x\partial y}$.

(1) $z=x^3+y^3-2xy^2$；　　　　　(2) $z=\arctan\dfrac{x}{y}$；

(3) $z=y^x$；　　　　　　　　　(4) $z=2\cos^2\left(x-\dfrac{y}{2}\right)$.

7. 设 $u=(y+x^2-y^3)z^3$，求 $u''_{xx}(1,0,-2),u''_{yz}(0,-1,1),u'''_{xxz}(2,0,1)$.

8. 设 $r=\sqrt{x^2+y^2+z^2}$，试证：$\dfrac{\partial^2(\ln r)}{\partial x^2}+\dfrac{\partial^2(\ln r)}{\partial y^2}+\dfrac{\partial^2(\ln r)}{\partial z^2}=\dfrac{1}{r^2}$.

8.3　全微分

在一元函数 $y=f(x)$ 中，当自变量在点 x 处取得增量 Δx 时，其相应的函数增量 $\Delta y=f(x+\Delta x)-f(x)$ 一般不是 Δx 的线性函数，计算起来较为复杂. 但若 $f(x)$ 在 x 处可导时，就有 $\Delta y=f'(x)\Delta x+o(\Delta x)$，因此当 $|\Delta x|$ 很小时，Δy 可以用 Δx 的线性函数 $f'(x)\Delta x$（函数的微分）近似代替，此时误差仅为 Δx 的高阶无穷小.

现在考虑二元函数. 设函数 $z=f(x,y)$ 在点 $P(x,y)$ 的某个邻域内有定义，$P'(x+\Delta x,y+\Delta y)$ 为该邻域内的任意一点，则称

$$f(x+\Delta x,y+\Delta y)-f(x,y)$$

为函数在点 P 对应于自变量增量 Δx、Δy 的**全增量**，记作 Δz，即

$$\Delta z=f(x+\Delta x,y+\Delta y)-f(x,y).\tag{8-1}$$

类似于一元函数情形，我们希望用自变量 x、y 的增量 Δx、Δy 的线性函数去近似代替全增量 Δz，其误差又要较小.

以矩形面积的变化为例来说明上述问题. 设矩形的长与宽分别为 x 和 y，则其面积为 $z=xy$. 当边长有增量 Δx、Δy 时，面积的全增量为

$$\Delta z=(x+\Delta x)(y+\Delta y)-xy=y\Delta x+x\Delta y+\Delta x\Delta y.$$

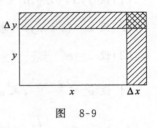

Δz 即为图 8-9 中的阴影部分，它是两部分之和. 第一部分（斜线阴影部分）为 $y\Delta x+x\Delta y$，它是增量 Δx、Δy 的线性函数；第二部分（网状阴影部分）为 $\Delta x\Delta y$，它是当 $\rho=\sqrt{(\Delta x)^2+(\Delta y)^2}\to 0$ 时的高阶无穷小，即 $\Delta x\Delta y=o(\rho)$. 所以当 $|\Delta x|$ 及 $|\Delta y|$ 很小时，第二部分 $\Delta x\Delta y$ 是可以忽略不计的，于是我们有

图　8-9

$$\Delta z=y\Delta x+x\Delta y+o(\rho)，且 \Delta z\approx y\Delta x+x\Delta y.$$

类似于一元函数情形，我们把全增量关于 Δx、Δy 的线性函数部分 $y\Delta x+x\Delta y$ 叫做函数 $z=xy$ 的全微分.

8.3.1　全微分的定义

定义 8-5　设函数 $z=f(x,y)$ 在点 (x,y) 的某邻域内有定义，如果函数 $z=f(x,y)$ 在点 (x,y) 的全增量 $\Delta z=f(x+\Delta x,y+\Delta y)-f(x,y)$ 可表示为

$$\Delta z=A\Delta x+B\Delta y+o(\rho),\tag{8-2}$$

其中 A、B 不依赖于 Δx、Δy 而仅与 x、y 有关，$\rho=\sqrt{(\Delta x)^2+(\Delta y)^2}$，则称函数 $z=f(x,y)$ 在点 (x,y) **可微分**，而 $A\Delta x+B\Delta y$ 称为函数 $z=f(x,y)$ 在点 (x,y) 的**全微分**，记为 $\mathrm{d}z$，即

$$\mathrm{d}z=A\Delta x+B\Delta y.$$

如果函数 $z=f(x,y)$ 在区域 D 内每一点都可微分，那么就称函数 $z=f(x,y)$ 在 D 内**可微分**. 函数在区域 D 内任意点 (x,y) 处的全微分也称为该**函数的全微分**.

8.3.2　全微分存在的条件

下面讨论函数在一点可微分的条件.

定理 8-4（必要条件）　若函数 $z=f(x,y)$ 在点 (x,y) 处可微分，则

（1）函数 $z=f(x,y)$ 在点 (x,y) 处连续；

（2）函数 $z=f(x,y)$ 在点 (x,y) 处偏导数存在，且函数 $z=f(x,y)$ 在点 (x,y) 处的全微分为

$$\mathrm{d}z=\frac{\partial z}{\partial x}\Delta x+\frac{\partial z}{\partial y}\Delta y.\tag{8-3}$$

证　因为函数 $f(x,y)$ 在点 $P(x,y)$ 处可微分，于是对于点 P 的某一邻域内的任一点 $P_1(x+\Delta x,y+\Delta y)$，总有

$$\Delta z = f(x+\Delta x, y+\Delta y) - f(x,y) = A\Delta x + B\Delta y + o(\rho) \tag{8-4}$$

(1) 在式(8-4)中令 $\Delta x \to 0$，$\Delta y \to 0$，取极限，并注意到此时 $\rho \to 0$，就得

$$\lim_{\substack{\Delta x \to 0 \\ \Delta y \to 0}} [f(x+\Delta x, y+\Delta y) - f(x,y)] = 0,$$

从而

$$\lim_{\substack{\Delta x \to 0 \\ \Delta y \to 0}} f(x+\Delta x, y+\Delta y) = f(x,y),$$

即函数 $z = f(x,y)$ 在点 (x,y) 处连续.

(2) 在式(8-4)中令 $\Delta y = 0$，此时 $\rho = |\Delta x|$，式(8-4)成为

$$f(x+\Delta x, y) - f(x,y) = A\Delta x + o(|\Delta x|).$$

上式两边各除以 Δx，再令 $\Delta x \to 0$，取极限，就得到

$$\lim_{\Delta x \to 0} \frac{f(x+\Delta x, y) - f(x,y)}{\Delta x} = A.$$

从而偏导数 $\dfrac{\partial z}{\partial x}$ 存在，且等于 A；同样可证 $\dfrac{\partial z}{\partial y}$ 存在，且等于 B. 所以式(8-3)成立.

一元函数在某点的导数存在是微分存在的充分必要条件，但对于多元函数则不然. 例如，函数 $f(x,y) = \begin{cases} \dfrac{xy}{x^2+y^2}, & x^2+y^2 \neq 0, \\ 0, & x^2+y^2 = 0 \end{cases}$ 在点 $(0,0)$ 的两个偏导数都存在且 $f'_x(0,0)=0$，$f'_y(0,0)=0$. 但由于 $f(x,y)$ 在点 $(0,0)$ 处不连续，因此 $f(x,y)$ 在点 $(0,0)$ 处不可微分.

由上面的讨论知，偏导数存在只是可微分的必要条件，而不是充分条件，但如果加上"偏导数连续"条件，就可保证函数可微分.

定理 8-5(充分条件) 如果函数 $z = f(x,y)$ 的偏导数 $\dfrac{\partial z}{\partial x}$ 和 $\dfrac{\partial z}{\partial y}$ 在点 (x,y) 连续，那么函数 $z = f(x,y)$ 在点 (x,y) 处可微分.

函数 $f(x,y)$ 在任一点处可微分、偏导数存在及连续之间有以下关系：

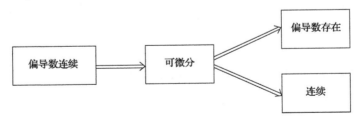

图中箭头方向表示成立，反向都不成立.

习惯上，将 Δx、Δy 分别记做 $\mathrm{d}x$、$\mathrm{d}y$，并分别称为**自变量 x、y 的微分**. 这样由式(8-3)可知，函数 $z = f(x,y)$ 的全微分为

$$\mathrm{d}z = \frac{\partial z}{\partial x}\mathrm{d}x + \frac{\partial z}{\partial y}\mathrm{d}y;$$

函数 $z = f(x,y)$ 在点 (x_0, y_0) 处的全微分为

$$\mathrm{d}z \Big|_{\substack{x=x_0 \\ y=y_0}} = \frac{\partial z}{\partial x} \Big|_{\substack{x=x_0 \\ y=y_0}} \mathrm{d}x + \frac{\partial z}{\partial y} \Big|_{\substack{x=x_0 \\ y=y_0}} \mathrm{d}y.$$

全微分的概念和计算公式还可以类推到三元及三元以上的函数. 例如,如果三元函数 $u = f(x,y,z)$ 可微分,那么它的全微分为

$$\mathrm{d}u = \frac{\partial u}{\partial x}\mathrm{d}x + \frac{\partial u}{\partial y}\mathrm{d}y + \frac{\partial u}{\partial z}\mathrm{d}z;$$

它在点 (x_0, y_0, z_0) 处的全微分为

$$\mathrm{d}u \Big|_{(x_0, y_0, z_0)} = \frac{\partial u}{\partial x} \Big|_{(x_0, y_0, z_0)} \mathrm{d}x + \frac{\partial u}{\partial y} \Big|_{(x_0, y_0, z_0)} \mathrm{d}y + \frac{\partial u}{\partial z} \Big|_{(x_0, y_0, z_0)} \mathrm{d}z.$$

【例 8-15】 求函数 $z = x^2 y^2$ 在点 $(2, -1)$ 处,当 $\Delta x = 0.02$、$\Delta y = -0.01$ 时的全微分和全增量.

解 $\dfrac{\partial z}{\partial x}\Big|_{\substack{x=2 \\ y=-1}} = 2xy^2 \Big|_{\substack{x=2 \\ y=-1}} = 4$, $\dfrac{\partial z}{\partial y}\Big|_{\substack{x=2 \\ y=-1}} = 2yx^2 \Big|_{\substack{x=2 \\ y=-1}} = -8$,所以由式(8-3)得

$$\mathrm{d}z = 4 \times 0.02 - 8 \times (-0.01) = 0.16.$$

由全增量的计算式(8-1),得

$$\Delta z = (2+0.02)^2 (-1-0.01)^2 - 2^2(-1)^2 = 0.1624.$$

【例 8-16】 求函数 $z = \sin \dfrac{x}{y}$ 的全微分 $\mathrm{d}z$.

解 因为 $\dfrac{\partial z}{\partial x} = \dfrac{1}{y}\cos\dfrac{x}{y}$, $\dfrac{\partial z}{\partial y} = -\dfrac{x}{y^2}\cos\dfrac{x}{y}$,所以

$$\mathrm{d}z = \frac{\partial z}{\partial x}\mathrm{d}x + \frac{\partial z}{\partial y}\mathrm{d}y = \frac{1}{y}\cos\frac{x}{y}\left(\mathrm{d}x - \frac{x}{y}\mathrm{d}y\right).$$

【例 8-17】 设函数 $z = x^3 + 3xy + y^2$,求 $\mathrm{d}z\Big|_{(2,1)}$.

解 因为 $\dfrac{\partial z}{\partial x}\Big|_{\substack{x=2 \\ y=1}} = (3x^2+3y)\Big|_{\substack{x=2 \\ y=1}} = 15$, $\dfrac{\partial z}{\partial y}\Big|_{\substack{x=2 \\ y=1}} = (3x+2y)\Big|_{\substack{x=2 \\ y=1}} = 8$,所以

$$\mathrm{d}z\Big|_{(2,1)} = 15\mathrm{d}x + 8\mathrm{d}y.$$

【例 8-18】 求函数 $u = x + \arctan\dfrac{z}{y}$ 的全微分.

解 因为 $\dfrac{\partial u}{\partial x} = 1$, $\dfrac{\partial u}{\partial y} = -\dfrac{z}{y^2+z^2}$, $\dfrac{\partial u}{\partial z} = \dfrac{y}{y^2+z^2}$,所以

$$\mathrm{d}u = \mathrm{d}x - \frac{z}{y^2+z^2}\mathrm{d}y + \frac{y}{y^2+z^2}\mathrm{d}z.$$

*8.3.3 全微分在近似计算中的应用

由全微分定义可知,当 $z = f(x,y)$ 可微分且 $|\Delta x|$ 及 $|\Delta y|$ 很小时,有二元函数

的函数值增量的近似计算公式

$$\Delta z \approx \mathrm{d}z = f_x'(x,y)\Delta x + f_y'(x,y)\Delta y. \tag{8-5}$$

由式(8-1),还可得二元函数的函数值近似计算公式

$$f(x+\Delta x, y+\Delta y) \approx f(x,y) + f_x'(x,y)\Delta x + f_y'(x,y)\Delta y. \tag{8-6}$$

下面利用公式(8-5)和(8-6),介绍全微分的应用.

【例 8-19】　计算 $\ln(\sqrt[3]{1.03} + \sqrt[4]{0.98} - 1)$ 的近似值.

解　取二元函数 $f(x,y) = \ln(\sqrt[3]{x} + \sqrt[4]{y} - 1)$,令 $x=1$,$y=1$,$\Delta x=0.03$,$\Delta y=-0.02$,于是

$$f(1,1)=0, \quad f_x'(1,1)=\frac{1}{3}, \quad f_y'(1,1)=\frac{1}{4}.$$

由式(8-6)得

$$\ln(\sqrt[3]{1.03} + \sqrt[4]{0.98} - 1) \approx 0 + \frac{1}{3}\times 0.03 - \frac{1}{4}\times 0.02 = 0.005.$$

【例 8-20】　有一圆柱形容器,受压后发生形变,它的半径由 15cm 增大到 15.05cm,高度却由 80cm 减少到 79.8cm,求该容器体积变化的近似值.

解　设容器的半径、高和体积依次记为 r、h 和 V,则有

$$V = \pi r^2 h.$$

由式(8-5)得

$$\Delta V \approx V_r'\Delta r + V_h'\Delta h = 2\pi rh\Delta r + \pi r^2\Delta h.$$

把 $r=15$,$h=80$,$\Delta r=0.05$,$\Delta h=-0.2$ 代入,得

$$\Delta V \approx 2\pi \cdot 15 \cdot 80 \cdot 0.05 + \pi \cdot 15^2 \cdot (-0.2) = 75\pi(\mathrm{cm}^3).$$

即此容器在受压后体积约增加了 $75\pi\mathrm{cm}^3$.

习　题　8.3

1.求下列函数的全微分:

(1) $z = x^2 - 2xy + y^3$;

(2) $z = \mathrm{e}^{\frac{x}{y}}$;

(3) $z = x\sqrt{x^2 - y^2}$;

(4) $z = \dfrac{2x - y}{x + 2y}$;

(5) $u = x(x + y^2 + z^3)$;

(6) $u = x^{yz}$.

2.计算下列函数在给定点处的全微分

(1) $z = \ln(5 - 3x + y^2)$,$(1,-1)$;

(2) $u = z(2x - y^3)$,　$(1,-1,2)$.

3.求函数 $z = \dfrac{y}{x}$ 当 $x=2$,$y=1$,$\Delta x=0.1$,$\Delta y=-0.2$ 时的全增量和全微分.

57

*4. 计算下列数的近似值：

(1)$(1.007)^{2.98}$；   (2)$\sin29°\tan46°$.

*5. 设有边长为 $x=6\text{m}$ 与 $y=8\text{m}$ 的矩形，当 x 边增加 5cm 而 y 边减少 10cm 时，求此矩形对角线增量的近似值.

8.4 多元复合函数的求导法则

在一元函数微分学中，复合函数的求导法则有着十分重要的作用. 本节要介绍的多元复合函数的求导法则，在多元函数微分学中也起着关键的作用. 现在我们把一元复合函数的求导法则推广到多元复合函数.

下面按照多元复合函数不同的复合情形，分三种情况讨论.

情形Ⅰ 复合函数的中间变量均为一元函数

设由一个二元函数

$$z=f(u,v) \tag{8-7}$$

及两个一元函数

$$u=\varphi(x)、v=\psi(x) \tag{8-8}$$

构成的复合函数为

$$z=f(\varphi(x),\psi(x)), \tag{8-9}$$

这里 u,v 为复合函数(8-9)的中间变量，x 为自变量，变量之间的依赖关系可用图 8-10 表示.

我们可以象一元复合函数求导法则那样，不通过式(8-9)，而直接从较简单的式(8-7)和式(8-8)，求出 z 对 x 的导数.

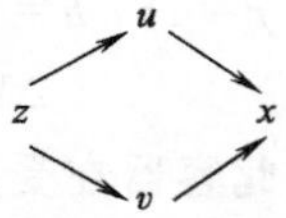

定理 8-6 如果函数 $u=\varphi(x)$ 及 $v=\psi(x)$ 都在点 x 可导，函数 $z=f(u,v)$ 在对应点 (u,v) 处具有连续偏导数，则复合函数 $z=f(\varphi(x),\psi(x))$ 在点 x 可导，且

图 8-10

$$\frac{\mathrm{d}z}{\mathrm{d}x}=\frac{\partial z}{\partial u}\cdot\frac{\mathrm{d}u}{\mathrm{d}x}+\frac{\partial z}{\partial v}\cdot\frac{\mathrm{d}v}{\mathrm{d}x}. \tag{8-10}$$

证 给自变量 x 以增量 Δx，由式(8-8)，u 与 v 将各取得对应增量 $\Delta u,\Delta v$，从而函数 $z=f(u,v)$ 相应地取得增量 Δz. 由于 $z=f(u,v)$ 在点 (u,v) 具有连续偏导数，故它在该点可微，从而 z 的全增量 Δz 可表示为

$$\Delta z=\frac{\partial z}{\partial u}\Delta u+\frac{\partial z}{\partial v}\Delta v+o(\rho),$$

其中 $\rho=\sqrt{(\Delta u)^2+(\Delta v)^2}$. 上式两端同除以 Δx，得

$$\frac{\Delta z}{\Delta x}=\frac{\partial z}{\partial u}\frac{\Delta u}{\Delta x}+\frac{\partial z}{\partial v}\frac{\Delta v}{\Delta x}+\frac{o(\rho)}{\Delta x}, \tag{8-11}$$

由于

$$\lim_{\Delta x \to 0} \frac{\Delta u}{\Delta x} = \frac{\mathrm{d}u}{\mathrm{d}x}, \ \lim_{\Delta x \to 0} \frac{\Delta v}{\Delta x} = \frac{\mathrm{d}v}{\mathrm{d}x},$$

并有 $\displaystyle\lim_{\Delta x \to 0} \left| \frac{o(\rho)}{\Delta x} \right| = \lim_{\Delta x \to 0} \left| \frac{o(\rho)}{\rho} \right| \cdot \left| \frac{\rho}{\Delta x} \right| = \lim_{\Delta x \to 0} \left| \frac{o(\rho)}{\rho} \right| \cdot \lim_{\Delta x \to 0} \left| \frac{\sqrt{(\Delta u)^2 + (\Delta v)^2}}{\Delta x} \right|$

$$= \lim_{\Delta x \to 0} \left| \frac{o(\rho)}{\rho} \right| \cdot \lim_{\Delta x \to 0} \left| \sqrt{\left(\frac{\Delta u}{\Delta x}\right)^2 + \left(\frac{\Delta v}{\Delta x}\right)^2} \right|$$

$$= 0 \cdot \left| \sqrt{\left(\frac{\mathrm{d}u}{\mathrm{d}x}\right)^2 + \left(\frac{\mathrm{d}v}{\mathrm{d}x}\right)^2} \right| = 0$$

因此 $\displaystyle\lim_{\Delta x \to 0} \frac{o(\rho)}{\Delta x} = 0.$

对式(8-11)令 $\Delta x \to 0$ 取极限,得

$$\lim_{\Delta x \to 0} \frac{\Delta z}{\Delta x} = \frac{\partial z}{\partial u} \cdot \frac{\mathrm{d}u}{\mathrm{d}x} + \frac{\partial z}{\partial v} \cdot \frac{\mathrm{d}v}{\mathrm{d}x}.$$

即复合函数 $z = f(\varphi(x), \psi(x))$ 在点 x 可导,且

$$\frac{\mathrm{d}z}{\mathrm{d}x} = \frac{\partial z}{\partial u} \cdot \frac{\mathrm{d}u}{\mathrm{d}x} + \frac{\partial z}{\partial v} \cdot \frac{\mathrm{d}v}{\mathrm{d}x}.$$

证毕.

　　定理 8-6 可推广到复合函数的中间变量多于两个的情形.
例如,在定理 8-6 的相应条件下,由 $z = f(u, v, w)$ 与 $u = \varphi(x), v = \psi(x), w = \omega(x)$ 复合得到的复合函数

图　8-11

$$z = f(\varphi(x), \psi(x), \omega(x)),$$

在点 x 处可导,且其导数为

$$\frac{\mathrm{d}z}{\mathrm{d}x} = \frac{\partial z}{\partial u} \cdot \frac{\mathrm{d}u}{\mathrm{d}x} + \frac{\partial z}{\partial v} \cdot \frac{\mathrm{d}v}{\mathrm{d}x} + \frac{\partial z}{\partial w} \cdot \frac{\mathrm{d}w}{\mathrm{d}x}.$$

在公式(8-10)及上式中的导数称为**全导数**.

【**例 8-21**】　设 $z = u^2 + v^3, u = \cos x, v = \dfrac{1}{x}$,求全导数 $\dfrac{\mathrm{d}z}{\mathrm{d}x}$.

　　解　$\dfrac{\mathrm{d}z}{\mathrm{d}x} = \dfrac{\partial z}{\partial u} \cdot \dfrac{\mathrm{d}u}{\mathrm{d}x} + \dfrac{\partial z}{\partial v} \cdot \dfrac{\mathrm{d}v}{\mathrm{d}x} = 2u \cdot (-\sin x) + 3v^2 \cdot \left(-\dfrac{1}{x^2}\right)$

$$= -\left(\sin 2x + \frac{3}{x^4}\right).$$

　　情形Ⅱ　复合函数的中间变量均为多元函数

　　定理 8-6 还可推广到中间变量不是一元函数的情形.

　　定理 8-7　如果函数 $u = \varphi(x, y)$ 及 $v = \psi(x, y)$ 在点 (x, y) 处的偏导数存在,函数 $z = f(u, v)$ 在对应点 (u, v) 处具有连续偏导数,那么复合函数 $z = f(\varphi(x, y), \psi(x, y))$ 在点 (x, y) 处的两个偏导数都存在,且

$$\frac{\partial z}{\partial x} = \frac{\partial z}{\partial u} \frac{\partial u}{\partial x} + \frac{\partial z}{\partial v} \frac{\partial v}{\partial x}, \tag{8-12}$$

$$\frac{\partial z}{\partial y} = \frac{\partial z}{\partial u} \frac{\partial u}{\partial y} + \frac{\partial z}{\partial v} \frac{\partial v}{\partial y}. \tag{8-13}$$

由定理 8-6 易知式(8-12)及式(8-13)都是成立的. 事实上，在求 $\frac{\partial z}{\partial x}$ 时，把 y 看做常量，$z = f(\varphi(x,y), \psi(x,y))$ 仍可看做 x 的一元函数而应用定理 8-6，只是应把式(8-10)中的 d 改为 ∂，即得计算 $\frac{\partial z}{\partial x}$ 的公式. 同理由式(8-10)可得计算 $\frac{\partial z}{\partial y}$ 的公式.

图 8-12

【例 8-22】 设 $z = u^2 \ln v, u = \frac{y}{x}, v = x^2 + y^2$，求 $\frac{\partial z}{\partial x}, \frac{\partial z}{\partial y}$.

解　$\dfrac{\partial z}{\partial x} = \dfrac{\partial z}{\partial u} \dfrac{\partial u}{\partial x} + \dfrac{\partial z}{\partial v} \dfrac{\partial v}{\partial x} = 2u \ln v \cdot \left(-\dfrac{y}{x^2}\right) + \dfrac{u^2}{v} \cdot 2x$

$$= -\frac{2y^2}{x^3} \ln(x^2 + y^2) + \frac{2y^2}{x(x^2 + y^2)};$$

$$\frac{\partial z}{\partial y} = \frac{\partial z}{\partial u} \frac{\partial u}{\partial y} + \frac{\partial z}{\partial v} \frac{\partial v}{\partial y} = 2u \ln v \cdot \frac{1}{x} + \frac{u^2}{v} \cdot 2y$$

$$= \frac{2y}{x^2} \ln(x^2 + y^2) + \frac{2y^3}{x^2(x^2 + y^2)}.$$

定理 8-7 可推广到两个以上中间变量的情形. 由 $z = f(u,v,w)$ 与 $u = \varphi(x, y)$、$v = \psi(x,y)$，$w = \omega(x,y)$ 复合得到的复合函数的偏导数为

$$\frac{\partial z}{\partial x} = \frac{\partial z}{\partial u} \frac{\partial u}{\partial x} + \frac{\partial z}{\partial v} \frac{\partial v}{\partial x} + \frac{\partial z}{\partial w} \frac{\partial w}{\partial x}, \tag{8-14}$$

$$\frac{\partial z}{\partial y} = \frac{\partial z}{\partial u} \frac{\partial u}{\partial y} + \frac{\partial z}{\partial v} \frac{\partial v}{\partial y} + \frac{\partial z}{\partial w} \frac{\partial w}{\partial y}. \tag{8-15}$$

情形Ⅲ　复合函数的中间变量既有一元函数，又有多元函数

定理 8-8　如果函数 $u = \varphi(x)$ 在点 x 可导，$v = \psi(x,y)$ 在点 (x,y) 处的偏导数存在，函数 $z = f(u,v)$ 在对应点 (u,v) 处具有连续偏导数，则复合函数 $z = f(\varphi(x), \psi(x,y))$ 在点 (x,y) 处的两个偏导数都存在，且

$$\frac{\partial z}{\partial x} = \frac{\partial z}{\partial u} \frac{\mathrm{d}u}{\mathrm{d}x} + \frac{\partial z}{\partial v} \frac{\partial v}{\partial x}, \tag{8-16}$$

$$\frac{\partial z}{\partial y} = \frac{\partial z}{\partial v} \frac{\partial v}{\partial y}. \tag{8-17}$$

这是定理 8-7 的特殊情形. 由于 $u = \varphi(x)$ 是一元函数，故 $\frac{\partial u}{\partial x}$ 换成 $\frac{\mathrm{d}u}{\mathrm{d}x}, \frac{\partial u}{\partial y} = 0$；由式(8-12)、式(8-13)分别得式(8-16)、式(8-17).

在情形Ⅲ中还会遇到这样的情形：复合函数的某些中间变量本身又是复合函数的自变量. 例如

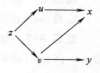

图 8-13

$$z = f(x, y, \omega(x, y))$$

这可看做情形Ⅲ的特殊情形：$z = f(u, v, w)$，$u = x$，$v = y$，$w = \omega(x, y)$，因此由式 (8-14) 及式 (8-15) 得复合函数 $z = f(x, y, \omega(x, y))$ 的偏导数为

$$\frac{\partial z}{\partial x} = \frac{\partial f}{\partial x} + \frac{\partial z}{\partial w} \frac{\partial w}{\partial x}, \tag{8-18}$$

$$\frac{\partial z}{\partial y} = \frac{\partial f}{\partial y} + \frac{\partial z}{\partial w} \frac{\partial w}{\partial y}. \tag{8-19}$$

注意：$\dfrac{\partial z}{\partial x}$ 与 $\dfrac{\partial f}{\partial x}$ 是不同的，$\dfrac{\partial z}{\partial x}$ 是把复合函数 $z = f(x, y, \omega(x, y))$ 中的 y 看做不变而对 x 的偏导数，$\dfrac{\partial f}{\partial x}$ 是把函数 $z = f(x, y, w)$ 中的 y 及 w 看做不变而对 x 的偏导数．$\dfrac{\partial z}{\partial y}$ 与 $\dfrac{\partial f}{\partial y}$ 也有类似的区别．

【例 8-23】　设 $z = f(x, y, w) = (x-y)^w$，而 $w = x^2 + y^2$，求 $\dfrac{\partial z}{\partial x}$，$\dfrac{\partial z}{\partial y}$．

解　$\dfrac{\partial z}{\partial x} = \dfrac{\partial f}{\partial x} + \dfrac{\partial z}{\partial w} \dfrac{\partial w}{\partial x} = w(x-y)^{w-1} + (x-y)^w \ln(x-y) \cdot 2x$

$\qquad = (x-y)^{x^2+y^2-1}[x^2 + y^2 + 2x(x-y)\ln(x-y)]$,

$\qquad \dfrac{\partial z}{\partial y} = \dfrac{\partial f}{\partial y} + \dfrac{\partial z}{\partial w} \dfrac{\partial w}{\partial y} = -w(x-y)^{w-1} + (x-y)^w \ln(x-y) \cdot 2y$

$\qquad = -(x-y)^{x^2+y^2-1}[x^2 + y^2 - 2y(x-y)\ln(x-y)]$.

　　多元复合函数的复合关系是多种多样的，甚至可以说有无限多种，我们不可能也没有必要把各种情况下的求导公式都列举出来．分析上述求导公式，我们看到：

　　一个复合函数有几个中间变量，该函数对任一自变量的偏导数（或导数）就表示为几项之和，且每一项都是函数对中间变量的偏导数（或导数）与该中间变量对自变量的偏导数（或导数）的乘积．

　　上述结论对任何多元复合函数都适用．由此我们可写出各式各样多元复合函数的求导公式．

　　例如，由 $z = f(u, v)$，$u = \varphi(x, y)$，$v = \psi(y)$ 构成的复合函数为 $z = f(\varphi(x, y), \psi(y))$，其偏导数的公式为

$$\frac{\partial z}{\partial x} = \frac{\partial z}{\partial u} \cdot \frac{\partial u}{\partial x}, \quad \frac{\partial z}{\partial y} = \frac{\partial z}{\partial u} \cdot \frac{\partial u}{\partial y} + \frac{\partial z}{\partial v} \cdot \frac{\mathrm{d}v}{\mathrm{d}y}. \tag{8-20}$$

　　再如，由 $z = f(u)$、$u = \varphi(x, y)$ 构成的复合函数为 $z = f(\varphi(x, y))$，其偏导数的公式为

$$\frac{\partial z}{\partial x} = \frac{\mathrm{d}z}{\mathrm{d}u} \frac{\partial u}{\partial x}, \quad \frac{\partial z}{\partial y} = \frac{\mathrm{d}z}{\mathrm{d}u} \frac{\partial u}{\partial y}. \tag{8-21}$$

61

特别地，当 u 是 x 的一元函数，上一行中第二式就不存在了，第一式便变成 $\dfrac{\mathrm{d}z}{\mathrm{d}x}$ $=\dfrac{\mathrm{d}z}{\mathrm{d}u}\dfrac{\mathrm{d}u}{\mathrm{d}x}$，即一元复合函数的求导公式.

在多元复合函数求导中，为方便起见，常采用下面记号：

$$f_1'=\frac{\partial f(u,v)}{\partial u}, \quad f_2'=\frac{\partial f(u,v)}{\partial v},$$

$$f_{11}''=\frac{\partial^2 f(u,v)}{\partial u^2}, f_{12}''=\frac{\partial^2 f(u,v)}{\partial u \partial v},$$

$$f_{21}''=\frac{\partial^2 f(u,v)}{\partial v \partial u}, f_{22}''=\frac{\partial^2 f(u,v)}{\partial v^2}.$$

【例 8-24】 设函数 $z=f(xy,x^2+y^2)$，f 具有二阶连续偏导数，求 $\dfrac{\partial z}{\partial x}$，$\dfrac{\partial^2 z}{\partial x \partial y}$.

解 令 $u=xy,v=x^2+y^2$，则 $z=f(xy,x^2+y^2)$ 可看成由 $u=xy,v=x^2+y^2$，$z=f(u,v)$ 复合而成，所以

$$\frac{\partial z}{\partial x}=yf_u'+2xf_v'=yf_1'+2xf_2',$$

$$\frac{\partial^2 z}{\partial x \partial y}=f_1'+y\frac{\partial f_1'}{\partial y}+2x\frac{\partial f_2'}{\partial y}.$$

求 $\dfrac{\partial f_1'}{\partial y}$ 及 $\dfrac{\partial f_2'}{\partial y}$ 时，注意到 $f_1'=f_u'(xy,x^2+y^2)$ 及 $f_2'=f_v'(xy,x^2+y^2)$ 仍然是复合函数，因此根据复合函数求导法则，有

$$\frac{\partial f_1'}{\partial y}=\frac{\partial f_1'}{\partial u}\frac{\partial u}{\partial y}+\frac{\partial f_1'}{\partial v}\frac{\partial v}{\partial y}=xf_{11}''+2yf_{12}'',$$

$$\frac{\partial f_2'}{\partial y}=\frac{\partial f_2'}{\partial u}\frac{\partial u}{\partial y}+\frac{\partial f_2'}{\partial v}\frac{\partial v}{\partial y}=xf_{21}''+2yf_{22}''.$$

于是 $$\frac{\partial^2 z}{\partial x \partial y}=f_1'+y[xf_{11}''+2yf_{12}'']+2x[xf_{21}''+2yf_{22}'']$$

$$=f_1'+xyf_{11}''+2(x^2+y^2)f_{12}''+4xyf_{22}''.$$

注意：在上述恒等变形中，因为 f 具有二阶连续偏导数，所以有 $f_{12}''=f_{21}''$.

习 题 8.4

1. 设 $z=x^2y$，而 $x=t^2,y=1-t^3$，求全导数 $\dfrac{\mathrm{d}z}{\mathrm{d}t}$.

2. 设 $z=\arctan(xy)$，而 $y=e^x$，求全导数 $\dfrac{\mathrm{d}z}{\mathrm{d}x}$.

3. 设 $u=e^{2x}(y-z)$，而 $y=2x,z=x^3$，求全导数 $\dfrac{\mathrm{d}u}{\mathrm{d}x}$.

4. 设 $z=e^u\cos v$，而 $u=xy$，$v=2x-y$，求 $\dfrac{\partial z}{\partial x}$ 和 $\dfrac{\partial z}{\partial y}$.

5. 设 $z=\ln(u^2+v)$，而 $u=y\sin x$，$v=x^2+y$，求 $\dfrac{\partial z}{\partial x}$ 和 $\dfrac{\partial z}{\partial y}$.

6. 设 $z=(2x+y)^{x+2y}$，求 $\dfrac{\partial z}{\partial x}$ 和 $\dfrac{\partial z}{\partial y}$.

7. 求下列函数的一阶偏导数，其中 f 具有一阶连续偏导数：

(1) $u=f(x^2-y^2,3x+2y)$；　　　　　　(2) $u=f(x+y^2+z^3,xyz)$；

(3) $u=f(x-y,x+2y,y)$；　　　　　　(4) $u=f\left(\dfrac{x}{y},\dfrac{y}{z}\right)$.

8. 设 $z=f(x^3+y^3)$，其中 $f(u)$ 可导，求 $y^2\dfrac{\partial z}{\partial x}-x^2\dfrac{\partial z}{\partial y}$.

9. 设 $z=xy+yf\left(\dfrac{x}{y}\right)$，其中 $f(u)$ 为可导函数，证明：$x\dfrac{\partial z}{\partial x}+y\dfrac{\partial z}{\partial y}=xy+z$.

10. 求下列函数的 $\dfrac{\partial^2 z}{\partial x^2}$，$\dfrac{\partial^2 z}{\partial x\partial y}$，$\dfrac{\partial^2 z}{\partial y^2}$（其中 f 具有二阶连续偏导数）：

(1) $z=f(xy,y)$；　　　　　　　　　(2) $z=f(xy^2,x^2y)$.

11. 设 $w=f(x+y+z,xyz)$，f 具有二阶连续偏导数，求 $\dfrac{\partial^2 w}{\partial x\partial z}$.

8.5　隐函数的求导公式

我们在上册已经提出了隐函数的概念，并提供了不经过显化直接由方程
$$F(x,y)=0$$
求它所确定的隐函数的导数的方法. 但是，一个方程 $F(x,y)=0$ 能否确定一个隐函数？这个隐函数是否可导？其导数有无公式表达？本节将介绍隐函数存在定理来解决这些问题，并进一步把结论推广到多元隐函数中去.

定理 8-9(隐函数存在定理 1)　如果函数 $F(x,y)$ 满足

(1) 在点 (x_0,y_0) 的某一邻域内具有连续偏导数；

(2) $F(x_0,y_0)=0$

(3) $F'_y(x_0,y_0)\neq 0$.

那么方程 $F(x,y)=0$ 在点 (x_0,y_0) 的某一邻域内唯一确定一个连续且有连续导数的函数 $y=f(x)$，它满足条件 $y_0=f(x_0)$ 及 $F(x,f(x))\equiv 0$，且有

$$\frac{\mathrm{d}y}{\mathrm{d}x}=-\frac{F'_x}{F'_y}. \tag{8-22}$$

这个定理我们不证，仅就公式(8-22)作如下推导.

将方程 $F(x,y)=0$ 所确定的隐函数 $y=f(x)$ 代入方程中，得恒等式
$$F(x,f(x))\equiv 0,$$

左端可以看作 x 的复合函数,求这个函数的全导数,由于恒等式两端求导后仍然恒等,故有

$$F'_x + F'_y \frac{\mathrm{d}y}{\mathrm{d}x} = 0.$$

因为 F'_y 连续,且 $F'_y(x_0, y_0) \neq 0$,所以存在点 (x_0, y_0) 的一个邻域,在该邻域内 $F'_y \neq 0$,于是得

$$\frac{\mathrm{d}y}{\mathrm{d}x} = -\frac{F'_x}{F'_y}.$$

如果 $F(x, y)$ 的二阶偏导数也都连续,我们可以把公式(8-22)的右端看作 x 的复合函数,再一次求导,就可得二阶导数.

【例 8-25】 验证 Kepler 方程 $y - x - \varepsilon \sin y = 0 (0 < \varepsilon < 1)$ 在点 $(0,0)$ 的某个邻域内唯一确定一个具有连续导数的函数 $y = f(x)$,它满足 $0 = f(0)$,并求 $f'(0)$,$f''(0)$.

解 令 $F(x, y) = y - x - \varepsilon \sin y$,则 $F'_x = -1$,$F'_y = 1 - \varepsilon \cos y$,$F(0, 0) = 0$,$F'_y(0, 0) = 1 - \varepsilon \neq 0$. 因此由定理 8-9 可知,方程 $y - x - \varepsilon \sin y = 0 (0 < \varepsilon < 1)$ 在点 $(0,0)$ 的某个邻域内唯一确定一个具有连续导数的函数 $y = f(x)$,它满足 $0 = f(0)$.

下面求 $f'(0)$,$f''(0)$.

由式(8-22)得

$$\frac{\mathrm{d}y}{\mathrm{d}x} = -\frac{F'_x}{F'_y} = \frac{1}{1 - \varepsilon \cos y},$$

注意到上式中的 y 是 x 的函数,再次求导得

$$\frac{\mathrm{d}^2 y}{\mathrm{d}x^2} = \frac{\mathrm{d}}{\mathrm{d}x} \left(\frac{1}{1 - \varepsilon \cos y} \right) = \frac{-\varepsilon \sin y \cdot y'}{(1 - \varepsilon \cos y)^2}$$

$$= \frac{-\varepsilon \sin y}{(1 - \varepsilon \cos y)^3}.$$

所以 $f'(0) = \dfrac{1}{1 - \varepsilon}$,$f''(0) = 0$.

定理 8-9 可以推广到 F 包含两个以上变量的情形. 例如,在一定条件下,三个变量 x, y, z 的方程 $F(x, y, z) = 0$ 可以确定二元隐函数 $z = f(x, y)$,并可由 F 求出该隐函数的偏导数.

定理 8-10(隐函数存在定理 2) 如果函数 $F(x, y, z)$ 满足

(1)在点 (x_0, y_0, z_0) 的某一邻域内具有连续偏导数;

(2)$F(x_0, y_0, z_0) = 0$;

(3)$F'_z(x_0, y_0, z_0) \neq 0$.

那么方程 $F(x, y, z) = 0$ 在点 (x_0, y_0, z_0) 的某一邻域内唯一确定一个连续且有连

续偏导数的函数 $z=f(x,y)$,它满足条件 $z_0=f(x_0,y_0)$ 及 $F(x,y,f(x,y))\equiv0$,并有

$$\frac{\partial z}{\partial x}=-\frac{F'_x}{F'_z},\frac{\partial z}{\partial y}=-\frac{F'_y}{F'_z}. \tag{8-23}$$

由定理 8-9 易知上式是成立的. 事实上,在求 $\dfrac{\partial z}{\partial x}$ 时,把 y 看做常量,$F(x,y,z)=0$ 仍可看做一元隐函数而应用定理 8-9,只是应把式(8-22)中的 d 改为 ∂,把 y 换成 z,即得计算 $\dfrac{\partial z}{\partial x}$ 的公式. 同理由式(8-22)可得计算 $\dfrac{\partial z}{\partial y}$ 的公式.

【例 8-26】 设 $x^2+2y^2+3z^2+xy-z=9$,求 $\dfrac{\partial z}{\partial x},\dfrac{\partial z}{\partial y},\dfrac{\partial^2 z}{\partial x\partial y}$.

解 令 $F(x,y,z)=x^2+2y^2+3z^2+xy-z-9$,则
$$F'_x=2x+y, \quad F'_y=4y+x, \quad F'_z=6z-1,$$
所以
$$\frac{\partial z}{\partial x}=-\frac{F'_x}{F'_z}=\frac{2x+y}{1-6z}, \quad \frac{\partial z}{\partial y}=-\frac{F'_y}{F'_z}=\frac{x+4y}{1-6z}.$$

注意到 z 是 x、y 的函数,将 $\dfrac{\partial z}{\partial x}=\dfrac{2x+y}{1-6z}$ 再对 y 求偏导数,得

$$\begin{aligned}
\frac{\partial^2 z}{\partial x\partial y}&=\frac{1\cdot(1-6z)-(2x+y)\cdot\left(-6\dfrac{\partial z}{\partial y}\right)}{(1-6z)^2}\\
&=\frac{(1-6z)^2+6(2x+y)(x+4y)}{(1-6z)^3}.
\end{aligned}$$

习　题　8.5

1. 设 $e^x+xy-y^3=0$,求 $\dfrac{dy}{dx}$.

2. 设 $\ln\sqrt{x^2+y^2}=\arctan\dfrac{y}{x}$,求 $\dfrac{dy}{dx}$.

3. 求下列方程所确定的隐函数的偏导数 $\dfrac{\partial z}{\partial x}$ 和 $\dfrac{\partial z}{\partial y}$:

(1) $z^3+3xyz-3\sin(xy)=1$;　　　　(2) $\dfrac{x}{z}=x^2y-\ln\dfrac{z}{y}$.

4. 设 $x-az=e^{y-bz}-1$,求 $a\dfrac{\partial z}{\partial x}+b\dfrac{\partial z}{\partial y}$.

5. 设 $2xz-2xyz+\ln(xyz)=0$,求全微分 $dz|_{(1,1)}$.

6. 设 $2\sin(x+2y-3z)=x+2y-3z$,证明:$\dfrac{\partial z}{\partial x}+\dfrac{\partial z}{\partial y}=1$.

7. 设 $\Phi(u,v)$ 具有连续偏导数,证明由方程 $\Phi\left(\dfrac{x}{z},\dfrac{y}{z}\right)=0$ 所确定的函数 $z=f(x,y)$ 满足 $x\dfrac{\partial z}{\partial x}+y\dfrac{\partial z}{\partial y}=z$.

8. 设函数 $z=z(x,y)$ 由方程 $z^3-2xz+y=0$ 确定,求 $\dfrac{\partial^2 z}{\partial x^2}$、$\dfrac{\partial^2 z}{\partial y^2}$.

9. 设函数 $z=z(x,y)$ 由方程 $z^3-3xyz=8$ 确定,求 $\dfrac{\partial^2 z}{\partial x\partial y}\bigg|_{\substack{x=0\\y=0}}$.

8.6 微分法在几何上的应用

8.6.1 空间曲线的切线与法平面

设空间曲线 Γ 的参数方程为

$$\begin{cases} x=\varphi(t),\\ y=\psi(t),\\ z=\omega(t), \end{cases} \tag{8-24}$$

其中 $x=\varphi(t),y=\psi(t),z=\omega(t)$ 都可导,且导数不同时为零.

设 $M_0(x_0,y_0,z_0)$ 是曲线 Γ 上对应于参数 $t=t_0$ 的一点.为了求得该点处的切线方程,取 Γ 上对应于参数 $t=t_0+\Delta t$ 的另一点 $M(x_0+\Delta x,y_0+\Delta y,z_0+\Delta z)$,显然割线 M_0M 的方向向量为:

$$s=\overrightarrow{M_0M}=(\Delta x,\Delta y,\Delta z),$$

割线 M_0M 的方程为:

$$\frac{x-x_0}{\Delta x}=\frac{y-y_0}{\Delta y}=\frac{z-z_0}{\Delta z}.$$

当 M 沿着 Γ 趋于 M_0 时,割线 M_0M 趋于一极限位置,此极限位置上的直线 M_0T 就是曲线 Γ 在点 M_0 的切线(图 8-14).用 Δt 除上式各分母,得

$$\frac{x-x_0}{\dfrac{\Delta x}{\Delta t}}=\frac{y-y_0}{\dfrac{\Delta y}{\Delta t}}=\frac{z-z_0}{\dfrac{\Delta z}{\Delta t}}.$$

令 $M\xrightarrow[\quad]{\text{沿}\,\Gamma}M_0$(此时 $\Delta t\to 0$),对上式取极限,得切线 M_0T 的方程为

$$\frac{x-x_0}{\varphi'(t_0)}=\frac{y-y_0}{\psi'(t_0)}=\frac{z-z_0}{\omega'(t_0)}.$$

由上式可知,参数方程(8-24)所确定的空间曲线 Γ 在对应于 $t=t_0$ 点 $M_0(x_0,y_0,z_0)$ 处的切线的方向向量(记作 T)为

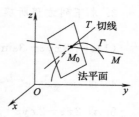

图 8-14

$$T = (\varphi'(t_0), \psi'(t_0), \omega'(t_0)).$$

通过切点且与切线垂直的平面称为曲线在该点的**法平面**(图 8-14). 法平面的法向量可取作切线的方向向量 T, 故曲线(8-24)在点 M_0 处的法平面方程为

$$\varphi'(t_0)(x-x_0) + \psi'(t_0)(y-y_0) + \omega'(t_0)(z-z_0) = 0.$$

【例 8-27】　求曲线 $\begin{cases} x = t^2 - 2, \\ y = t - 1, \\ z = -t^3 + 2 \end{cases}$ 在点$(2,1,-6)$处的切线方程和法平面方程.

解　因为点$(2,1,-6)$对应参数 $t=2$, 而

$$x' = 2t, \quad y' = 1, \quad z' = -3t^2,$$

故点$(2,1,-6)$处曲线切线的方向向量为

$$T = (x'(2), y'(2), z'(2)) = (4,1,-12),$$

所求切线方程为

$$\frac{x-2}{4} = \frac{y-1}{1} = \frac{z+6}{-12};$$

法平面方程为

$$4 \cdot (x-2) + 1 \cdot (y-1) - 12 \cdot (z+6) = 0,$$

即

$$4x + y - 12z - 81 = 0.$$

8.6.2　曲面的切平面与法线

设曲面 Σ 的方程为

$$F(x,y,z) = 0, \tag{8-25}$$

$M_0(x_0, y_0, z_0)$ 是曲面 Σ 上的一点, 函数 $F(x,y,z)$ 在点 M_0 有连续偏导数且不同时为零.

在曲面 Σ 上过点 $M_0(x_0, y_0, z_0)$ 任意引一条曲线 Γ(图 8-15), 假定其参数方程为

$$\begin{cases} x = \varphi(t), \\ y = \psi(t), \\ z = \omega(t), \end{cases}$$

点 $M_0(x_0, y_0, z_0)$ 对应的参数为 $t = t_0$, 且 $\varphi'(t_0), \psi'(t_0), \omega'(t_0)$ 不同时为零.

因为曲线 Γ 在曲面 Σ 上, 所以有

$$F(\varphi(t), \psi(t), \omega(t)) \equiv 0,$$

上式两边在 $t = t_0$ 处求导, 得

$$\frac{\mathrm{d}}{\mathrm{d}t} F(\varphi(t), \psi(t), \omega(t)) \Big|_{t=t_0} = 0,$$

即

$$F'_x(x_0,y_0,z_0)\varphi'(t_0)+F'_y(x_0,y_0,z_0)\psi'(t_0)+F'_z(x_0,y_0,z_0)\omega'(t_0)=0.$$

记 $\boldsymbol{n}=(F'_x(x_0,y_0,z_0),F'_y(x_0,y_0,z_0),F'_z(x_0,y_0,z_0)),\boldsymbol{T}=(\varphi'(t_0),\psi'(t_0),\omega'(t_0))$，上式即为 $\boldsymbol{n}\cdot\boldsymbol{T}=0$，从而

$$\boldsymbol{T}\perp\boldsymbol{n}. \qquad (8\text{-}26)$$

由于 $\boldsymbol{T}$ 是曲线 Γ 在 M_0 处切线的一个方向向量，式(8-26)表明：曲线 Γ 在点 M_0 处的切线与非零向量 $\boldsymbol{n}$ 垂直，由 Γ 的任意性，所以曲面 Σ 上通过点 M_0 的任何曲线在点 M_0 的切线都在同一平面上，这个平面就叫做曲面在点 M_0 处的**切平面**. 显然，向量

$$\boldsymbol{n}=(F'_x(x_0,y_0,z_0),F'_y(x_0,y_0,z_0),F'_z(x_0,y_0,z_0)) \qquad (8\text{-}27)$$

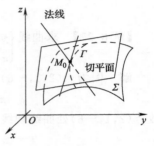

图 8-15

就是该切平面的一个法向量，故曲面 Σ 在点 $M_0(x_0,y_0,z_0)$ 处的切平面方程为

$$F'_x(x_0,y_0,z_0)(x-x_0)+F'_y(x_0,y_0,z_0)(y-y_0)+F'_z(x_0,y_0,z_0)(z-z_0)=0.$$

过点 M_0 且与切平面垂直的直线称为曲面(8-25)在点 M_0 处的**法线**. 法线的方向向量可取为切平面的法向量(8-27)，因此，曲面 Σ 在点 M_0 处的法线方程为

$$\frac{x-x_0}{F'_x(x_0,y_0,z_0)}=\frac{y-y_0}{F'_y(x_0,y_0,z_0)}=\frac{z-z_0}{F'_z(x_0,y_0,z_0)}.$$

【例 8-28】 求椭球面 $x^2+2y^2+3z^2=6$ 在点 $(1,-1,1)$ 处的切平面及法线方程.

解 令 $F(x,y,z)=x^2+2y^2+3z^2-6$，得

$$F'_x=2x,F'_y=4y,F'_z=6z,$$

故椭球面在点 $(1,-1,1)$ 处的切平面的法向量为

$$\boldsymbol{n}=(2,-4,6),$$

切平面方程为

$$2(x-1)-4(y+1)+6(z-1)=0,$$

即

$$x-2y+3z-6=0;$$

法线方程为

$$\frac{x-1}{2}=\frac{y+1}{-4}=\frac{z-1}{6}.$$

【例 8-29】 求旋转抛物面 $z=x^2+y^2$ 的切平面，使它与平面 $4x+8y-2z=3$ 平行.

解 令 $F(x,y,z)=x^2+y^2-z$，设切点为 (x_0,y_0,z_0)，则切点处切平面的法向

量为

$$n=(2x_0,2y_0,-1),$$

由题意得

$$\begin{cases} \dfrac{2x_0}{4}=\dfrac{2y_0}{8}=\dfrac{-1}{-2}, \\ x_0^2+y_0^2-z_0=0, \end{cases}$$

解上述方程组得 $x_0=1,y_0=2,z_0=5$，因此

$$n=(2,4,-1).$$

所求切平面为

$$2(x-1)+4(y-2)-(z-5)=0,$$

即

$$2x+4y-z-5=0.$$

习　题　8.6

1. 求下列空间曲线在指定点处的切线方程和法平面方程

(1) 曲线 $x=t^2,y=1-t,z=t^3$，点 $(1,2,-1)$；

(2) 曲线 $x=t\ln t,y=t^2,z=e^t$，对应于 $t=1$ 的点.

2. 求曲线 $x=2t,y=t^2-1,z=t^2-4t$ 上的点，使该点的切线平行于平面 $x+2y-z=4$.

3. 求下列曲面在指定点处的切平面方程和法线方程：

(1) $e^z+xy=z+3$，点 $(2,1,0)$；

(2) $z=\sqrt{x^2+y^2}$，点 $(3,4,5)$.

4. 在曲面 $z=y+\ln x-\ln z$ 上求一点，使该点的切平面平行于平面 $x+y-2z=3$.

5. 求曲面 $x^2+2y^2+z^2=1$ 上平行于平面 $x-y+2z=0$ 的切平面方程.

6. 在曲面 $z=xy$ 上求一点，使该点处的法线垂直于平面 $x+3y+z-2=0$.

7. 证明：曲面 $xyz=1$ 上任一点 (x_0,y_0,z_0) 处的切平面在三个坐标轴上的截距之积为常数.

8.7　多元函数的极值及其求法

在实际问题中，常会碰到求多元函数的最大值、最小值问题. 与一元函数一样，多元函数的最大值、最小值也与多元函数的极大值、极小值密切相关. 我们以二元函数为例，先介绍极值的概念.

8.7.1 多元函数的极值

定义 8-6 设函数 $f(x,y)$ 的定义域为 D,点 $P_0(x_0,y_0)$ 为 D 的内点. 如果存在点 P_0 的某一邻域,使得对于该邻域内任何异于 $P_0(x_0,y_0)$ 的点 (x,y),总有

$$f(x,y)<f(x_0,y_0),$$

则称 $f(x_0,y_0)$ 为 $f(x,y)$ 的一个**极大值**,点 (x_0,y_0) 为 $f(x,y)$ 的一个**极大值点**;如果总有

$$f(x,y)>f(x_0,y_0),$$

则称 $f(x_0,y_0)$ 为 $f(x,y)$ 的一个**极小值**,点 (x_0,y_0) 为 $f(x,y)$ 的一个**极小值点**.

函数的极大值与极小值统称为函数的**极值**;函数的极大值点与极小值点统称为函数的**极值点**.

例如,对于函数 $z=f(x,y)=x^2+y^2$,$f(0,0)=0$ 为 $f(x,y)$ 的一个极小值,这是因为对于任何异于 $(0,0)$ 的点 (x,y),总有不等式 $f(x,y)>f(0,0)$ 成立.

又如,对于函数 $z=f(x,y)=y^2-x^2$,因为在点 $(0,0)$ 的任一邻域内,函数值总是有正有负的,所以函数值 $f(0,0)=0$ 既不是极小值,也不是极大值.

类似于一元函数的情形,关于二元函数极值的判定与求法,我们首先有:

定理 8-11(极值的必要条件) 设函数 $z=f(x,y)$ 在点 (x_0,y_0) 具有偏导数,且在点 (x_0,y_0) 处有极值,则有

$$f'_x(x_0,y_0)=0, \quad f'_y(x_0,y_0)=0. \tag{8-28}$$

证 不妨设 $f(x_0,y_0)$ 为极大值,则对于点 (x_0,y_0) 的某邻域 $U(P_0)$ 内的任何点 (x,y),当 $(x,y)\neq(x_0,y_0)$ 时,有

$$f(x,y)<f(x_0,y_0).$$

特别地,当点 (x,y) 在直线 $y=y_0$ 上,而 $x\neq x_0$ 时(图 8-16),也有

$$f(x,y_0)<f(x_0,y_0).$$

上式表明一元函数 $z=f(x,y_0)$ 在点 $x=x_0$ 处取得极大值,由一元函数极值的必要条件,得

$$\left.\frac{\mathrm{d}f(x,y_0)}{\mathrm{d}x}\right|_{x=x_0}=0,$$

即

$$f'_x(x_0,y_0)=0.$$

类似地,可证

$$f'_y(x_0,y_0)=0.$$

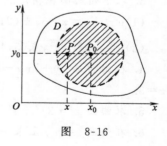

图 8-16

定义 8-6、定理 8-11 都可推广到自变量多于两个的情形.

仿照一元函数驻点的概念,使等式 $f'_x(x_0,y_0)=0$,$f'_y(x_0,y_0)=0$ 成立的点

(x_0, y_0) 称为函数 $z = f(x, y)$ 的**驻点**. 定理 8-11 表明,在偏导数存在的条件下,函数的极值点一定是函数的驻点. 但是,函数的驻点却不一定就是函数的极值点. 例如,点 $(0, 0)$ 为函数 $f(x, y) = y^2 - x^2$ 驻点,但它不是极值点. 因此条件 (8-28) 只是函数在点 (x_0, y_0) 取得极值的必要条件,而不是充分条件.

对于偏导数存在的函数,如何寻求其极值点,定理 8-11 给我们划定了范围:只要在驻点中去找. 怎样判别一个驻点是不是极值点呢? 下面的定理回答了这个问题.

定理 8-12(极值的充分条件) 设函数 $z = f(x, y)$ 在点 (x_0, y_0) 的某个邻域内连续且有一阶及二阶连续偏导数,又 $f'_x(x_0, y_0) = 0$,$f'_y(x_0, y_0) = 0$,令

$$A = f''_{xx}(x_0, y_0), B = f''_{xy}(x_0, y_0), C = f''_{yy}(x_0, y_0),$$

则函数 $z = f(x, y)$ 在点 (x_0, y_0) 处是否取得极值的条件如下:

(1) 若 $AC - B^2 > 0$,则 $f(x_0, y_0)$ 是极值. 且当 $A < 0$ 时,$f(x_0, y_0)$ 为极大值;当 $A > 0$ 时,$f(x_0, y_0)$ 为极小值;

(2) 若 $AC - B^2 < 0$,则 $f(x_0, y_0)$ 不是极值;

(3) 若 $AC - B^2 = 0$,则 $f(x_0, y_0)$ 可能是极值,也可能不是极值,需另作讨论.

证明从略.

根据定理 8-11 与定理 8-12,对于具有二阶连续偏导数的二元函数 $z = f(x, y)$,求其极值的步骤为:

第一步 解方程组 $\begin{cases} f'_x(x, y) = 0, \\ f'_y(x, y) = 0, \end{cases}$ 求出函数 $f(x, y)$ 的全部驻点.

第二步 对每个驻点 (x_0, y_0),求出 $A = f''_{xx}(x_0, y_0), B = f''_{xy}(x_0, y_0), C = f''_{yy}(x_0, y_0)$.

第三步 定出 $AC - B^2$ 符号,由定理 8-12 的结论,判定 $f(x_0, y_0)$ 是不是极值,是极大值还是极小值.

【例 8-30】 求函数 $f(x, y) = 6y - x^2 - 2y^3$ 的极值.

解 解方程组

$$\begin{cases} f'_x = -2x = 0, \\ f'_y = 6 - 6y^2 = 0, \end{cases}$$

得驻点为 $(0, 1)$,$(0, -1)$.

函数的二阶偏导数为

$$f''_{xx}(x, y) = -2, f''_{xy}(x, y) = 0, f''_{yy}(x, y) = -12y.$$

在点 $(0, 1)$ 处,$A = -2, B = 0, C = -12$,因为 $AC - B^2 = 2 \times 12 > 0$,$A < 0$,所以函数在该点有极大值 $f(0, 1) = 4$.

在点 $(0, -1)$ 处,$A = -2, B = 0, C = 12$,因为 $AC - B^2 = -2 \times 12 < 0$,所以 $f(0, -1) = -4$ 不是极值.

71

8.7.2 函数的最大值和最小值

由本章 8.1 定理 8-1 知道，在有界闭区域 D 上连续的多元函数一定存在最大值和最小值. 如何求出多元函数在 D 上的最值呢？与求闭区间上一元连续函数的最值的方法类似，我们先求出函数在 D 内（指除边界之外部分）一切驻点及偏导数不存在的点处的函数值，再求出函数在区域边界上的最大值和最小值，将这些值进行比较，其中最大者即为最大值，最小者即为最小值. 但这种做法，往往相当复杂. 在通常遇到的实际问题中，如果根据问题的性质，知道可微函数 $f(x,y)$ 在区域 D 内一定有最大值（或最小值），而 $f(x,y)$ 在 D 内只有唯一驻点，则此驻点处的函数值就是最大值（或最小值）.

【例 8-31】 要造一个容量一定的长方体的箱子，问长、宽、高各取怎样的尺寸时，才能使所用的材料最省.

解 设箱子的长、宽分别为 x,y，容量为 V，则箱子的高为 $\dfrac{V}{xy}$. 箱子的表面积为

$$A = 2\left(xy + x \cdot \frac{V}{xy} + y \cdot \frac{V}{xy}\right) = 2\left(xy + \frac{V}{y} + \frac{V}{x}\right) \quad (x>0, y>0).$$

这是 x、y 的二元函数. 令

$$\begin{cases} A'_x = 2\left(y - \dfrac{V}{x^2}\right) = 0, \\ A'_y = 2\left(x - \dfrac{V}{y^2}\right) = 0, \end{cases}$$

解上述方程组，得

$$x = \sqrt[3]{V}, \quad y = \sqrt[3]{V}.$$

根据题意可知，表面积 A 的最小值一定存在，现在只有唯一驻点 $(\sqrt[3]{V}, \sqrt[3]{V})$，因此可断定 $x = \sqrt[3]{V}$，$y = \sqrt[3]{V}$ 时，A 取得最小值，亦即当箱子的长、宽分别取 $\sqrt[3]{V}$，$\sqrt[3]{V}$，高取

$$\frac{V}{\sqrt[3]{V} \cdot \sqrt[3]{V}} = \sqrt[3]{V}$$

时，所用的材料最省.

8.7.3 条件极值 拉格朗日乘数法

前面讨论的极值问题，对于函数的自变量，除了限制在定义域中之外，并无其它条件，所以有时候也称其为**无条件极值**. 但在有些实际问题中，会遇到对函数的自变量还有附加条件的极值.

例如,求原点到曲线 $\varphi(x,y)=0$ 的距离. 如果设 (x,y) 为曲线 $\varphi(x,y)=0$ 上的任一点,那么这个问题可归结为求函数 $z=\sqrt{x^2+y^2}$ 在约束条件 $\varphi(x,y)=0$ 下的极小值. 这种极值相对于无条件极值来说,称为**条件极值**.

条件极值与无条件极值是有区别的. 例如求函数 $z=\sqrt{x^2+y^2}$ 的极值,这是一个无条件极值问题. 易知,极小值点为 $(0,0)$,极小值为 $z(0,0)=0$,从几何上看,这个问题的实质就是求 xOy 面上原点到原点的距离. 而求函数 $z=\sqrt{x^2+y^2}$ 在条件 $x+y=1$ 下的极值是一个条件极值问题,我们可以得到极小值点为 $\left(\dfrac{1}{2},\dfrac{1}{2}\right)$,极小值为 $z\left(\dfrac{1}{2},\dfrac{1}{2}\right)=\dfrac{\sqrt{2}}{2}$,从几何上看,这个问题的实质就是要求 xOy 面上原点到直线 $x+y=1$ 的距离(图 8-17).

如何求条件极值呢? 在某些时候,条件极值可化为无条件极值来求解. 例如,求目标函数 $z=\sqrt{x^2+y^2}$ 在条件 $x+y=1$ 下的条件极值,就可化为求函数 $z=\sqrt{x^2+(1-x)^2}$ 的无条件极值. 但在很多情况下,将条件极值转化为无条件极值并不简单. 下面我们介绍一种直接求条件极值的方法,这种方法称之为拉格朗日乘数法(证明从略).

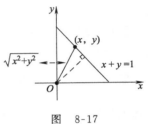

图　8-17

用拉格朗日乘数法求目标函数 $z=f(x,y)$ 在条件 $\varphi(x,y)=0$ 下极值的步骤为:

第一步　作拉格朗日函数 $L(x,y,\lambda)=f(x,y)+\lambda\varphi(x,y)$.

第二步　求三元函数 $L(x,y,\lambda)$ 的驻点,即

$$
令\begin{cases}L'_x=f'_x(x,y)+\lambda\varphi'_x(x,y)=0,\\ L'_y=f'_y(x,y)+\lambda\varphi'_y(x,y)=0,得\\ L'_\lambda=\varphi(x,y)=0,\end{cases}\begin{cases}x=x_0,\\ y=y_0,\\ \lambda=\lambda_0,\end{cases}
$$

其中点 (x_0,y_0) 就是函数 $z=f(x,y)$ 在条件 $\varphi(x,y)=0$ 下的可能极值点.

第三步　判定 $f(x_0,y_0)$ 是否为极值(对实际问题往往可根据问题本身的性质来判定).

拉格朗日乘数法还可以推广到自变量多于两个或条件多于一个的情形. 例如,求函数 $u=f(x,y,z)$ 在条件 $\varphi(x,y,z)=0$ 下的极值的步骤为:

第一步　作拉格朗日函数 $L(x,y,z,\lambda)=f(x,y,z)+\lambda\varphi(x,y,z)$.

第二步　求出四元函数 $L(x,y,z,\lambda)$ 的驻点 (x_0,y_0,z_0,λ_0),其中 (x_0,y_0,z_0) 为函数 $u=f(x,y,z)$ 在条件 $\varphi(x,y,z)=0$ 下的可能极值点.

第三步　判定 $f(x_0,y_0,z_0)$ 是否为极值.

【例 8-32】 设生产某种产品的数量 P 与所用两种原料 A、B 的数量 x，y 有关系式 $P=0.005x^2y$，欲用 150 元购买原料，已知 A、B 原料的单价分别为 1 元、2 元，问购进两种原料各多少时，可使生产的产品数量最多？

解 问题归结为求 $P=0.005x^2y$ 在条件 $x+2y=150$ 下的极值. 作拉格朗日函数

$$L(x,y,\lambda)=0.005x^2y+\lambda(x+2y-150),$$

令 $\begin{cases} L'_x=2\times0.005xy+\lambda=0, \\ L'_y=0.005x^2+2\lambda=0, \\ L'_\lambda=x+2y-150=0, \end{cases}$ 解之得：$\begin{cases} \lambda=-25, \\ x=100, \\ y=25. \end{cases}$

由题意可知 P 的最大值一定存在，所以最大值只能在唯一可能的极值点 $(100,25)$ 取得，即当购进 A、B 原料数量各为 100、25 时，可使生产的产品数量最多.

【例 8-33】 经过点 $(1,1,1)$ 的所有平面中，哪一个平面与坐标面在第一卦限所围的立体的体积最小，并求出此最小体积.

解 设所求平面为 $\dfrac{x}{a}+\dfrac{y}{b}+\dfrac{z}{c}=1(a>0,b>0,c>0)$，则该平面与坐标面所围立体的体积为 $V=\dfrac{1}{6}abc$. 由于过点 $(1,1,1)$ 的平面应满足条件 $\dfrac{1}{a}+\dfrac{1}{b}+\dfrac{1}{c}=1$，故我们的问题是求函数

$$V=\frac{1}{6}abc$$

在条件

$$\frac{1}{a}+\frac{1}{b}+\frac{1}{c}=1$$

下的最小值.

作拉格朗日函数

$$L=\frac{1}{6}abc+\lambda\left(\frac{1}{a}+\frac{1}{b}+\frac{1}{c}-1\right),$$

令 $\begin{cases} L'_a=\dfrac{1}{6}bc-\dfrac{\lambda}{a^2}=0, \\[2mm] L'_b=\dfrac{1}{6}ac-\dfrac{\lambda}{b^2}=0, \\[2mm] L'_c=\dfrac{1}{6}ab-\dfrac{\lambda}{c^2}=0, \\[2mm] L'_\lambda=\dfrac{1}{a}+\dfrac{1}{b}+\dfrac{1}{c}-1=0, \end{cases}$ 解得 $a=b=c=3$.

由于 V 的最小值一定存在，所以最小值只能在唯一可能的极值点 $(3,3,3)$ 处

取得. 即当平面为 $x+y+z=3$ 时,与坐标面在第一卦限所围的立体的体积最小,此最小体积为

$$V=\frac{1}{6}\times 3^3=\frac{9}{2}.$$

习 题 8.7

1. 求函数 $f(x,y)=4(x-y)-x^2-y^2$ 的极值.

2. 求函数 $f(x,y)=x^3-y^3-3xy$ 的极值.

3. 求函数 $z=x^2-xy+y^2-2x+y$ 的极值.

4. 求函数 $z=(6x-x^2)(4y-y^2)(x>0,y>0)$ 的极值.

5. 求函数 $z=xy$ 在约束条件 $2x+y=4$ 下的极大值.

6. 在平面 xOy 上求一点,使它到 $x=0,y=0$ 及 $x+2y-16=0$ 三直线的距离平方之和为最小.

7. 要造一个容积为常数 V 的长方体无盖水池,问如何安排水池的尺寸时,才能使它的表面积最小.

8. 求内接于半径为 R 的半圆且有最大面积的矩形.

总 习 题 8

1. 选择题

(1) $\lim\limits_{\substack{x\to 0 \\ y\to 0}}\dfrac{1-\sqrt{x\sin y+1}}{y\sin x}=(\qquad)$.

A. $\dfrac{1}{2}$ 　　　　B. 0 　　　　C. ∞ 　　　　D. $-\dfrac{1}{2}$

(2) 函数 $f(x,y)=\begin{cases}\dfrac{xy}{x^2+y^2}, & x^2+y^2\neq 0, \\ 0, & x^2+y^2=0\end{cases}$ 在点 $(0,0)$ 处 $(\qquad)$.

A. 连续但不存在偏导数 　　　　B. 存在偏导数但不连续

C. 既不连续又不存在偏导数 　　D. 既连续又存在偏导数

(3) 函数 $z=f(x,y)$ 满足 $\dfrac{\partial z}{\partial y}=x^2+2y$,且 $f(x,x^2)=1$,则 $f(x,y)=(\qquad)$.

A. $-1+x^2y+y^2-2x^4$ 　　　　B. $1+x^2y+y^2-2x^4$

C. $1+x^2y^2+y^2+2x^4$ 　　　　D. $1+x^2y+y^2+2x^4$

(4) $f'_x(x_0,y_0)=0,f'_y(x_0,y_0)=0$ 是函数 $f(x,y)$ 在点 (x_0,y_0) 处取得极值的 $(\qquad)$.

A. 必要条件，但非充分条件　　　B. 充分条件，但非必要条件

C. 充分必要条件　　　D. 既非充分条件，又非必要条件

2. 填空题

(1) 设函数 $z=\ln(x-y^2)$，则 $dz=$ _____ .

(2) 设函数 $z=\int_0^{2x+y} e^{-t^2}\,dt$，则 $\dfrac{\partial^2 z}{\partial x^2}=$ _____ .

(3) 空间曲线 $\begin{cases} y=\sqrt{x}, \\ z=x^2 \end{cases}$ 上点 $M(1,1,1)$ 处的切线方程为 _____ .

(4) 若函数 $f(x,y)=2x^2+ax+xy^2-2y$ 在点 $(1,1)$ 处取得极值，则常数 $a=$ _____ .

3. 设 $f(x,y)=\begin{cases} \dfrac{xy}{\sqrt{x^2+y^2}}, & x^2+y^2\neq0, \\ 0, & x^2+y^2=0, \end{cases}$ 求 $f'_x(x,y)$.

4. 设 $z=\dfrac{y}{f(x^2-y^2)}$，其中 $f(u)$ 可微，求 $\dfrac{\partial z}{\partial x},\dfrac{\partial z}{\partial y}$.

5. 设 $z=f\left(xy,\dfrac{y}{x}\right)$，其中 $z=f(u,v)$ 具有二阶连续偏导数，求 $\dfrac{\partial^2 z}{\partial x\partial y}$.

6. 设 $z=f(u,v)$ 具有二阶连续偏导数，且 $u=x-2y$，$v=x+ay$，$f''_{12}=0$，求常数 a，使

$$6\frac{\partial^2 z}{\partial x^2}+\frac{\partial^2 z}{\partial x\partial y}-\frac{\partial^2 z}{\partial y^2}=0.$$

7. 某厂要造一个无盖的长方体水箱，已知它的底部造价为每平方米 18 元，侧面造价均为每平方米 6 元，设计的总造价为 216 元，问如何选择它的尺寸，才能使水箱容积最大？

8. 求内接于半径为 R 的球且体积最大的圆柱体的高.

9. 设 $f(u,v)$ 具有连续偏导数，且 $f(cx-az,cy-bz)=0$，证明：

$$a\frac{\partial z}{\partial x}+b\frac{\partial z}{\partial y}=c.$$

10. 设 $F(u,v)$ 具有连续偏导数，证明：曲面 $F(x-az,y-bz)=0$ 上任意点处的切平面与直线 $\dfrac{x}{a}=\dfrac{y}{b}=z$ 平行.

载人航天精神

第9章 多元函数积分学

在第5章中我们知道,定积分是某种确定形式的和的极限.如果这种和的极限定义在某个区域或某段曲线上的多元函数,便得到重积分及曲线积分的概念.本章介绍重积分及曲线积分的概念、性质、计算方法以及它们的一些应用.

9.1 二重积分的概念和性质

9.1.1 曲顶柱体的体积

设有一立体,它的底是 xOy 面上的有界闭区域 D,侧面是以 D 的边界曲线为准线而母线平行于 z 轴的柱面,它的顶是曲面 $z = f(x,y)$,这里 $f(x,y) \geqslant 0$ 且在 D 上连续(图9-1).这种立体称为**曲顶柱体**,试求这个曲顶柱体的体积.

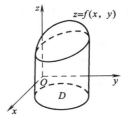

图 9-1

我们知道,平顶柱体(高不变)的体积为

$$\text{体积} = \text{高} \times \text{底面积}.$$

但对曲顶柱体,当点 (x,y) 在闭区域 D 上变动时,高 $f(x, y)$ 是个变量,所以其体积不能用平顶柱体的体积来计算.回顾第5章中求曲边梯形的面积的问题不难想到,曲顶柱体类似于曲边梯形,顶部曲面相当于曲边梯形的曲边,底面闭区域相当于曲边梯形的底所在的区间,于是可仿效求曲边梯形的面积的思想方法,来解决目前的问题.

第一步 分割

用任意曲线网把闭区域 D 分割成 n 个小闭区域

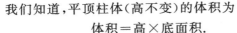

$$\Delta\sigma_1, \Delta\sigma_2, \cdots, \Delta\sigma_n,$$

分别以这些小闭区域的边界曲线为准线,作母线平行于 z 轴的柱面,这些柱面把原来的曲顶柱体分为 n 个小曲顶柱体.

第二步 取近似

由于 $f(x,y)$ 连续,故对同一个小闭区域来说,$f(x, y)$ 变化很小,在每个小闭区域 $\Delta\sigma_i$(其面积也记作 $\Delta\sigma_i$)上任取一点 (ξ_i, η_i),这时小曲顶柱体可近似看做以 $f(\xi_i, \eta_i)$ 为高而底为 $\Delta\sigma_i$ 的平顶柱体(图9-2),其体积 ΔV_i 的近似

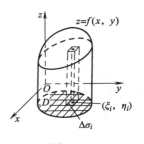

图 9-2

值为

$$\Delta V_i \approx f(\xi_i, \eta_i)\Delta\sigma_i \quad (i=1,2,\cdots,n).$$

第三步　求和

这 n 个小平顶柱体体积之和可以认为是整个曲顶柱体体积的近似值，即

$$V = \sum_{i=1}^{n}\Delta V \approx \sum_{i=1}^{n}f(\xi_i, \eta_i)\Delta\sigma_i.$$

第四步　取极限

显然，当对闭区域 D 的分割无限变细，即当各小闭区域 $\Delta\sigma_i$ 的直径（$\Delta\sigma_i$ 中任意两点间的最大距离）中的最大值 λ 趋于零时，前述和式的极限就是所论曲顶柱体的体积，即

$$V = \lim_{\lambda \to 0}\sum_{i=1}^{n}f(\xi_i, \eta_i)\Delta\sigma_i.$$

9.1.2　二重积分的概念

撇开上面问题的几何特性，一般地研究这种和的极限，就抽象出如下二重积分的定义.

定义 9-1　设 $f(x,y)$ 是有界闭区域 D 上的有界函数. 将闭区域 D 任意分成 n 个小闭区域

$$\Delta\sigma_1, \Delta\sigma_2, \cdots, \Delta\sigma_n,$$

并仍用 $\Delta\sigma_i$ 表示第 i 个小闭区域 $\Delta\sigma_i$ 的面积. 在每个 $\Delta\sigma_i$ 上任取一点 (ξ_i, η_i)，作乘积 $f(\xi_i, \eta_i)\Delta\sigma_i (i=1,2,\cdots,n)$，并求和 $\sum_{i=1}^{n}f(\xi_i, \eta_i)\Delta\sigma_i$，如果当各小闭区域的直径中的最大值 λ 趋于零时，这个和的极限总存在，则称此极限为函数 $f(x,y)$ 在闭区域 D 上的**二重积分**，记作 $\iint\limits_{D}f(x,y)\mathrm{d}\sigma$，即

$$\iint\limits_{D}f(x,y)\mathrm{d}\sigma = \lim_{\lambda \to 0}\sum_{i=1}^{n}f(\xi_i, \eta_i)\Delta\sigma_i, \tag{9-1}$$

其中 $f(x,y)$ 称为**被积函数**，$f(x,y)\mathrm{d}\sigma$ 称为**被积表达式**，$\mathrm{d}\sigma$ 称为**面积微元**，x 与 y 称为**积分变量**，D 称为**积分区域**，$\sum_{i=1}^{n}f(\xi_i, \eta_i)\Delta\sigma_i$ 称为**积分和**.

在二重积分的定义中对闭区域 D 的划分是任意的，如果在直角坐标系中用平行于坐标轴的直线网来划分 D，那么除了包含边界点的一些小闭区域外，其余的小闭区域都是矩形闭区域. 如果矩形小闭区域 $\Delta\sigma_i$ 的边长为 Δx_j 和 Δy_k，则其面积 $\Delta\sigma_i = \Delta x_j \cdot \Delta y_k$. 因此在直角坐标系中，有时也把面积微元 $\mathrm{d}\sigma$ 记作 $\mathrm{d}x\mathrm{d}y$，而把二重积分 $\iint\limits_{D}f(x,y)\mathrm{d}\sigma$ 记作

$$\iint\limits_{D} f(x,y)\,\mathrm{d}x\mathrm{d}y,$$

其中 $\mathrm{d}x\mathrm{d}y$ 称为**直角坐标系中的面积微元**.

　　这里我们要指出,当 $f(x,y)$ 在闭区域 D 上连续时,式(9-1)右端的和的极限必定存在,也就是说,函数 $f(x,y)$ 在 D 上的二重积分必定存在. 在以后的讨论中,我们总假定 $f(x,y)$ 在闭区域 D 上连续.

　　由二重积分的定义可知,曲顶柱体的体积是函数 $f(x,y)$ 在底 D 上的二重积分

$$V = \iint\limits_{D} f(x,y)\,\mathrm{d}\sigma.$$

9.1.3　二重积分的性质

　　比较定积分与二重积分的定义可以想到,二重积分与定积分有类似的性质,现叙述于下.

　　性质 1　设 k 为常数,则

$$\iint\limits_{D} kf(x,y)\,\mathrm{d}\sigma = k\iint\limits_{D} f(x,y)\,\mathrm{d}\sigma.$$

　　性质 2　$\iint\limits_{D} [f(x,y) \pm g(x,y)]\,\mathrm{d}\sigma = \iint\limits_{D} f(x,y)\,\mathrm{d}\sigma \pm \iint\limits_{D} g(x,y)\,\mathrm{d}\sigma.$

　　性质 3　如果闭区域 D 被有限条曲线分为有限个部分闭区域,则在 D 上的二重积分等于在各部分闭区域上的二重积分的和. 例如 D 分为两个闭区域 D_1 与 D_2 时,有

$$\iint\limits_{D} f(x,y)\,\mathrm{d}\sigma = \iint\limits_{D_1} f(x,y)\,\mathrm{d}\sigma + \iint\limits_{D_2} f(x,y)\,\mathrm{d}\sigma.$$

这一性质表明二重积分对于积分区域具有可加性.

　　性质 4　如果在 D 上,$f(x,y)=1$,σ 为 D 的面积,则

$$\iint\limits_{D} 1 \cdot \mathrm{d}\sigma = \iint\limits_{D} \mathrm{d}\sigma = \sigma.$$

　　性质 4 的几何意义是很明显的,因为高为 1 的平顶柱体的体积在数值上就等于柱体的底面积.

　　性质 5　如果在 D 上,$f(x,y) \leqslant g(x,y)$,则有

$$\iint\limits_{D} f(x,y)\,\mathrm{d}\sigma \leqslant \iint\limits_{D} g(x,y)\,\mathrm{d}\sigma.$$

　　特殊地,由于

$$-|f(x,y)| \leqslant f(x,y) \leqslant |f(x,y)|,$$

又有

$$\left| \iint\limits_{D} f(x,y)\mathrm{d}\sigma \right| \leqslant \iint\limits_{D} |f(x,y)| \mathrm{d}\sigma.$$

性质 6 设 M、m 分别是 $f(x,y)$ 在闭区域 D 上的最大值和最小值,σ 是 D 的面积,则有

$$m\sigma \leqslant \iint\limits_{D} f(x,y)\mathrm{d}\sigma \leqslant M\sigma.$$

性质 7(二重积分的中值定理) 设函数 $f(x,y)$ 在闭区域 D 上连续,σ 为 D 的面积,则在 D 上至少存在一点 (ξ,η),使得

$$\iint\limits_{D} f(x,y)\mathrm{d}\sigma = f(\xi,\eta) \cdot \sigma.$$

证 由面积 $\sigma \neq 0$ 和性质 6 得

$$m \leqslant \frac{1}{\sigma}\iint\limits_{D} f(x,y)\mathrm{d}\sigma \leqslant M,$$

上式表明 $\dfrac{1}{\sigma}\iint\limits_{D} f(x,y)\mathrm{d}\sigma$ 介于函数 $f(x,y)$ 在闭区域 D 上的最小值 m 和最大值 M 之间,根据闭区域上连续函数的介值定理,在 D 上至少存在一点 (ξ,η),使得

$$\frac{1}{\sigma}\iint\limits_{D} f(x,y)\mathrm{d}\sigma = f(\xi,\eta),$$

即

$$\iint\limits_{D} f(x,y)\mathrm{d}\sigma = f(\xi,\eta) \cdot \sigma.$$

【例 9-1】 比较二重积分 $\iint\limits_{D} \ln(x+y)\mathrm{d}\sigma$ 与 $\iint\limits_{D} [\ln(x+y)]^2 \mathrm{d}\sigma$ 的大小,其中积分区域 $D=\{(x,y)\,|\,0\leqslant x \leqslant 1, \mathrm{e} \leqslant y \leqslant 4\}$.

解 显然,在积分区域 D 上有

$$\mathrm{e} \leqslant x+y \leqslant 5,$$

所以 $\ln(x+y) \geqslant 1$,故

$$\ln(x+y) \leqslant [\ln(x+y)]^2,$$

由性质 5,得

$$\iint\limits_{D} \ln(x+y)\mathrm{d}\sigma \leqslant \iint\limits_{D} [\ln(x+y)]^2 \mathrm{d}\sigma.$$

【例 9-2】 估计二重积分 $I = \iint\limits_{D} (x^2+y^2)\mathrm{d}x\mathrm{d}y$ 的值,其中 D 是三角形闭区域,三顶点分别为 $(1,0)$,$(1,1)$,$(2,0)$.

解 如图 9-3,积分区域 D 的面积 $\sigma = \dfrac{1}{2}$,在 D 上,
$f(x,y)=x^2+y^2$ 的最大值和最小值分别为

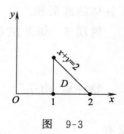

图 9-3

$$M = f(2,0) = 4, \quad m = f(1,0) = 1,$$

由性质 6,得

$$\frac{1}{2} \leqslant I \leqslant 2.$$

习　题　9.1

1. 设一平面薄板占有 xOy 面上的闭区域 D,其上点 (x,y) 处的面密度为 $\mu = \mu(x,y)$,其中 $\mu(x,y)$ 在 D 上连续,试用二重积分表达该薄板的质量 M.

2. 根据二重积分的性质,比较下列积分的大小:

(1) $I_1 = \iint\limits_{D_1} d\sigma, I_2 = \iint\limits_{D_2} d\sigma$,其中 $D_1 = \{(x,y) \mid x^2 + y^2 \leqslant 1\}, D_2 = \{(x,y) \mid 0 \leqslant x \leqslant 3, 0 \leqslant y \leqslant 1\}$;

(2) $I_1 = \iint\limits_{D} (x+y)^2 d\sigma, I_2 = \iint\limits_{D} (x+y)^3 d\sigma$,其中 D 是顶点分别为 $(1,0),(0,1),(1,1)$ 的三角形闭区域;

(3) $I_1 = \iint\limits_{D} \ln(x+y) d\sigma, I_2 = \iint\limits_{D} (x+y)^2 d\sigma, I_3 = \iint\limits_{D} (x+y) d\sigma$,其中 D 是由直线 $x = 0, y = 0, x + y = \frac{1}{2}, x + y = 1$ 围成的闭区域.

3. 利用二重积分的性质,估计下列积分的值:

(1) $I = \iint\limits_{D} \sqrt{4+xy} d\sigma$,其中 $D = \{(x,y) \mid 0 \leqslant x \leqslant 2, 0 \leqslant y \leqslant 2\}$;

(2) $I = \iint\limits_{D} (1-x) d\sigma$,其中 $D = \{(x,y) \mid x^2 + y^2 \leqslant 1\}$;

(3) $I = \iint\limits_{D} (x^2 + y^2 + 1) d\sigma$,其中 D 是两坐标轴与直线 $2x + y = 2$ 围成的闭区域.

9.2　二重积分的计算法

直接按二重积分的定义来计算二重积分,一般都很复杂,不是一种切实可行的方法.本节讨论二重积分的计算方法,其基本思想是把二重积分化为累次积分(即两次定积分)来计算.

9.2.1　利用直角坐标计算二重积分

下面利用二重积分的几何意义来阐明怎样把二重积分 $\iint\limits_{D} f(x,y) d\sigma$ 化为两次定积分.

设积分区域 D 可以用不等式

$$\varphi_1(x) \leqslant y \leqslant \varphi_2(x), \quad a \leqslant x \leqslant b$$

来表示(图 9-4),其中函数 $\varphi_1(x)$, $\varphi_2(x)$ 在区间 $[a,b]$ 上连续.

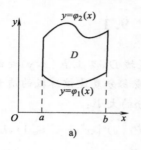 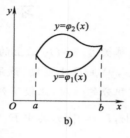

图 9-4

设 $f(x,y) \geqslant 0$,按照二重积分的几何意义,$\iint\limits_D f(x,y)\mathrm{d}\sigma$ 表示区域 D 上以曲面 $z=f(x,y)$ 为顶的曲顶柱体的体积.因此我们只要能求出曲顶柱体的体积,便得到了二重积分的值.下面我们应用第 6 章中计算"平行截面面积为已知的立体的体积"的方法,来计算这个曲顶柱体的体积.

先计算截面面积.为此,在区间 $[a,b]$ 上任意取定一点 x_0,过该点作平行于 yOz 面的平面,这个平面截曲顶柱体所得的截面是一个以区间 $[\varphi_1(x_0), \varphi_2(x_0)]$ 为底、曲线 $z=f(x_0,y)$ 为曲边的曲边梯形(图 9-5 中阴影部分),所以该截面的面积为

$$A(x_0) = \int_{\varphi_1(x_0)}^{\varphi_2(x_0)} f(x_0,y)\mathrm{d}y.$$

图 9-5

一般地,过区间 $[a,b]$ 上任一点 x 且平行于 yOz 面的平面截曲顶柱体所得截面的面积为

$$A(x) = \int_{\varphi_1(x)}^{\varphi_2(x)} f(x,y)\mathrm{d}y,$$

于是,应用计算平行截面面积为已知的立体体积的方法,得曲顶柱体体积为

$$V = \int_a^b A(x)\mathrm{d}x = \int_a^b \left[\int_{\varphi_1(x)}^{\varphi_2(x)} f(x,y)\mathrm{d}y \right]\mathrm{d}x.$$

这个体积也就是所求二重积分的值,故

$$\iint\limits_D f(x,y)\mathrm{d}\sigma = \int_a^b \left[\int_{\varphi_1(x)}^{\varphi_2(x)} f(x,y)\mathrm{d}y \right]\mathrm{d}x. \tag{9-2}$$

上式右端的积分叫做先对 y,后对 x 的**二次积分**.它的意思是,先把 x 看作固

定的，$f(x,y)$ 作为 y 的一元函数在 $[\varphi_1(x),\varphi_2(x)]$ 上对 y 求定积分，然后把算得的结果（是 x 的函数）再在 $[a,b]$ 上对 x 求定积分．这个先对 y、后对 x 的二次积分也常记作

$$\int_a^b \mathrm{d}x \int_{\varphi_1(x)}^{\varphi_2(x)} f(x,y)\mathrm{d}y.$$

因此，等式(9-2)也写成

$$\iint\limits_D f(x,y)\mathrm{d}\sigma = \int_a^b \mathrm{d}x \int_{\varphi_1(x)}^{\varphi_2(x)} f(x,y)\mathrm{d}y. \tag{9-3}$$

这就是把二重积分化为先对 y、后对 x 的二次积分的公式．

在上述讨论中，我们假定了 $f(x,y)\geqslant 0$，但实际上公式(9-3)对任意连续函数 $f(x,y)$ 都成立．

类似地，如果积分区域 D 可以用不等式

$$\psi_1(y)\leqslant x\leqslant\psi_2(y), \quad c\leqslant y\leqslant d$$

来表示(图 9-6)，其中函数 $\psi_1(y),\psi_2(y)$ 在区间 $[c,d]$ 上连续，那么就有

$$\iint\limits_D f(x,y)\mathrm{d}\sigma = \int_c^d \mathrm{d}y \int_{\psi_1(y)}^{\psi_2(y)} f(x,y)\mathrm{d}x. \tag{9-4}$$

上式右端的积分叫做先对 x、后对 y 的二次积分．

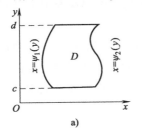 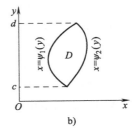

图　9-6

以后我们称图 9-4 所示的积分区域为 X 型区域，X 型区域 D 的特点是：穿过 D 内部且平行于 y 轴的直线与 D 的边界相交不多于两点；对 X 型区域 D，我们可用公式(9-3)把原二重积分化为先对 y、后对 x 的二次积分．类似地，我们称图 9-6 所示的积分区域为 Y 型区域，Y 型区域 D 的特点是：穿过 D 内部且平行于 x 轴的直线与 D 的边界相交不多于两点；对 Y 型区域 D，我们可用公式(9-4)把原二重积分化为先对 x、后对 y 的二次积分．

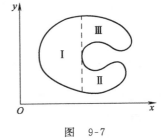

图　9-7

需要指出的是，如果区域 D 如图 9-7 那样，既不是 X 型区域，又不是 Y 型区域，我们可以把 D 分割成几个小部分，使每个部分是 X 型区域或是 Y 型区域．例如，在图 9-7 中，把 D 分成三部分，它们都是 X 型

区域,从而在这三部分上的二重积分都可应用公式(9-3).各部分上的二重积分求得后,根据二重积分的性质3,它们的和就是在 D 上的二重积分.

如果积分区域 D 既是 X 型的,可用不等式 $\varphi_1(x) \leq y \leq \varphi_2(x)$,$a \leq x \leq b$ 表示,又是 Y 型的,可用不等式 $\psi_1(y) \leq x \leq \psi_2(y)$,$c \leq y \leq d$ 表示(图9-8),则由公式(9-3)及(9-4)可得

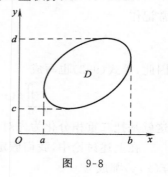

图 9-8

$$\int_a^b \mathrm{d}x \int_{\varphi_1(x)}^{\varphi_2(x)} f(x,y) \mathrm{d}y = \int_c^d \mathrm{d}y \int_{\psi_1(y)}^{\psi_2(y)} f(x,y) \mathrm{d}x.$$

上式表明,这两个不同次序的二次积分相等,都等于同一个二重积分.由此可知,在具体计算一个二重积分时,我们可以有目的地选择其中一种二次积分,使计算更为简便.

将二重积分化为二次积分时,确定积分限是一个关键,其一般步骤是:

(1)画出积分区域 D 的图形;

(2)若积分区域 D 是 X 型的(如图9-9所示),则先确定区域 D 上点的横坐标的变化范围 $[a,b]$,a 与 b 就是后对 x 积分的下限与上限;再在 $[a,b]$ 内部横坐标为 x 的点处,作 y 轴的平行线,该直线上 D 内的点的纵坐标从 $\varphi_1(x)$ 变到 $\varphi_2(x)$,它们就是先对 y 积分的下限与上限.

类似地,若积分区域 D 是 Y 型的(如图9-10所示),则先确定 D 上点的纵坐标的变化范围 $[c,d]$,c 与 d 就是后对 y 积分的下限与上限;再在 $[c,d]$ 内部纵坐标为 y 的点处,作 x 轴的平行线,该直线上 D 内的点的横坐标从 $\psi_1(y)$ 变到 $\psi_2(y)$,它们就是先对 x 积分的下限与上限.

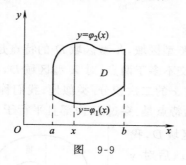

图 9-9

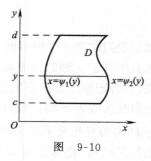

图 9-10

【例9-3】 把二重积分 $\iint\limits_D f(x,y)\mathrm{d}x\mathrm{d}y$ 化为两种次序的二次积分,其中 D 是由直线 $y=2x$,$y=0$ 及 $x=1$ 所围成的闭区域.

解 首先画出积分区域 D 的图形(图9-11),它是 X 型区域,D 上的点的横坐标的变化范围为 $[0,1]$;在 $[0,1]$ 内部横坐标为 x 的点处,作 y 轴的平行线,该直线

上 D 内的点的纵坐标从 0 变到 $2x$,利用公式(9-3)得

$$\iint\limits_{D} f(x,y)\mathrm{d}x\mathrm{d}y = \int_{0}^{1}\mathrm{d}x\int_{0}^{2x} f(x,y)\mathrm{d}y.$$

由图 9-12 又知,D 是 Y 型区域,D 上的点的纵坐标的变化范围为$[0,2]$;在 $[0,2]$内部纵坐标为 y 的点处,作 x 轴的平行线,该直线上 D 内的点的横坐标从 $\dfrac{y}{2}$ 变到 1,利用公式(9-4)得

$$\iint\limits_{D} f(x,y)\mathrm{d}x\mathrm{d}y = \int_{0}^{2}\mathrm{d}y\int_{\frac{y}{2}}^{1} f(x,y)\mathrm{d}x.$$

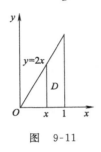

图　9-11

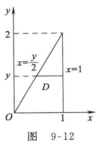

图　9-12

【例 9-4】　计算 $\iint\limits_{D} xy\mathrm{d}x\mathrm{d}y$,其中 D 是由直线 $x-y+2=0$ 及抛物线 $y=x^2$ 所围成的闭区域.

解　画出积分区域 D 的图形(图 9-13),D 既是 X 型区域又是 Y 型区域. 先将 D 看作 X 型区域,利用公式(9-3),则有

$$\begin{aligned}
\iint\limits_{D} xy\mathrm{d}x\mathrm{d}y &= \int_{-1}^{2}\mathrm{d}x\int_{x^2}^{x+2} xy\,\mathrm{d}y\\
&= \int_{-1}^{2}\left[\frac{1}{2}xy^2\right]_{x^2}^{x+2}\mathrm{d}x\\
&= \frac{1}{2}\int_{-1}^{2}\left[x(x+2)^2 - x^5\right]\mathrm{d}x\\
&= \frac{1}{2}\left[\frac{1}{4}x^4 + \frac{4}{3}x^3 + 2x^2 - \frac{1}{6}x^6\right]_{-1}^{2} = \frac{45}{8}.
\end{aligned}$$

若将 D 看作 Y 型区域,则需用经过点$(-1,1)$且平行于 x 轴的直线 $y=1$ 把区域 D 分成 D_1 与 D_2 两部分(图 9-14),其中

$$D_1 = \{(x,y)\mid -\sqrt{y}\leqslant x\leqslant\sqrt{y}, 0\leqslant y\leqslant 1\},$$
$$D_2 = \{(x,y)\mid y-2\leqslant x\leqslant\sqrt{y}, 1\leqslant y\leqslant 4\}.$$

根据二重积分关于积分区域的可加性及公式(9-4),就有

$$\iint\limits_{D} xy\mathrm{d}x\mathrm{d}y = \iint\limits_{D_1} xy\mathrm{d}x\mathrm{d}y + \iint\limits_{D_2} xy\mathrm{d}x\mathrm{d}y$$

$$= \int_0^1 dy \int_{-\sqrt{y}}^{\sqrt{y}} xy\,dx + \int_1^4 dy \int_{y-2}^{\sqrt{y}} xy\,dx.$$

由此可见,本题若将 D 看作 Y 型区域用公式(9-4)计算比较麻烦.

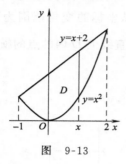

图 9-13

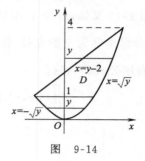

图 9-14

【例 9-5】 计算 $\iint\limits_D \dfrac{\sin y}{y}dxdy$,其中 D 是由直线 $y=x$ 及抛物线 $y^2=x$ 所围成的闭区域.

解 画出积分区域 D 的图形,D 既是 X 型区域又是 Y 型区域.我们按 Y 型区域(图 9-15)来计算,先对 x 后对 y 积分,得

$$\iint\limits_D \frac{\sin y}{y}dxdy = \int_0^1 dy \int_{y^2}^{y} \frac{\sin y}{y}dx$$

$$= \int_0^1 \frac{\sin y}{y}\Big[x\Big]_{y^2}^{y} dy$$

$$= \int_0^1 (1-y)\sin y\,dy = 1 - \sin 1.$$

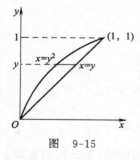

图 9-15

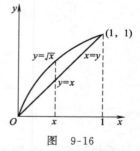

图 9-16

如果将 D 看作 X 型区域(图 9-16),先对 y 后对 x 积分,则有

$$\iint\limits_D \frac{\sin y}{y}dxdy = \int_0^1 dx \int_{x}^{\sqrt{x}} \frac{\sin y}{y}dy,$$

由于 $\dfrac{\sin y}{y}$ 的原函数不能用初等函数来表达,所以上式就无法往下计算了.

上述例 9-4、例 9-5 说明,在将二重积分化为二次积分时,为了计算简便可行,需要选择恰当的二次积分的次序.这时,既要考虑积分区域 D 的形状,又要考虑被

积函数 $f(x,y)$ 的特性.

【例 9-6】　交换二次积分 $\int_1^2 \mathrm{d}x \int_{\frac{1}{x}}^x f(x,y)\mathrm{d}y$ 的次序.

解　与题设二次积分对应的二重积分 $\iint\limits_D f(x,$

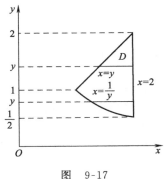

$y)\mathrm{d}x\mathrm{d}y$ 的积分区域为

$$D:\quad 1\leqslant x\leqslant 2,\quad \frac{1}{x}\leqslant y\leqslant x,$$

于是可作出 D 的图形(图 9-17),再将 D 看作 Y 型区域,先对 x 后对 y 积分,则有

$$\int_1^2 \mathrm{d}x \int_{\frac{1}{x}}^x f(x,y)\mathrm{d}y = \int_{\frac{1}{2}}^1 \mathrm{d}y \int_{\frac{1}{y}}^2 f(x,y)\mathrm{d}x +$$

$$\int_1^2 \mathrm{d}y \int_y^2 f(x,y)\mathrm{d}x.$$

图　9-17

【例 9-7】　求两个圆柱面 $x^2+y^2=R^2$,$x^2+z^2=R^2$ 所围成的立体的体积.

解　由于立体关于坐标平面对称,故只要算出它在第一卦限部分(图 9-18a)的体积 V_1,然后再乘以 8 即可.

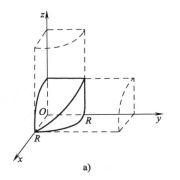
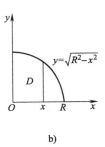

图　9-18

易见所求立体在第一卦限部分可以看成一个曲顶柱体,它的底为

$$D=\{(x,y)\,|\,0\leqslant y\leqslant \sqrt{R^2-x^2},0\leqslant x\leqslant R\},$$

其图形如图 9-18b 所示.它的顶为曲面

$$z=\sqrt{R^2-x^2},$$

于是

$$V_1 = \iint\limits_D \sqrt{R^2-x^2}\,\mathrm{d}\sigma$$

$$= \int_0^R \mathrm{d}x \int_0^{\sqrt{R^2-x^2}} \sqrt{R^2-x^2}\,\mathrm{d}y$$

$$= \int_0^R (R^2 - x^2)\,\mathrm{d}x = \frac{2}{3}R^3,$$

从而所求体积为

$$V = 8V_1 = \frac{16}{3}R^3.$$

9.2.2 利用极坐标计算二重积分

有些二重积分,积分区域的边界曲线用极坐标方程来表示比较方便,且被积函数在极坐标系下的表达式也比较简单,此时我们就可以考虑利用极坐标来计算二重积分.

依二重积分的定义

$$\iint\limits_D f(x,y)\,\mathrm{d}\sigma = \lim_{\lambda \to 0} \sum_{i=1}^n f(\xi_i, \eta_i)\Delta\sigma_i,$$

下面来研究上式右端的和式的极限在极坐标系中的表达式.

假定从极点 O 出发且穿过闭区域 D 内部的射线与 D 的边界曲线相交不多于两点. 我们用一族同心圆:$\rho = $ 常数,以及一族射线:$\theta = $ 常数,把 D 分成 n 个小闭区域(图 9-19).除了包含边界点的一些小闭区域外,小闭区域的面积为

$$\begin{aligned}
\Delta\sigma_i &= \frac{1}{2}(\rho_i + \Delta\rho_i)^2 \Delta\theta_i - \frac{1}{2}\rho_i^2 \Delta\theta_i \\
&= \frac{1}{2}(2\rho_i + \Delta\rho_i)\Delta\rho_i \cdot \Delta\theta_i \\
&= \frac{\rho_i + (\rho_i + \Delta\rho_i)}{2} \cdot \Delta\rho_i \cdot \Delta\theta_i \\
&= \overline{\rho_i} \cdot \Delta\rho_i \cdot \Delta\theta_i.
\end{aligned}$$

其中 $\overline{\rho_i} = \dfrac{\rho_i + (\rho_i + \Delta\rho_i)}{2}$ 是相邻两个同心圆半径的

平均值.

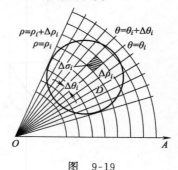

图 9-19

在小区域 $\Delta\sigma_i$ 内取圆周 $\rho = \overline{\rho_i}$ 上的点 $(\overline{\rho_i}, \overline{\theta_i})$,则由直角坐标与极坐标之间的关系得

$$\xi_i = \overline{\rho_i}\cos\overline{\theta_i}, \quad \eta_i = \overline{\rho_i}\sin\overline{\theta_i}.$$

于是

$$\begin{aligned}
\iint\limits_D f(x,y)\,\mathrm{d}\sigma &= \lim_{\lambda \to 0} \sum_{i=1}^n f(\xi_i, \eta_i)\Delta\sigma_i \\
&= \lim_{\lambda \to 0} \sum_{i=1}^n f(\overline{\rho_i}\cos\overline{\theta_i}, \overline{\rho_i}\sin\overline{\theta_i}) \cdot \overline{\rho_i}\Delta\rho_i\Delta\theta_i \\
&= \iint\limits_D f(\rho\cos\theta, \rho\sin\theta)\rho\,\mathrm{d}\rho\,\mathrm{d}\theta.
\end{aligned} \tag{9-5}$$

为了便于记忆,把上式看成是二重积分的一种变量代换:$x=\rho\cos\theta,y=\rho\sin\theta$,在此代换下,面积微元 $\mathrm{d}\sigma=\rho\,\mathrm{d}\rho\,\mathrm{d}\theta$.

　　与直角坐标系下二重积分类似,极坐标系下二重积分同样可以化为二次积分来计算.设积分区域 D 可以用不等式

$$\varphi_1(\theta)\leqslant\rho\leqslant\varphi_2(\theta),\quad\alpha\leqslant\theta\leqslant\beta$$

来表示(图 9-20),其中 $\varphi_1(\theta),\varphi_2(\theta)$ 连续,则

$$\iint\limits_{D}f(\rho\cos\theta,\rho\sin\theta)\rho\,\mathrm{d}\rho\,\mathrm{d}\theta=\int_{\alpha}^{\beta}\mathrm{d}\theta\int_{\varphi_1(\theta)}^{\varphi_2(\theta)}f(\rho\cos\theta,\rho\sin\theta)\rho\,\mathrm{d}\rho.\qquad(9\text{-}6)$$

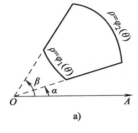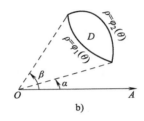

图　9-20

　　在极坐标下二重积分化为二次积分的上述公式中,关键是积分上、下限的确定,其基本方法是:

　　(1)确定区域 D 上点的极角的变化范围$[\alpha,\beta]$,α,β 就是后对 θ 积分的下限与上限;

　　(2)在$[\alpha,\beta]$内任意取定一个 θ 值,作极点出发极角为 θ 的射线,若该射线上 D 内的点的极径从 $\varphi_1(\theta)$ 变到 $\varphi_2(\theta)$(图 9-21),则它们就是先对 ρ 积分的下限与上限.

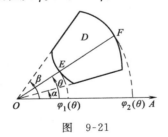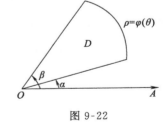

图　9-21　　　　　　　　　　　　　　　　图 9-22

　　特别地,当积分区域 D 是图 9-22 所示的曲边扇形时,可以把它看做图 9-20a 中 $\varphi_1(\theta)=0,\varphi_2(\theta)=\varphi(\theta)$ 的特例.此时区域 D 可表示为

$$0\leqslant\rho\leqslant\varphi(\theta),\quad\alpha\leqslant\theta\leqslant\beta,$$

而公式(9-6)成为

$$\iint\limits_{D}f(\rho\cos\theta,\rho\sin\theta)\rho\,\mathrm{d}\rho\,\mathrm{d}\theta=\int_{\alpha}^{\beta}\mathrm{d}\theta\int_{0}^{\varphi(\theta)}f(\rho\cos\theta,\rho\sin\theta)\rho\,\mathrm{d}\rho.$$

　　当积分区域 D 如图 9-23 所示,极点在 D 的内部时,可以把它看做图 9-22 中

$\alpha=0,\beta=2\pi$ 的特例. 此时区域 D 可表示为
$$0\leqslant\rho\leqslant\varphi(\theta),\quad 0\leqslant\theta\leqslant2\pi,$$
而公式（9-6）成为
$$\iint\limits_{D}f(\rho\cos\theta,\rho\sin\theta)\rho\mathrm{d}\rho\mathrm{d}\theta=$$
$$\int_{0}^{2\pi}\mathrm{d}\theta\int_{0}^{\varphi(\theta)}f(\rho\cos\theta,\rho\sin\theta)\rho\mathrm{d}\rho.$$

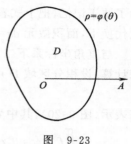

图　9-23

【例 9-8】　计算二重积分 $\iint\limits_{D}\mathrm{e}^{-x^2-y^2}\mathrm{d}\sigma$，其中 $D:x^2+y^2\leqslant a^2(a>0)$.

解　画出积分区域 D 的图形（图 9-24），D 上点的极角的变化范围为 $[0,2\pi]$；对 $[0,2\pi]$ 内任意一个 θ 值，作极点出发极角为 θ 的射线，该射线上 D 内的点的极径从 0 变到 a. 由公式（9-5）及（9-6）得

$$\iint\limits_{D}\mathrm{e}^{-x^2-y^2}\mathrm{d}\sigma=\iint\limits_{D}\mathrm{e}^{-\rho^2}\cdot\rho\mathrm{d}\rho\mathrm{d}\theta=\int_{0}^{2\pi}\mathrm{d}\theta\int_{0}^{a}\rho\mathrm{e}^{-\rho^2}\mathrm{d}\rho$$
$$=\int_{0}^{2\pi}\left[-\frac{1}{2}\mathrm{e}^{-\rho^2}\right]_{0}^{a}\mathrm{d}\theta=\frac{1}{2}(1-\mathrm{e}^{-a^2})\int_{0}^{2\pi}\mathrm{d}\theta$$
$$=\pi(1-\mathrm{e}^{-a^2}).$$

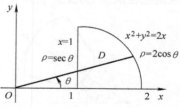

图　9-24

【例 9-9】　计算 $\iint\limits_{D}\dfrac{y}{x\,\sqrt{x^2+y^2}}\mathrm{d}x\mathrm{d}y$，其中 $D=\{(x,y)\mid x^2+y^2\leqslant2x,x\geqslant1,y\geqslant0\}$.

解　积分区域 D 的图形如图 9-25 所示，D 上点的极角的变化范围为 $\left[0,\dfrac{\pi}{4}\right]$；对 $\left[0,\dfrac{\pi}{4}\right]$ 内任意一个 θ 值，作极点出发极角为 θ 的射线，该射线上 D 内的点的极径从 $\sec\theta$ 变到 $2\cos\theta$. 由公式（9-5）及公式（9-6）得

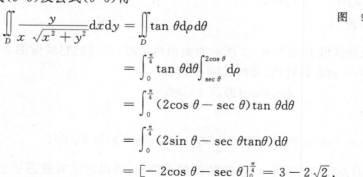

图　9-25

$$\iint\limits_{D}\frac{y}{x\,\sqrt{x^2+y^2}}\mathrm{d}x\mathrm{d}y=\iint\limits_{D}\tan\theta\rho\mathrm{d}\rho\mathrm{d}\theta$$
$$=\int_{0}^{\frac{\pi}{4}}\tan\theta\mathrm{d}\theta\int_{\sec\theta}^{2\cos\theta}\mathrm{d}\rho$$
$$=\int_{0}^{\frac{\pi}{4}}(2\cos\theta-\sec\theta)\tan\theta\mathrm{d}\theta$$
$$=\int_{0}^{\frac{\pi}{4}}(2\sin\theta-\sec\theta\tan\theta)\mathrm{d}\theta$$
$$=[-2\cos\theta-\sec\theta]_{0}^{\frac{\pi}{4}}=3-2\sqrt{2}.$$

【例 9-10】 计算球面 $x^2+y^2+z^2=4a^2(a>0)$ 含在圆柱面 $x^2+y^2=2ay$ 内的那部分立体的体积.

解 图 9-26a 是立体的 $\frac{1}{4}$ 部分(第一卦限部分),它可以看成一个曲顶柱体,其底 D 的图形如图 9-26b 所示,其顶为曲面

$$z=\sqrt{4a^2-x^2-y^2},$$

于是所求体积

$$V=4\iint\limits_{D}\sqrt{4a^2-x^2-y^2}\,\mathrm{d}\sigma.$$

利用极坐标计算上述二重积分,得

$$V=4\iint\limits_{D}\sqrt{4a^2-\rho^2}\,\rho\,\mathrm{d}\rho\,\mathrm{d}\theta$$

$$=4\int_0^{\frac{\pi}{2}}\mathrm{d}\theta\int_0^{2a\sin\theta}\rho\,\sqrt{4a^2-\rho^2}\,\mathrm{d}\rho$$

$$=\frac{32}{3}a^3\int_0^{\frac{\pi}{2}}(1-\cos^3\theta)\mathrm{d}\theta=\frac{32}{3}a^3\left(\frac{\pi}{2}-\frac{2}{3}\right).$$

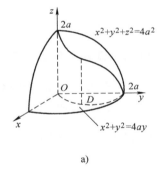
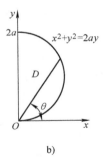

a)   b)

图 9-26

习 题 9.2

1. 计算下列二重积分:

(1) $\iint\limits_{D}(x-y)\mathrm{d}\sigma$,其中 $D=\{(x,y)\mid 0\leqslant x\leqslant 2,0\leqslant y\leqslant 1\}$;

(2) $\iint\limits_{D}(x^2+y^2)\mathrm{d}\sigma$,其中 D 是由两坐标轴及直线 $x+y=1$ 所围成的闭区域;

(3) $\iint\limits_{D}x\cos(x+y)\mathrm{d}\sigma$,其中 D 是顶点分别为 $(0,0),(\pi,0),(\pi,\pi)$ 的三角形闭

区域；

(4) $\iint\limits_{D}(x+2y-1)\mathrm{d}\sigma$，其中 $D=\{(x,y)\mid 0\leqslant x\leqslant 2y^{2},0\leqslant y\leqslant 1\}$.

2. 画出积分区域，并计算下列二重积分：

(1) $\iint\limits_{D}x\sqrt{y}\mathrm{d}\sigma$，其中 D 是由两条抛物线 $y=x^{2},y=\sqrt{x}$ 所围成的闭区域；

(2) $\iint\limits_{D}\dfrac{\sin x}{x}\mathrm{d}\sigma$，其中 D 是由 $x=y,x=2y,x=2$ 所围成的闭区域；

(3) $\iint\limits_{D}\mathrm{e}^{x+y}\mathrm{d}\sigma$，其中 $D=\{(x,y)\mid |x|+|y|\leqslant 1\}$；

(4) $\iint\limits_{D}(x^{2}-y^{2})\mathrm{d}\sigma$，其中 D 是由直线 $y=x,y=2x,y=2$ 所围成的闭区域.

3. 化二重积分 $I=\iint\limits_{D}f(x,y)\mathrm{d}\sigma$ 为二次积分（分别给出两种不同的积分次序），其中积分区域 D 分别为：

(1) 由两坐标轴及直线 $2x+y=2$ 所围成的闭区域；

(2) 由 $y^{2}=x$ 及 $x=1$ 所围成的闭区域；

(3) 由 $y=\dfrac{1}{x},y=x$ 及 $x=3$ 所围成的闭区域.

4. 如果二重积分 $\iint\limits_{D}f(x,y)\mathrm{d}\sigma$ 的被积函数 $f(x,y)$ 是两个单变量函数 $f_{1}(x)$ 与 $f_{2}(y)$ 的乘积，即 $f(x,y)=f_{1}(x)\cdot f_{2}(y)$，积分区域是矩形区域 $D=\{(x,y)\mid a\leqslant x\leqslant b,c\leqslant y\leqslant d\}$，证明这个二重积分等于两个单积分的乘积，即：

$$\iint\limits_{D}f_{1}(x)\cdot f_{2}(y)\mathrm{d}\sigma=\left[\int_{a}^{b}f_{1}(x)\mathrm{d}x\right]\cdot\left[\int_{c}^{d}f_{2}(y)\mathrm{d}y\right].$$

5. 交换下列二次积分的次序：

(1) $\displaystyle\int_{0}^{1}\mathrm{d}x\int_{0}^{x}f(x,y)\mathrm{d}y$；

(2) $\displaystyle\int_{0}^{2}\mathrm{d}y\int_{y^{2}}^{2y}f(x,y)\mathrm{d}x$；

(3) $\displaystyle\int_{-1}^{1}\mathrm{d}x\int_{1}^{\sqrt{2-x^{2}}}f(x,y)\mathrm{d}y$；

(4) $\displaystyle\int_{0}^{1}\mathrm{d}y\int_{y}^{2-y}f(x,y)\mathrm{d}x$；

(5) $\displaystyle\int_{0}^{\frac{1}{2}}\mathrm{d}x\int_{x}^{2x}f(x,y)\mathrm{d}y+\int_{\frac{1}{2}}^{1}\mathrm{d}x\int_{x}^{1}f(x,y)\mathrm{d}y$.

6. 交换积分次序，证明 $\displaystyle\int_{0}^{1}\mathrm{d}y\int_{0}^{\sqrt{y}}\mathrm{e}^{y}f(x)\mathrm{d}x=\int_{0}^{1}(\mathrm{e}-\mathrm{e}^{x^{2}})f(x)\mathrm{d}x$.

7. 证明：$\displaystyle\int_{1}^{3}\mathrm{d}x\int_{1}^{x}f(x,y)\mathrm{d}y=\int_{1}^{3}\mathrm{d}y\int_{y}^{3}f(x,y)\mathrm{d}x$.

8. 设平面薄片所占的闭区域 D 由直线 $x+y=2,y=x$ 和 x 轴所围成，它的面密度 $\rho(x,y)=x^{2}+y^{2}$，求该薄片的质量.

9. 计算由四个平面 $x=0, x=1, y=0, y=1$ 所围成的柱体被平面 $z=0$ 及 $x+y+z=2$ 截得的立体的体积.

10. 求由平面 $x=0, y=0, z=0, 2x+y=4$ 及抛物面 $z=x^2+y^2$ 所围成的立体的体积.

11. 画出积分区域, 把积分 $\iint\limits_{D} f(x,y)\mathrm{d}x\mathrm{d}y$ 表示为极坐标形式的二次积分, 其中积分区域 D 是:

(1) $\{(x,y) \mid x^2+y^2 \leqslant 9\}$;

(2) $\{(x,y) \mid a^2 \leqslant x^2+y^2 \leqslant b^2\}$ $(b>a>0)$;

(3) $\{(x,y) \mid x^2+y^2 \leqslant y\}$;

(4) $\{(x,y) \mid 0 \leqslant x \leqslant y \leqslant 1\}$;

(5) $\{(x,y) \mid x^2+y^2 \leqslant 2x, x+y \geqslant 2\}$.

12. 化下列二次积分为极坐标形式的二次积分:

(1) $\displaystyle\int_0^1 \mathrm{d}x \int_x^{\sqrt{3}x} f(x,y)\mathrm{d}y$;

(2) $\displaystyle\int_0^a \mathrm{d}x \int_0^a f(x^2+y^2)\mathrm{d}y$ $(a>0)$;

(3) $\displaystyle\int_0^2 \mathrm{d}y \int_0^{\sqrt{2y-y^2}} f(x,y)\mathrm{d}x$;

(4) $\displaystyle\int_0^1 \mathrm{d}y \int_{\sqrt{y}}^1 f(x-y)\mathrm{d}x$.

13. 把下列积分化为极坐标形式, 并计算积分值:

(1) $\displaystyle\int_{-2}^2 \mathrm{d}x \int_0^{\sqrt{4-x^2}} (x^2+y^2)\mathrm{d}y$;

(2) $\displaystyle\int_0^1 \mathrm{d}x \int_{x^2}^x (x^2+y^2)^{-\frac{1}{2}}\mathrm{d}y$;

(3) $\displaystyle\int_0^2 \mathrm{d}x \int_0^{\sqrt{2x-x^2}} \sqrt{x^2+y^2}\mathrm{d}y$;

(4) $\displaystyle\int_0^a \mathrm{d}y \int_{-\sqrt{a^2-y^2}}^{\sqrt{a^2-y^2}} \mathrm{e}^{-(x^2+y^2)}\mathrm{d}x$ $(a>0)$.

14. 利用极坐标计算下列二重积分:

(1) $\iint\limits_{D} \sqrt{x^2+y^2}\mathrm{d}\sigma$, 其中 D 由圆周 $x^2+y^2=9$ 所围成的闭区域;

(2) $\iint\limits_{D} \sin(x^2+y^2)\mathrm{d}\sigma$, 其中 $D=\{(x,y) \mid \pi^2 \leqslant x^2+y^2 \leqslant 4\pi^2\}$;

(3) $\iint\limits_{D} \arctan\dfrac{y}{x}\mathrm{d}\sigma$, 其中 D 由圆周 $x^2+y^2=4, x^2+y^2=1$ 及直线 $y=0, y=x$ 所围成的在第一象限内的闭区域;

(4) $\iint\limits_{D} \ln(1+x^2+y^2)\mathrm{d}\sigma$, 其中 $D=\{(x,y) \mid x^2+y^2 \leqslant 1, x \geqslant 0, y \geqslant 0\}$.

15. 选用适当的坐标计算下列各题:

(1) $\iint\limits_{D} (x^2+y^2)\mathrm{d}\sigma$, 其中 D 是由直线 $y=x, y=3x, x=1$ 所围成的闭区域;

(2) $\iint\limits_{D} \dfrac{\mathrm{d}\sigma}{\sqrt{x^2+y^2}}$, 其中 $D=\{(x,y) \mid x^2+y^2 \leqslant y, x \geqslant 0\}$;

(3) $\iint\limits_{D} \dfrac{y^2}{x^2}\mathrm{d}\sigma$，其中 D 是由直线 $y=2$，$y=x$ 及曲线 $xy=1$ 所围成的闭区域；

(4) $\iint\limits_{D} \sqrt{\dfrac{1-x^2-y^2}{1+x^2+y^2}}\mathrm{d}\sigma$，其中 D 是由圆周 $x^2+y^2=1$ 及坐标轴所围成的在第

一象限内的闭区域.

16. 求曲面 $z=6-x^2-y^2$ 与平面 $z=0$ 围成立体的体积.

17. 求圆柱面 $x^2+y^2=ay$ 被平面 $z=0$ 及抛物面 $z=x^2+y^2$ 截得的立体的体积.

9.3 重积分的应用

9.3.1 曲面的面积

设曲面 S 由方程

$$z=f(x,y)$$

给出，曲面 S 在 xOy 面上的投影区域为 D_{xy}，函数 $f(x,y)$ 在 D_{xy} 上具有连续的一阶偏导数. 我们用类似于定积分微元法的二重积分的微元法来计算曲面 S 的面积 A.

在闭区域 D_{xy} 上任取一直径很小的闭区域 $\mathrm{d}\sigma$（该小闭区域的面积也记作 $\mathrm{d}\sigma$）.

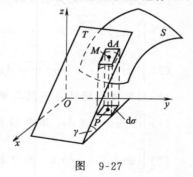

图 9-27

在 $\mathrm{d}\sigma$ 上取一点 $P(x,y)$，对应地曲面 S 上有一点 $M(x,y,f(x,y))$，过点 M 作曲面 S 的切平面 T. 以小闭区域 $\mathrm{d}\sigma$ 的边界为准线作母线平行于 z 轴的柱面，此柱面在曲面 S 上截下一小片曲面，在切平面 T 上截下一小片平面（图 9-27）. 由于 $\mathrm{d}\sigma$ 的直径很小，所以可以用切平面 T 上的那一小片平面的面积 $\mathrm{d}A$ 来近似代替相应的那小片曲面的面积. 由于曲面 S：$z=f(x,y)$ 在点 M 处指向朝上的一个法向量是

$$\boldsymbol{n}=(-f_x(x,y),\ -f_y(x,y),\ 1),$$

故 $\boldsymbol{n}$ 与 z 轴正向的夹角 γ 的余弦为

$$\cos\gamma=\frac{1}{\sqrt{1+f_x^2(x,y)+f_y^2(x,y)}},$$

而小片切平面的面积满足关系式（证明从略，几何上是明显的）

$$\mathrm{d}A=\frac{\mathrm{d}\sigma}{\cos\gamma},$$

所以

$$\mathrm{d}A=\sqrt{1+f_x^2(x,y)+f_y^2(x,y)}\,\mathrm{d}\sigma,$$

这就是曲面 S 的面积微元,以它为被积表达式在闭区域 D_{xy} 上积分,便得曲面的面积公式

$$A = \iint\limits_{D_{xy}} \sqrt{1 + f_x'^2(x,y) + f_y'^2(x,y)}\,\mathrm{d}\sigma = \iint\limits_{D_{xy}} \sqrt{1 + \left(\frac{\partial z}{\partial x}\right)^2 + \left(\frac{\partial z}{\partial y}\right)^2}\,\mathrm{d}x\mathrm{d}y.$$

$$(9\text{-}7)$$

类似地,若曲面的方程为 $x = g(y,z)$ 或 $y = g(z,x)$,则分别把曲面投影到 yOz 面或 zOx 面,其投影区域分别为 D_{yz} 或 D_{zx},曲面的面积为

$$A = \iint\limits_{D_{yz}} \sqrt{1 + \left(\frac{\partial x}{\partial y}\right)^2 + \left(\frac{\partial x}{\partial z}\right)^2}\,\mathrm{d}y\mathrm{d}z$$

或

$$A = \iint\limits_{D_{zx}} \sqrt{1 + \left(\frac{\partial y}{\partial z}\right)^2 + \left(\frac{\partial y}{\partial x}\right)^2}\,\mathrm{d}z\mathrm{d}x.$$

【例 9-11】 求曲面 $z = xy$ 被圆柱面 $x^2 + y^2 = 1$ 所割下部分的面积.

解 由 $z = xy$ 得 $\dfrac{\partial z}{\partial x} = y$,$\dfrac{\partial z}{\partial y} = x$,按公式(9-7)得

$$A = \iint\limits_{D_{xy}} \sqrt{1 + \left(\frac{\partial z}{\partial x}\right)^2 + \left(\frac{\partial z}{\partial y}\right)^2}\,\mathrm{d}x\mathrm{d}y = \iint\limits_{D_{xy}} \sqrt{1 + x^2 + y^2}\,\mathrm{d}x\mathrm{d}y,$$

其中 $D_{xy} = \{(x,y) \mid x^2 + y^2 \leqslant 1\}$,利用极坐标计算上述二重积分,得

$$A = \iint\limits_{D_{xy}} \sqrt{1 + \rho^2}\,\rho\,\mathrm{d}\rho\mathrm{d}\theta = \int_0^{2\pi} \mathrm{d}\theta \int_0^1 \rho\sqrt{1 + \rho^2}\,\mathrm{d}\rho = \frac{2}{3}\pi(2\sqrt{2} - 1).$$

9.3.2 平面薄片的质心

由力学知道,位于 xOy 平面上的 n 个质点,如果其坐标分别为 (x_1, y_1),(x_2, y_2),$\cdots$,(x_n, y_n),质量依次为 $m_1, m_2, \cdots, m_n$,则该质点系的质心坐标为

$$\bar{x} = \frac{M_y}{M} = \frac{\sum\limits_{i=1}^{n} m_i x_i}{\sum\limits_{i=1}^{n} m_i}, \quad \bar{y} = \frac{M_x}{M} = \frac{\sum\limits_{i=1}^{n} m_i y_i}{\sum\limits_{i=1}^{n} m_i},$$

其中 $M = \sum\limits_{i=1}^{n} m_i$ 为该质点系的总质量.

现设平面薄片占有 xOy 面上的有界闭区域 D,在点 (x,y) 处的面密度为 $\mu(x, y)$,其中 $\mu(x,y)$ 在 D 上连续,求该薄片的质心的坐标.

在闭区域 D 上任取一直径很小的闭区域 $\mathrm{d}\sigma$(该小闭区域的面积也记作 $\mathrm{d}\sigma$),(x,y) 是这小闭区域上的一个点.由于 $\mathrm{d}\sigma$ 的直径很小,且 $\mu(x,y)$ 在 D 上连续,所

以薄片中相应于 $d\sigma$ 的部分的质量近似等于
$$dM = \mu(x, y)d\sigma,$$
这部分质量可近似看做集中在点 (x, y) 上,于是 M_y, M_x 的微元为
$$dM_y = x\mu(x, y)d\sigma, \quad dM_x = y\mu(x, y)d\sigma,$$
以这些微元为被积表达式,在闭区域 D 上积分,便得
$$M = \iint\limits_D \mu(x, y)d\sigma, \quad M_y = \iint\limits_D x\mu(x, y)d\sigma, \quad M_x = \iint\limits_D y\mu(x, y)d\sigma.$$
所以,薄片的质心的坐标为
$$\overline{x} = \frac{M_y}{M} = \frac{\iint\limits_D x\mu(x, y)d\sigma}{\iint\limits_D \mu(x, y)d\sigma}, \quad \overline{y} = \frac{M_x}{M} = \frac{\iint\limits_D y\mu(x, y)d\sigma}{\iint\limits_D \mu(x, y)d\sigma}.$$

特别地,若薄片是均匀的,即面密度 $\mu(x, y) =$ 常数,所求平面薄片的质心也就是它的形状中心(称为**形心**),其坐标为
$$\overline{x} = \frac{1}{A}\iint\limits_D x\,d\sigma, \quad \overline{y} = \frac{1}{A}\iint\limits_D y\,d\sigma,$$
其中 $A = \iint\limits_D d\sigma$ 为闭区域 D 的面积.

【例 9-12】 求位于两圆 $\rho = 2\cos\theta$ 和 $\rho = 4\cos\theta$ 之间的均匀薄片的质心(图 9-28).

解 因为两圆 $\rho = 2\cos\theta$ 和 $\rho = 4\cos\theta$ 围成的闭区域关于 x 轴对称,所以质心 $C(\overline{x}, \overline{y})$ 必位于 x 轴上,于是 $\overline{y} = 0$.

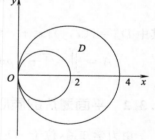

图 9-28

再按公式
$$\overline{x} = \frac{1}{A}\iint\limits_D x\,d\sigma$$
计算 $\overline{x}$. 由于两圆的半径分别为 1 和 2,故闭区域 D 的面积 $A = 3\pi$. 再利用极坐标计算上式右端的二重积分,得
$$\iint\limits_D x\,d\sigma = \iint\limits_D \rho^2\cos\theta\,d\rho\,d\theta = \int_{-\frac{\pi}{2}}^{\frac{\pi}{2}}\cos\theta\,d\theta\int_{2\cos\theta}^{4\cos\theta}\rho^2\,d\rho$$
$$= \frac{56}{3}\int_{-\frac{\pi}{2}}^{\frac{\pi}{2}}\cos^4\theta\,d\theta = 7\pi.$$
因此
$$\overline{x} = \frac{7\pi}{3\pi} = \frac{7}{3},$$
所求质心为 $C\left(\frac{7}{3}, 0\right)$.

9.3.3　平面薄片的转动惯量

由力学知道,位于 xOy 平面上的 n 个质点,如果其坐标分别为 (x_1, y_1), (x_2, y_2), $\cdots$, (x_n, y_n),质量依次为 $m_1, m_2, \cdots, m_n$,则该质点系对于 x 轴、y 轴以及通过原点 O 而垂直于 xOy 平面的轴(记为 z 轴)的转动惯量依次为

$$I_x = \sum_{i=1}^{n} y_i^2 m_i, \quad I_y = \sum_{i=1}^{n} x_i^2 m_i, \quad I_z = \sum_{i=1}^{n} (x_i^2 + y_i^2) m_i.$$

现设平面薄片占有 xOy 面上的有界闭区域 D,在点 (x, y) 处的面密度为 $\mu(x, y)$,其中 $\mu(x, y)$ 在 D 上连续,求该薄片的转动惯量 I_x, I_y 及 I_z.

在闭区域 D 上任取一直径很小的闭区域 $d\sigma$(该小闭区域的面积也记作 $d\sigma$),(x, y) 是这小闭区域上的一个点. 由于 $d\sigma$ 的直径很小,且 $\mu(x, y)$ 在 D 上连续,所以薄片中相应于 $d\sigma$ 的部分的质量近似等于 $\mu(x, y)d\sigma$,这部分质量可近似看做集中在点 (x, y) 上,于是各转动惯量的微元为

$$dI_x = y^2 \mu(x, y)d\sigma, \quad dI_y = x^2 \mu(x, y)d\sigma, \quad dI_z = (x^2 + y^2)\mu(x, y)d\sigma,$$

以这些微元为被积表达式,在闭区域 D 上积分,便得

$$I_x = \iint_D y^2 \mu(x, y)d\sigma, \quad I_y = \iint_D x^2 \mu(x, y)d\sigma, \quad I_z = \iint_D (x^2 + y^2)\mu(x, y)d\sigma.$$

【例 9-13】　已知均匀半圆薄片(面密度为常数 μ)所占闭区域(图 9-29)为 $D = \{(x, y) \mid -a \leqslant x \leqslant a, 0 \leqslant y \leqslant \sqrt{a^2 - x^2}\}$,求其对 x 轴的转动惯量.

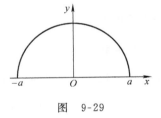

图　9-29

解　
$$\begin{aligned}
I_x &= \iint_D \mu y^2 d\sigma = \mu \iint_D \rho^3 \sin^2 \theta d\rho d\theta \\
&= \mu \int_0^\pi \sin^2 \theta d\theta \int_0^a \rho^3 d\rho \\
&= \mu \cdot \frac{1}{4} a^4 \cdot \frac{\pi}{2} = \frac{1}{4} M a^2,
\end{aligned}$$

其中 $M = \frac{1}{2}\pi a^2 \mu$ 为半圆薄片的质量.

习　题　9.3

1. 求抛物面 $z = x^2 + y^2$ 含在圆柱面 $x^2 + y^2 = R^2$ 内部的那部分面积.

2. 求半球面 $z = \sqrt{25 - x^2 - y^2}$ 被平面 $z = 3$ 截得的上半部分的面积.

3. 求球面 $x^2 + y^2 + z^2 = 4$ 含在圆柱面 $x^2 + y^2 = 2x$ 内部的那部分面积.

4. 求下列均匀薄板的质心,其中薄板所占的闭区域 D 如下:

(1) D 由 $y^2 = x, x = 4$ 围成；

(2) D 由 $y = x^2, y = x$ 围成；

(3) D 是介于两个圆 $\rho = a\sin\theta, \rho = b\sin\theta(0 < a < b)$ 之间的闭区域.

5. 设平面薄板所占的闭区域 D 是由 $x + y = 1, x = 1, y = 1$ 所围成，在 (x, y) 处的密度 $\mu(x, y) = 2x + y^2$，求此薄板的质心.

6. 设均匀薄片（面密度为常数 1）所占的闭区域 D 如下，求指定的转动惯量：

(1) D 由 $y = 1 - x^2, y = 0$ 围成，求 I_x 和 I_y；

(2) $D = \{(x, y) \mid x^2 + y^2 \leqslant a^2\}$，求 I_x, I_y 和 I_z；

(3) 边长为 a 和 b 的矩形薄片对两条边的转动惯量.

*9.4　三重积分

9.4.1　三重积分的概念

定积分及二重积分作为一种特殊和式的极限的概念，可以很自然地推广到三重积分.

定义 9-2　设 $f(x, y, z)$ 是空间有界闭区域 Ω 上的有界函数. 将 Ω 任意分割成 n 个小闭区域

$$\Delta v_1, \Delta v_2, \cdots, \Delta v_n,$$

其中 Δv_i 表示第 i 个小闭区域，也表示它的体积. 在每个 Δv_i 上任取一点 (ξ_i, η_i, ζ_i)，作乘积 $f(\xi_i, \eta_i, \zeta_i)\Delta v_i (i = 1, 2, \cdots, n)$，并作和 $\sum_{i=1}^{n} f(\xi_i, \eta_i, \zeta_i)\Delta v_i$. 如果当各小闭区域直径中的最大值 λ 趋于零时，该和式的极限总存在，则称此极限为函数 $f(x, y, z)$ 在闭区域 Ω 上的**三重积分**，记作 $\iiint\limits_{\Omega} f(x, y, z)\mathrm{d}v$，即

$$\iiint\limits_{\Omega} f(x, y, z)\mathrm{d}v = \lim_{\lambda \to 0} \sum_{i=1}^{n} f(\xi_i, \eta_i, \zeta_i)\Delta v_i,$$

其中 $\mathrm{d}v$ 称为**体积微元**. 在直角坐标系中，体积微元 $\mathrm{d}v$ 也常记作 $\mathrm{d}x\mathrm{d}y\mathrm{d}z$，而把三重积分记作

$$\iiint\limits_{\Omega} f(x, y, z)\mathrm{d}x\mathrm{d}y\mathrm{d}z,$$

其中 $\mathrm{d}x\mathrm{d}y\mathrm{d}z$ 叫做**直角坐标系中的体积微元**.

当函数 $f(x, y, z)$ 在闭区域 Ω 上连续时，$f(x, y, z)$ 在 Ω 上的三重积分必定存在. 在下面的讨论中，我们总假定函数 $f(x, y, z)$ 在闭区域 Ω 上是连续的. 关于二重积分的一些术语，例如被积函数、积分区域等，也可相应地用到三重积分上.

由三重积分的定义可知，当函数 $f(x, y, z)$ 表示空间物体 Ω 在点 (x, y, z) 处的

密度时,三重积分 $\iiint\limits_{\Omega} f(x,y,z)\mathrm{d}v$ 表示该物体的总质量 M,即

$$M = \iiint\limits_{\Omega} f(x,y,z)\mathrm{d}v.$$

三重积分具有与二重积分完全类似的性质,我们只指出其中一条:

当 $f(x,y,z)\equiv 1$ 时,$f(x,y,z)$ 在闭区域 Ω 上的三重积分在数值上等于 Ω 的体积 V,即

$$V = \iiint\limits_{\Omega} 1 \cdot \mathrm{d}v = \iiint\limits_{\Omega} \mathrm{d}v.$$

9.4.2　三重积分的计算

与计算二重积分的方法类似,计算三重积分的基本方法是将三重积分化为三次积分来计算. 下面按利用不同的坐标来分别讨论将三重积分化为三次积分的方法,且只限于叙述方法.

1. 利用直角坐标计算三重积分

假设平行于 z 轴且穿过闭区域 Ω 内部的任一直线与闭区域 Ω 的边界曲面 S 相交不多于两点. 把闭区域 Ω 投影到 xOy 面上,得一平面闭区域 D_{xy} (图 9-30). 以 D_{xy} 的边界为准线作母线平行于 z 轴的柱面,该柱面与边界曲面 S 的交线将 S 分成上、下两部分,它们的方程分别为

$$S_1:\quad z=z_1(x,y),$$
$$S_2:\quad z=z_2(x,y),$$

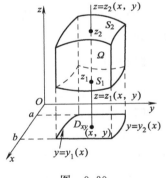

图　9-30

其中 $z_1(x,y)$ 与 $z_2(x,y)$ 都是 D_{xy} 上的连续函数,且 $z_1(x,y)\leqslant z_2(x,y)$. 在这种情形下,积分区域 Ω 可表示为

$$\Omega=\{(x,y,z)\,|\,z_1(x,y)\leqslant z\leqslant z_2(x,y),\ (x,y)\in D_{xy}\}.$$

先将 x、y 看做定值,将 $f(x,y,z)$ 只看做 z 的函数,计算定积分 $\int_{z_1(x,y)}^{z_2(x,y)} f(x,y,z)\mathrm{d}z$ (积分的结果是 x、y 的二元函数),然后计算 $\int_{z_1(x,y)}^{z_2(x,y)} f(x,y,z)\mathrm{d}z$ 在 D_{xy} 上的二重积分

$$\iint\limits_{D_{xy}} \left[\int_{z_1(x,y)}^{z_2(x,y)} f(x,y,z)\mathrm{d}z\right]\mathrm{d}\sigma.$$

若闭区域 D_{xy} 又可表示为

$$D_{xy}=\{(x,y)\,|\,y_1(x)\leqslant y\leqslant y_2(x),\ a\leqslant x\leqslant b\},$$

则进一步把这个二重积分化为二次积分,于是得到三重积分的计算公式

$$\iiint\limits_{\Omega} f(x,y,z)\mathrm{d}v = \int_a^b \mathrm{d}x \int_{y_1(x)}^{y_2(x)} \mathrm{d}y \int_{z_1(x,y)}^{z_2(x,y)} f(x,y,z)\mathrm{d}z. \tag{9-8}$$

公式(9-8)把三重积分化为先对 z、次对 y、最后对 x 的**三次积分**.

如果平行于 x 轴或 y 轴且穿过闭区域 Ω 内部的直线与 Ω 的边界曲面 S 相交不多于两点,也可把闭区域 Ω 投影到 yOz 面上或 zOx 面上,这样便可把三重积分化为按其他次序的三次积分. 如果平行于坐标轴且穿过闭区域 Ω 内部的直线与边界曲面 S 的交点多于两个,也可像处理二重积分那样,把 Ω 分成若干部分,保证每个部分与坐标轴平行且穿过 Ω 内部的直线与 Ω 的边界曲面相交不多于两点,这样,Ω 上的三重积分就化为各部分闭区域上的三重积分的和.

在把三重积分化为三次积分的公式(9-8)中,关键是确定各次积分的上下限,确定上下限的一般方法是:

(1) 画出空间闭区域 Ω 及 Ω 在 xOy 平面上的投影区域 D_{xy} 的图形;

(2) 过 D_{xy} 内任意一点 (x,y),作 z 轴的平行线,若该直线上 Ω 内的点的竖坐标从 $z_1(x,y)$ 变到 $z_2(x,y)$,则它们就是先对 z 积分的下限与上限;

(3) 后对 x、y 积分的积分上下限由 D_{xy} 确定,确定方法与直角坐标下二重积分化为二次积分时上下限的确定方法完全一样.

【例 9-14】 计算三重积分 $\iiint\limits_{\Omega} x\mathrm{d}v$,其中 Ω 为三个坐标面及平面 $x+2y+2z-2=0$ 所围成的闭区域.

解 作闭区域 Ω 及 Ω 在 xOy 平面上的投影区域 D_{xy} 的图形(见图 9-31).

在 D_{xy} 内任取一点 (x,y),过此点作 z 轴的平行线,该直线上 Ω 内的点的竖坐标从 0 变到 $\dfrac{2-x-2y}{2}$. 又因为 $D_{xy} = \{(x,y)\,|\,0\leqslant y\leqslant\dfrac{2-x}{2},0\leqslant x\leqslant 2\}$,由式(9-8)得

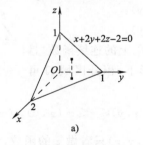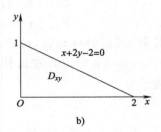

图 9-31

$$\iiint\limits_{\Omega} x\,\mathrm{d}v = \int_0^2 \mathrm{d}x \int_0^{\frac{2-x}{2}} \mathrm{d}y \int_0^{\frac{2-x-2y}{2}} x\,\mathrm{d}z$$

$$= \frac{1}{8}\int_0^2 x(2-x)^2\,\mathrm{d}x = \frac{1}{6}.$$

2. 利用柱面坐标计算三重积分

设 $M(x,y,z)$ 为空间直角坐标中一点,并设点 M 在 xOy 面上的投影点 P 的

极坐标为 ρ、θ，则空间点 $M(x,y,z)$ 也可用坐标 ρ、θ、z 表示（图 9-32）．ρ、θ、z 称为点 M 的**柱面坐标**，其中 ρ,θ,z 的取值范围分别是

$$0 \leqslant \rho < +\infty, \quad 0 \leqslant \theta \leqslant 2\pi, \quad -\infty < z < +\infty.$$

显然，空间点 M 的直角坐标与其柱面坐标的关系为

$$\begin{cases} x = \rho\cos\theta, \\ y = \rho\sin\theta, \\ z = z. \end{cases}$$

现分析三重积分 $\iiint\limits_{\Omega} f(x,y,z)\mathrm{d}v$ 在柱面坐标下的表达式．若

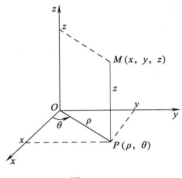

图　9-32

$$\iiint\limits_{\Omega} f(x,y,z)\mathrm{d}v = \iint\limits_{D_{xy}} \left[\int_{z_1(x,y)}^{z_2(x,y)} f(x,y,z)\mathrm{d}z\right]\mathrm{d}\sigma. \tag{9-9}$$

且 Ω 在 xOy 平面上的投影区域 D_{xy} 可用极坐标表示为

$$D_{xy}: \quad \varphi_1(\theta) \leqslant \rho \leqslant \varphi_2(\theta), \quad \alpha \leqslant \theta \leqslant \beta,$$

则利用极坐标计算等式（9-9）右端的二重积分，得

$$\begin{aligned} \iiint\limits_{\Omega} f(x,y,z)\mathrm{d}v &= \iint\limits_{D_{xy}} \left[\int_{z_1(\rho\cos\theta,\rho\sin\theta)}^{z_2(\rho\cos\theta,\rho\sin\theta)} f(\rho\cos\theta,\rho\sin\theta,z)\mathrm{d}z\right]\rho\mathrm{d}\rho\mathrm{d}\theta, \\ &= \int_{\alpha}^{\beta}\mathrm{d}\theta\int_{\varphi_1(\theta)}^{\varphi_2(\theta)}\rho\mathrm{d}\rho\int_{z_1(\rho\cos\theta,\rho\sin\theta)}^{z_2(\rho\cos\theta,\rho\sin\theta)} f(\rho\cos\theta,\rho\sin\theta,z)\mathrm{d}z. \end{aligned}$$

上列连等式也常记作

$$\begin{aligned} \iiint\limits_{\Omega} f(x,y,z)\mathrm{d}v &= \iiint\limits_{\Omega} f(\rho\cos\theta,\rho\sin\theta,z)\rho\mathrm{d}\rho\mathrm{d}\theta\mathrm{d}z \\ &= \int_{\alpha}^{\beta}\mathrm{d}\theta\int_{\varphi_1(\theta)}^{\varphi_2(\theta)}\rho\mathrm{d}\rho\int_{z_1(\rho\cos\theta,\rho\sin\theta)}^{z_2(\rho\cos\theta,\rho\sin\theta)} f(\rho\cos\theta,\rho\sin\theta,z)\mathrm{d}z. \end{aligned} \tag{9-10}$$

公式（9-10）就是三重积分由直角坐标到柱面坐标的转换公式．其中 $\rho\mathrm{d}\rho\mathrm{d}\theta\mathrm{d}z$ 称为**柱面坐标系中的体积微元**．

在公式（9-10）中，关键是确定各次积分的上下限，柱面坐标下确定上下限的一般方法是：

（1）画出空间闭区域 Ω 及 Ω 在 xOy 平面上的投影区域 D_{xy} 的图形；

（2）过 D_{xy} 内任意一点 (x,y)，作 z 轴的平行线，若该直线上 Ω 内的点的竖坐标从 $z_1(x,y)$ 变到 $z_2(x,y)$，则 $z_1(\rho\cos\theta,\rho\sin\theta)$ 与 $z_2(\rho\cos\theta,\rho\sin\theta)$ 就是先对 z 积分的下限与上限；

（3）然后对 ρ 积分，最后对 θ 积分，积分上下限由 D_{xy} 确定，确定方法与极坐标

下二重积分化为二次积分时上下限的确定方法完全一样.

【例 9-15】 利用柱面坐标计算三重积分 $\iiint\limits_{\Omega}(z-\sqrt{x^2+y^2})\mathrm{d}v$，其中 Ω 是由圆柱面 $x^2+y^2=a^2$，平面 $z=0$ 和 $z=1$ 所围成的闭区域.

解 空间闭区域 Ω 及 Ω 在 xOy 平面上的投影区域 D_{xy} 的图形见图 9-33，过 D_{xy} 内任意一点 (x,y)，作 z 轴的平行线，该直线上 Ω 内的点的竖坐标从 0 变到 1，故

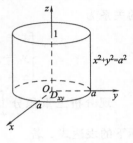

$$\iiint\limits_{\Omega}(z-\sqrt{x^2+y^2})\mathrm{d}v = \iiint\limits_{\Omega}(z-\sqrt{\rho^2})\cdot\rho\,\mathrm{d}\rho\,\mathrm{d}\theta\,\mathrm{d}z$$

$$= \int_0^{2\pi}\mathrm{d}\theta\int_0^a\rho\,\mathrm{d}\rho\int_0^1(z-\rho)\,\mathrm{d}z$$

$$= \int_0^{2\pi}\mathrm{d}\theta\int_0^a\rho\left(\frac{1}{2}-\rho\right)\mathrm{d}\rho$$

$$= 2\pi\cdot\left[\frac{1}{4}\rho^2-\frac{1}{3}\rho^3\right]_0^a$$

$$= \frac{1}{6}\pi a^2(3-4a).$$

图 9-33

【例 9-16】 利用三重积分计算由上半球面 $z=\sqrt{2-x^2-y^2}$ 与抛物面 $z=x^2+y^2$ 所围成的立体的体积.

解 空间闭区域 Ω 及 Ω 在 xOy 平面上的投影区域 D_{xy} 的图形见图 9-34，过 D_{xy} 内任意一点 (x,y)，作 z 轴的平行线，该直线上 Ω 内的点的竖坐标从 x^2+y^2 变到 $\sqrt{2-x^2-y^2}$，即从 ρ^2 变到 $\sqrt{2-\rho^2}$，故所求体积

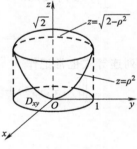

$$V = \iiint\limits_{\Omega}\mathrm{d}v = \iiint\limits_{\Omega}\rho\,\mathrm{d}\rho\,\mathrm{d}\theta\,\mathrm{d}z = \int_0^{2\pi}\mathrm{d}\theta\int_0^1\rho\,\mathrm{d}\rho\int_{\rho^2}^{\sqrt{2-\rho^2}}\mathrm{d}z$$

$$= \int_0^{2\pi}\mathrm{d}\theta\int_0^1\rho(\sqrt{2-\rho^2}-\rho^2)\,\mathrm{d}\rho$$

图 9-34

$$= 2\pi\cdot\left[-\frac{1}{3}(2-\rho^2)^{\frac{3}{2}}-\frac{1}{4}\rho^4\right]_0^1 = \left(\frac{4\sqrt{2}}{3}-\frac{7}{6}\right)\pi.$$

9.4.3 三重积分的应用

设空间物体占有有界闭区域 Ω，在点 (x,y,z) 处的密度为 $\rho(x,y,z)$，其中 $\rho(x,y,z)$ 在 Ω 上连续，类似于二重积分的微元法，用三重积分的微元法容易求得：

该物体的质心的坐标为

$$\overline{x} = \frac{1}{M}\iiint\limits_{\Omega}x\rho(x,y,z)\mathrm{d}v, \quad \overline{y} = \frac{1}{M}\iiint\limits_{\Omega}y\rho(x,y,z)\mathrm{d}v,$$

$$\overline{z} = \frac{1}{M}\iiint\limits_{\Omega} z\rho(x,y,z)\mathrm{d}v,$$

其中 $M = \iiint\limits_{\Omega}\rho(x,y,z)\mathrm{d}v$ 为物体的质量.

该物体对于 x、y、z 轴的转动惯量为

$$I_x = \iiint\limits_{\Omega}(y^2+z^2)\rho(x,y,z)\mathrm{d}v,$$

$$I_y = \iiint\limits_{\Omega}(z^2+x^2)\rho(x,y,z)\mathrm{d}v,$$

$$I_z = \iiint\limits_{\Omega}(x^2+y^2)\rho(x,y,z)\mathrm{d}v.$$

【**例 9-17**】　求均匀半球体的质心.

解　取半球体的对称轴为 z 轴,原点取在球心上,又设球半径为 R,则半球体占有空间闭区域

$$\Omega = \{(x,y,z)\mid x^2+y^2+z^2 \leqslant R^2, z\geqslant 0\}.$$

显然,质心在 z 轴上,故 $\overline{x}=\overline{y}=0$.

$$\overline{z} = \frac{1}{M}\iiint\limits_{\Omega} z\rho(x,y,z)\mathrm{d}v = \frac{1}{V}\iiint\limits_{\Omega} z\mathrm{d}v,$$

其中 $V=\dfrac{2}{3}\pi R^3$ 是半球体的体积. 又因为

$$\iiint\limits_{\Omega} z\mathrm{d}v = \iiint\limits_{\Omega} z\rho\mathrm{d}\rho\mathrm{d}\theta\mathrm{d}z = \int_0^{2\pi}\mathrm{d}\theta\int_0^{R}\rho\mathrm{d}\rho\int_0^{\sqrt{R^2-\rho^2}} z\mathrm{d}z$$

$$= \frac{1}{2}\int_0^{2\pi}\mathrm{d}\theta\int_0^{R}\rho(R^2-\rho^2)\mathrm{d}\rho = \frac{\pi R^4}{4},$$

所以 $\overline{z}=\dfrac{3}{8}R$,从而质心为 $\left(0,0,\dfrac{3}{8}R\right)$.

【**例 9-18**】　均匀圆柱体(密度 $\rho=1$)的底面半径为 R,高为 H,求其对圆柱中心轴的转动惯量.

解　如图 9-35 所示建立空间直角坐标系,则圆柱体所占闭区域为

$$\Omega = \{(x,y,z)\mid x^2+y^2 \leqslant R^2, 0\leqslant z\leqslant H\},$$

所求转动惯量即圆柱体对于 z 轴的转动惯量,故

$$I_z = \iiint\limits_{\Omega}(x^2+y^2)\rho(x,y,z)\mathrm{d}v = \iiint\limits_{\Omega}(x^2+y^2)\mathrm{d}v$$

$$= \iiint\limits_{\Omega}\rho^2\cdot\rho\mathrm{d}\rho\mathrm{d}\theta\mathrm{d}z = \int_0^{2\pi}\mathrm{d}\theta\int_0^{R}\rho^3\mathrm{d}\rho\int_0^{H}\mathrm{d}z$$

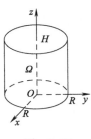

图　9-35

$$= \frac{1}{2}\pi R^4 H.$$

习　题　9.4

1. 化三重积分 $\iiint\limits_{\Omega} f(x,y,z)\mathrm{d}x\mathrm{d}y\mathrm{d}z$ 为三次积分,其中积分区域 Ω 分别是:

(1) $\Omega = \{(x,y,z) \mid 0 \leqslant x \leqslant 1, 0 \leqslant y \leqslant 2, -1 \leqslant z \leqslant 3\}$;

(2) 由锥面 $z = \sqrt{x^2+y^2}$ 及平面 $z=1$ 所围成的闭区域;

(3) 由双曲抛物面 $z = xy$ 及平面 $x+y=1, z=0$ 所围成的闭区域.

2. 设有一物体,占有空间闭区域 $\Omega = \{(x,y,z) \mid 0 \leqslant x \leqslant 1, 0 \leqslant y \leqslant 1, 0 \leqslant z \leqslant 1\}$,在点 (x,y,z) 处的密度 $\rho(x,y,z) = x+y+z$,求该物体的质量.

3. 利用直角坐标计算下列三重积分:

(1) $\iiint\limits_{\Omega} (x+2z)\mathrm{d}x\mathrm{d}y\mathrm{d}z$,其中 Ω 为平面 $x=0, y=0, z=0, z=1, x-y=1$ 所围成的闭区域;

(2) $\iiint\limits_{\Omega} \frac{\mathrm{d}x\mathrm{d}y\mathrm{d}z}{(1+x+y+z)^3}$,其中 Ω 是由平面 $x+y+z=1$ 与三个坐标面所围成的四面体;

(3) $\iiint\limits_{\Omega} xyz\,\mathrm{d}x\mathrm{d}y\mathrm{d}z$,其中 Ω 为球面 $x^2+y^2+z^2=1$ 及三个坐标平面所围成的在第一卦限内的闭区域.

4. 利用柱面坐标计算下列三重积分:

(1) $\iiint\limits_{\Omega} z\,\mathrm{d}x\mathrm{d}y\mathrm{d}z$,其中 Ω 是由曲面 $z = 2-x^2-y^2$ 及 $z = x^2+y^2$ 所围成的闭区域;

(2) $\iiint\limits_{\Omega} (1+\sqrt{x^2+y^2})\mathrm{d}v$,其中 Ω 是由圆锥面 $x^2+y^2=z^2$ 与平面 $z=1$ 所围成的闭区域.

5. 利用三重积分求由下列曲面所围成的立体的体积:

(1) $z = 6-x^2-y^2$ 及 $z = \sqrt{x^2+y^2}$;

(2) $z = 2-x^2-y^2$ 及 $z = x^2+y^2$;

(3) $z = x^2+y^2$ 及 $z = \sqrt{x^2+y^2}$.

6. 利用三重积分计算曲面 $z = \sqrt{4-x^2-y^2}$ 与平面 $z=1$ 所围立体的质心(设密度 $\rho = 1$).

7. 均匀圆锥体（密度 $\rho = 1$）由 $z = \sqrt{x^2 + y^2}$，$z = 1$ 围成，求其对圆锥中心轴的转动惯量.

*9.5 对弧长的曲线积分

在前面，我们已经把积分概念从积分范围为数轴上一个区间的情形推广到积分范围为平面或空间内的一个闭区域的情形. 本节还将进一步把积分概念推广到积分范围为一段曲线弧的情形.

9.5.1 曲线形构件的质量

在工程中，需要根据曲线形构件各部分受力的不同情况，设计构件上各点处的粗细. 因此，可以认为这构件的线密度（单位长度的质量）是变量. 假设构件占有 xOy 面内的一段曲线弧 L，它的端点是 A、B，L 上任一点 (x,y) 处的线密度为连续函数 $\mu(x,y)$. 现在要计算这构件的质量 M（图 9-36）.

如果构件的线密度为常量，那么这构件的质量就等于它的线密度与长度的乘积. 现在构件上各点处的线密度是变量，就不能直接用上述方法来计算. 回忆 9.1.1 中求曲顶柱体体积的做法，不难想象，仍可以通过下列四个步骤来求出该构件的质量.

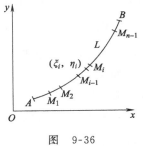

图 9-36

（1）分割：在 L 上任取 $n-1$ 个点 $M_1, M_2 \cdots, M_{n-1}$，把 L 分成 n 个小段，记 $A = M_0$，$B = M_n$，每一小段构件 $\overset{\frown}{M_{i-1}M_i}$ 的长度记为 Δs_i.

（2）取近似：由于 Δs_i 很小，在线密度连续变化的前提下，小段 $\overset{\frown}{M_{i-1}M_i}$ 上各点处的线密度变化也很小，可用 $\overset{\frown}{M_{i-1}M_i}$ 上任一点 (ξ_i, η_i) 处的密度近似代替小段上其他各点处的线密度，从而得到 $\overset{\frown}{M_{i-1}M_i}$ 上构件的质量的近似值为

$$\mu(\xi_i, \eta_i) \Delta s_i.$$

（3）求和：整个曲线形构件的质量

$$M \approx \sum_{i=1}^{n} \mu(\xi_i, \eta_i) \Delta s_i.$$

（4）取极限：用 λ 表示 n 个小弧段的最大长度，则 M 的精确值为

$$M = \lim_{\lambda \to 0} \sum_{i=1}^{n} \mu(\xi_i, \eta_i) \Delta s_i.$$

上式这种和的极限在研究其他实际问题时也经常遇到，故我们抽象出下述概念.

9.5.2 对弧长的曲线积分的概念与性质

定义 9-3 设 L 为 xOy 面内的一条光滑曲线弧,函数 $f(x,y)$ 在 L 上有界. 在 L 上任意插入 $n-1$ 个点 $M_1,M_2,\cdots,M_{n-1}$,把 L 分成 n 个小段

$$\widehat{M_{i-1}M_i}(i=1,2,\cdots,n;M_0=A,M_n=B).$$

设第 i 个小段的长度为 Δs_i. 又 (ξ_i,η_i) 为第 i 个小段上任意取定的一点,作乘积 $f(\xi_i,\eta_i)\Delta s_i(i=1,2,\cdots,n$),并作和 $\sum\limits_{i=1}^{n}f(\xi_i,\eta_i)\Delta s_i$,如果当各小弧段的长度的最大值 $\lambda\to0$ 时,该和的极限总存在,则称此极限为函数 $f(x,y)$ 在曲线弧 L 上**对弧长的曲线积分**或**第一类曲线积分**,记作 $\int_L f(x,y)\mathrm{d}s$,即

$$\int_L f(x,y)\mathrm{d}s=\lim_{\lambda\to0}\sum_{i=1}^{n}f(\xi_i,\eta_i)\Delta s_i,$$

其中 $f(x,y)$ 叫做**被积函数**,L 叫做**积分弧段**.

我们指出,当 $f(x,y)$ 在光滑曲线弧 L 上连续时,对弧长的曲线积分 $\int_L f(x,$ $y)\mathrm{d}s$ 一定存在,故以后我们总假定 $f(x,y)$ 在 L 上是连续的.

如果 L 是分段光滑的,我们规定函数在 L 上的曲线积分等于函数在光滑的各段上的曲线积分之和.

如果 L 是闭曲线,则 $f(x,y)$ 在闭曲线 L 上对弧长的曲线积分还可记为 $\oint_L f(x,y)\mathrm{d}s$.

根据上述定义,9.5.1 中曲线形构件 L 的质量 M 可表示为

$$M=\int_L \mu(x,y)\mathrm{d}s.$$

由对弧长的曲线积分的定义可知,它有以下与定积分和重积分类似的性质.

性质 1 $\int_L kf(x,y)\mathrm{d}s=k\int_L f(x,y)\mathrm{d}s\ (k\ 为常数).$

性质 2 $\int_L\left[f(x,y)\pm g(x,y)\right]\mathrm{d}s=\int_L f(x,y)\mathrm{d}s\pm\int_L g(x,y)\mathrm{d}s.$

性质 3 如果曲线 L 可分成两段光滑曲线弧 L_1,L_2,则

$$\int_L f(x,y)\mathrm{d}s=\int_{L_1} f(x,y)\mathrm{d}s+\int_{L_2} f(x,y)\mathrm{d}s.$$

性质 4 $\int_L 1\cdot\mathrm{d}s=\int_L \mathrm{d}s=s\ (s\ 是\ L\ 的弧长).$

性质 5 如果在曲线 L 上,$f(x,y)\leqslant g(x,y)$,则

$$\int_L f(x,y)\mathrm{d}s\leqslant\int_L g(x,y)\mathrm{d}s.$$

9.5.3　对弧长的曲线积分的计算

定理 9-1　设 $f(x,y)$ 在曲线弧 L 上连续, L 的参数方程为

$$\begin{cases} x=\varphi(t), \\ y=\psi(t), \end{cases} \quad (\alpha \leqslant t \leqslant \beta),$$

其中 $\varphi(t),\psi(t)$ 在 $[\alpha,\beta]$ 上具有连续导数, 且 $\varphi'^{2}(t)+\psi'^{2}(t)\neq 0$, 则

$$\int_{L} f(x,y)\mathrm{d}s=\int_{\alpha}^{\beta} f[\varphi(t),\psi(t)]\sqrt{\varphi'^{2}(t)+\psi'^{2}(t)}\,\mathrm{d}t \quad (\alpha<t<\beta).$$

$$(9\text{-}11)$$

此定理的证明从略.

公式(9-11)表明, 计算对弧长的曲线积分 $\int_{L} f(x,y)\mathrm{d}s$ 时, 只要把 $x,y,\mathrm{d}s$ 依次换为 $\varphi(t),\psi(t),\sqrt{\varphi'^{2}(t)+\psi'^{2}(t)}\,\mathrm{d}t$, 然后从 α 到 β 作定积分就行了. 这里必须注意, 定积分的下限 α 一定要小于上限 β.

特别地, 如果曲线 L 的方程为

$$y=\psi(x) \quad (a \leqslant x \leqslant b),$$

那么可以把上式看做是以 x 为参数的参数方程

$$x=x,\quad y=\psi(x) \quad (a \leqslant x \leqslant b),$$

从而由公式(9-11)得出

$$\int_{L} f(x,y)\mathrm{d}s=\int_{a}^{b} f[x,\psi(x)]\sqrt{1+\psi'^{2}(x)}\,\mathrm{d}x.$$

$$(9\text{-}12)$$

类似地, 如果曲线 L 的方程为

$$x=\varphi(y) \quad (c \leqslant y \leqslant d),$$

则有

$$\int_{L} f(x,y)\mathrm{d}s=\int_{c}^{d} f[\varphi(y),y]\sqrt{1+\varphi'^{2}(y)}\,\mathrm{d}y.$$

$$(9\text{-}13)$$

【例 9-19】　计算曲线积分 $\int_{L}(2x+y)\mathrm{d}s$, 其中 L 是半径为 R 的半圆周 $x=R\cos t, y=R\sin t(0 \leqslant t \leqslant \pi)$.

解　由公式(9-11)得

$$\int_{L}(2x+y)\mathrm{d}s=\int_{0}^{\pi}(2R\cos t+R\sin t)\sqrt{(R\cos t)'^{2}+(R\sin t)'^{2}}\,\mathrm{d}t$$

$$=R^{2}\int_{0}^{\pi}(2\cos t+\sin t)\mathrm{d}t=R^{2}[2\sin t-\cos t]_{0}^{\pi}$$

$$=2R^{2}.$$

【例 9-20】　计算曲线积分 $\int_{L}\sqrt{y}\,\mathrm{d}s$, 其中 L 是抛物线 $y=x^{2}$ 上点 $O(0,0)$ 与点

$A(1,1)$ 之间的一段弧（见图 9-37）.

解法 1 由于 L 的方程为

$$y = x^2 \quad (0 \leqslant x \leqslant 1),$$

故根据公式（9-12）得

$$\int_L \sqrt{y}\,\mathrm{d}s = \int_0^1 \sqrt{x^2}\,\sqrt{1+(x^2)'^2}\,\mathrm{d}x = \int_0^1 x\,\sqrt{1+4x^2}\,\mathrm{d}x$$

$$= \left[\frac{1}{12}(1+4x^2)^{\frac{3}{2}}\right]_0^1 = \frac{1}{12}(5\sqrt{5}-1).$$

解法 2 由于 L 的方程可改写为

$$x = \sqrt{y} \quad (0 \leqslant y \leqslant 1),$$

故根据公式（9-13），可得

$$\int_L \sqrt{y}\,\mathrm{d}s = \int_0^1 \sqrt{y}\,\sqrt{1+(\sqrt{y})'^2}\,\mathrm{d}y = \int_0^1 \sqrt{y}\,\sqrt{1+\frac{1}{4y}}\,\mathrm{d}y$$

$$= \frac{1}{2}\int_0^1 \sqrt{4y+1}\,\mathrm{d}y = \frac{1}{2}\left[\frac{1}{6}(4y+1)^{\frac{3}{2}}\right]_0^1 = \frac{1}{12}(5\sqrt{5}-1).$$

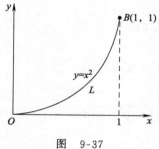

图 9-37

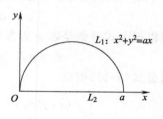

图 9-38

【例 9-21】 计算曲线积分 $\oint_L \sqrt{x^2+y^2}\,\mathrm{d}s$，其中 L 是 $x^2+y^2=ax(y\geqslant 0)$ 与 x 轴围成闭区域的整个边界（见图 9-38）.

解 把 L 分成 L_1 和 L_2 两段，其中

$$L_1: \quad x^2+y^2=ax \quad (y\geqslant 0, 0\leqslant x\leqslant a);$$

$$L_2: \quad y=0 \quad (0\leqslant x\leqslant a).$$

为计算方便，把 L_1 的方程改写为参数方程形式

$$x = \frac{a}{2} + \frac{a}{2}\cos t, \quad y = \frac{a}{2}\sin t \quad (0 \leqslant t \leqslant \pi),$$

$$\int_{L_1} \sqrt{x^2+y^2}\,\mathrm{d}s$$

$$= \int_0^\pi \sqrt{\left(\frac{a}{2}+\frac{a}{2}\cos t\right)^2 + \left(\frac{a}{2}\sin t\right)^2}\,\sqrt{\left(\frac{a}{2}+\frac{a}{2}\cos t\right)'^2 + \left(\frac{a}{2}\sin t\right)'^2}\,\mathrm{d}t$$

$$= \frac{\sqrt{2}}{4}a^2\int_0^\pi \sqrt{1+\cos t}\,\mathrm{d}t = \frac{1}{2}a^2\int_0^\pi \cos\frac{t}{2}\,\mathrm{d}t = a^2,$$

又因为

$$\int_{L_2} \sqrt{x^2 + y^2}\, \mathrm{d}s = \int_0^a \sqrt{x^2 + 0^2}\; \sqrt{1 + 0'^2}\, \mathrm{d}x = \int_0^a x\, \mathrm{d}x = \frac{1}{2}a^2,$$

故由对弧长的曲线积分的性质 3,得

$$\oint_L \sqrt{x^2 + y^2}\, \mathrm{d}s = \int_{L_1} \sqrt{x^2 + y^2}\, \mathrm{d}s + \int_{L_2} \sqrt{x^2 + y^2}\, \mathrm{d}s = \frac{3}{2}a^2.$$

习　题　9.5

1. 计算下列对弧长的曲线积分:

(1) $\oint_L (x^2 + y^2)^3 \mathrm{d}s$,其中 L 为圆周 $x = R\cos t, y = R\sin t\, (0 \leqslant t \leqslant 2\pi)$;

(2) $\int_L (3x - 2y)\mathrm{d}s$,其中 L 为直线段 $y = x + 1\, (0 \leqslant x \leqslant 1)$;

(3) $\oint_L x\mathrm{d}s$,其中 L 为由直线 $y = x$ 及抛物线 $y = x^2$ 所围成的区域的整个边界;

(4) $\oint_L \sqrt{x^2 + y^2}\, \mathrm{d}s$,其中 L 为 $x = \sqrt{1 - y^2}$ 及 y 轴所围成的区域的整个边界;

(5) $\oint_L e^{x+y}\mathrm{d}s$,其中 L 是以 $O(0,0), A(\pi,0), B(0,\pi)$ 为顶点的三角形的周界.

2. 设圆周 $L: x^2 + y^2 = R^2$ 上任一点处的线密度等于该点纵坐标的平方,求圆周 L 的质量.

*9.6　对坐标的曲线积分

9.6.1　变力沿曲线所做的功

设一个质点在 xOy 平面内从起点 A 沿光滑曲线弧 L 移动到终点 B,在移动过程中,该质点受到力

$$\boldsymbol{F}(x,y) = P(x,y)\boldsymbol{i} + Q(x,y)\boldsymbol{j}$$

的作用,其中函数 $P(x,y), Q(x,y)$ 在 L 上连续. 现要计算在上述移动过程中变力 $\boldsymbol{F}(x,y)$ 所做的功(图 9-39).

我们知道,如果力 $\boldsymbol{F}$ 是恒力,且质点从 A 沿直线移动到 B,那么恒力 $\boldsymbol{F}$ 所做的功 W 为

$$W = \boldsymbol{F} \cdot \overrightarrow{AB}.$$

但现在 $\boldsymbol{F}(x,y)$ 是变力,且质点沿曲线 L 移动,功 W 不能直接按以上公式计算. 我们仍然可以用下列四个步骤来解决.

（1）分割：从起点 A 到终点 B 依次插入 $n-1$ 个分点 $M_1(x_1,y_1),M_2(x_2,y_2),\cdots,M_{n-1}(x_{n-1},y_{n-1})$，把 L 分成 n 个小段，记 $A=M_0,B=M_n$.

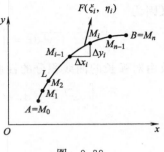

图 9-39

（2）取近似：由于有向小弧段 $\overset{\frown}{M_{i-1}M_i}$ 很短，可以用有向线段

$$\overrightarrow{M_{i-1}M_i} = \Delta x_i \boldsymbol{i} + \Delta y_i \boldsymbol{j}$$

来近似代替它，其中 $\Delta x_i=x_i-x_{i-1},\Delta y_i=y_i-y_{i-1}$.

又因为力 $\boldsymbol{F}(x,y)$ 在小弧段上变化不大，可以用 $\overset{\frown}{M_{i-1}M_i}$ 上任一点 (ξ_i,η_i) 处的力 $\boldsymbol{F}(\xi_i,\eta_i)$ 来近似代替该小弧段上各点处的力．这样，当质点从 M_{i-1} 沿 L 移动到 M_i 时，力 $\boldsymbol{F}(x,y)$ 所做的功

$$\Delta W_i \approx \boldsymbol{F}(\xi_i,\eta_i) \cdot \overrightarrow{M_{i-1}M_i},$$

即

$$\Delta W_i \approx P(\xi_i,\eta_i) \cdot \Delta x_i + Q(\xi_i,\eta_i) \cdot \Delta y_i.$$

（3）求和：把沿各有向小弧段上所做的功相加，便得质点从 A 移动到 B 时，变力 $\boldsymbol{F}(x,y)$ 所做的总功

$$W = \sum_{i=1}^{n} \Delta W_i \approx \sum_{i=1}^{n} [P(\xi_i,\eta_i) \cdot \Delta x_i + Q(\xi_i,\eta_i) \cdot \Delta y_i].$$

（4）取极限：用 λ 表示 n 个小弧段的最大长度，则 W 的精确值为

$$W = \lim_{\lambda \to 0} \sum_{i=1}^{n} [P(\xi_i,\eta_i) \cdot \Delta x_i + Q(\xi_i,\eta_i) \cdot \Delta y_i].$$

这种和的极限在研究其他实际问题时也经常遇到．现在引入下面的定义.

9.6.2　对坐标的曲线积分的概念与性质

定义 9-4　设 L 为 xOy 面内从起点 A 到终点 B 的一条有向光滑曲线弧，函数 $P(x,y),Q(x,y)$ 在 L 上有界．在 L 上沿 L 的方向依次任意插入 $n-1$ 个分点 $M_1(x_1,y_1),M_2(x_2,y_2),\cdots,M_{n-1}(x_{n-1},y_{n-1})$，把 L 分成 n 个有向小弧段

$$\overset{\frown}{M_{i-1}M_i}(i=1,2,\cdots,n;M_0=A,M_n=B),$$

设 $\Delta x_i=x_i-x_{i-1},\Delta y_i=y_i-y_{i-1}$，点 (ξ_i,η_i) 为 $\overset{\frown}{M_{i-1}M_i}$ 上任意取定的点，如果当各小弧段长度的最大值 $\lambda \to 0$ 时，$\displaystyle\sum_{i=1}^{n} P(\xi_i,\eta_i)\Delta x_i$ 的极限总存在，则称此极限为函数 $P(x,y)$ 在有向曲线弧 L 上**对坐标 x 的曲线积分**，记作 $\displaystyle\int_L P(x,y)\mathrm{d}x$. 类似地，如果 $\displaystyle\lim_{\lambda \to 0} \sum_{i=1}^{n} Q(\xi_i,\eta_i)\Delta y_i$ 总存在，则称此极限为函数 $Q(x,y)$ 在有向曲线弧 L 上**对坐标**

y 的曲线积分，记作 $\int_L Q(x,y)\mathrm{d}y$，即

$$\int_L P(x,y)\mathrm{d}x = \lim_{\lambda \to 0} \sum_{i=1}^{n} P(\xi_i,\eta_i)\Delta x_i,$$

$$\int_L Q(x,y)\mathrm{d}y = \lim_{\lambda \to 0} \sum_{i=1}^{n} Q(\xi_i,\eta_i)\Delta y_i,$$

其中 $P(x,y),Q(x,y)$ 称为**被积函数**，L 称为**积分弧段**.

以上两个积分也称为**第二类曲线积分**.

我们指出，当函数 $P(x,y),Q(x,y)$ 都在有向光滑曲线弧 L 上连续时，对坐标的曲线积分 $\int_L P(x,y)\mathrm{d}x$ 及 $\int_L Q(x,y)\mathrm{d}y$ 都存在.

为了应用的方便，以后把

$$\int_L P(x,y)\mathrm{d}x + \int_L Q(x,y)\mathrm{d}y$$

写成

$$\int_L P(x,y)\mathrm{d}x + Q(x,y)\mathrm{d}y.$$

根据以上说明，9.6.1 中所讨论的变力 $\boldsymbol{F}(x,y)=P(x,y)\boldsymbol{i}+Q(x,y)\boldsymbol{j}$ 沿曲线弧 L 移动所做的功可以表示为

$$W = \int_L P(x,y)\mathrm{d}x + Q(x,y)\mathrm{d}y.$$

与对弧长的曲线积分类似，如果曲线是分段光滑的，我们规定函数在该曲线上对坐标的曲线积分等于函数在光滑的各段上对坐标的曲线积分之和.

由曲线积分的定义，可以导出对坐标的曲线积分的一些性质．为方便起见，这里只列举对坐标 x 的曲线积分的情形，对坐标 y 的曲线积分的情形完全类似.

性质 1　设 k_1,k_2 为任意常数，则

$$\int_L [k_1 P_1(x,y) \pm k_2 P_2(x,y)]\mathrm{d}x = k_1 \int_L P_1(x,y)\mathrm{d}x \pm k_2 \int_L P_2(x,y)\mathrm{d}x.$$

性质 2　若有向曲线弧 L 可分成两段光滑的有向曲线弧 L_1 和 L_2，则

$$\int_L P(x,y)\mathrm{d}x = \int_{L_1} P(x,y)\mathrm{d}x + \int_{L_2} P(x,y)\mathrm{d}x.$$

性质 3　设 L 是有向光滑曲线弧，L^- 是 L 的反向曲线弧，则

$$\int_L P(x,y)\mathrm{d}x = -\int_{L^-} P(x,y)\mathrm{d}x.$$

性质 3 表明，当积分弧段的方向改变时，对坐标的曲线积分要改变符号．因此关于对坐标的曲线积分，我们必须注意积分弧段的方向．这一性质是对坐标的曲线积分区别于对弧长的曲线积分的重要标志.

111

9.6.3 对坐标的曲线积分的计算

定理 9-2 设 $P(x,y)$，$Q(x,y)$ 在有向光滑曲线弧 L 上连续，L 的参数方程为

$$\begin{cases} x = \varphi(t), \\ y = \psi(t), \end{cases}$$

当参数 t 单调地由 α 变到 β 时，点 M 从 L 的起点 A 沿 L 运动到终点 B，$\varphi(t)$、$\psi(t)$ 在以 α 和 β 为端点的区间上具有连续导数，且 $\varphi'^2(t) + \psi'^2(t) \neq 0$，则

$$\int_L P(x,y)\mathrm{d}x + Q(x,y)\mathrm{d}y = \int_\alpha^\beta \{P[\varphi(t),\psi(t)]\varphi'(t) + Q[\varphi(t),\psi(t)]\psi'(t)\}\mathrm{d}t.$$

$$(9\text{-}14)$$

定理 9-2 的证明从略.

公式(9-14)表明，计算对坐标的曲线积分

$$\int_L P(x,y)\mathrm{d}x + Q(x,y)\mathrm{d}y$$

时，只要把 x、y、$\mathrm{d}x$、$\mathrm{d}y$ 依次换为 $\varphi(t)$、$\psi(t)$、$\varphi'(t)\mathrm{d}t$、$\psi'(t)\mathrm{d}t$，然后从 L 的起点所对应的参数值 α 到 L 的终点所对应的参数值 β 作定积分就行了. 这里必须强调，定积分下限 α 对应于 L 的起点，定积分上限 β 对应于 L 的终点，α 不一定小于 β.

如果曲线 L 的方程为

$$y = \psi(x),$$

那么可以把这种情形看做是以 x 为参数的参数方程，由公式(9-14)得

$$\int_L P(x,y)\mathrm{d}x + Q(x,y)\mathrm{d}y = \int_a^b \{P[x,\psi(x)] + Q[x,\psi(x)]\psi'(x)\}\mathrm{d}x,$$

$$(9\text{-}15)$$

其中下限 a 对应 L 的起点，上限 b 对应 L 的终点.

类似地，如果曲线 L 的方程为

$$x = \varphi(y),$$

则有

$$\int_L P(x,y)\mathrm{d}x + Q(x,y)\mathrm{d}y = \int_c^d \{P[\varphi(y),y]\varphi'(y) + Q[\varphi(y),y]\}\mathrm{d}y.$$

$$(9\text{-}16)$$

其中下限 c 对应 L 的起点，上限 d 对应 L 的终点.

【例 9-22】 计算 $\int_L y\mathrm{d}x + x\mathrm{d}y$，其中 L 是沿上半椭圆 $x^2 + \dfrac{y^2}{4} = 1 (y \geqslant 0)$ 从点 $A(1,0)$ 到点 $B(0,2)$ 的一段弧(图 9-40).

解 L 的参数方程为

$$x = \cos t, \quad y = 2\sin t,$$

且起点 $A(1,0)$ 对应 $t=0$，终点 $B(0,2)$ 对应 $t=\dfrac{\pi}{2}$，故按公式(9-14)有

$$\int_L y\mathrm{d}x + x\mathrm{d}y = \int_0^{\frac{\pi}{2}}\left[2\sin t \cdot (-\sin t) + \cos t \cdot 2\cos t\right]\mathrm{d}t$$

$$= 2\int_0^{\frac{\pi}{2}}\cos 2t\,\mathrm{d}t = \sin 2t\,\bigg|_0^{\frac{\pi}{2}} = 0。$$

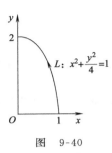

图 9-40

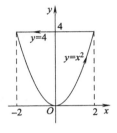

图 9-41

【例 9-23】 计算 $\displaystyle\int_L x^2 y\mathrm{d}x$，其中 L 是抛物线 $y=x^2$ 与直线 $y=4$ 围成区域的整个边界(按逆时针方向绕行，见图 9-41).

解 把 L 分成 L_1 和 L_2 两段，其中

$$L_1: \quad y=x^2，x \text{ 由} -2 \text{ 变到} 2;$$
$$L_2: \quad y=4，x \text{ 由} 2 \text{ 变到} -2.$$

由公式(9-15)，得

$$\int_{L_1} x^2 y\mathrm{d}x = \int_{-2}^{2} x^2 \cdot x^2 \mathrm{d}x = \frac{64}{5},$$

$$\int_{L_2} x^2 y\mathrm{d}x = \int_{2}^{-2} x^2 \cdot 4\mathrm{d}x = -\frac{64}{3}.$$

所以

$$\int_L x^2 y\mathrm{d}x = \int_{L_1} x^2 y\mathrm{d}x + \int_{L_2} x^2 y\mathrm{d}x = -\frac{128}{15}.$$

【例 9-24】 计算 $\displaystyle\int_L 2xy\mathrm{d}x + x^2\mathrm{d}y$，其中 L 为(图 9-42)：

(1) 直线 $y=x$ 上从 $O(0,0)$ 到 $B(1,1)$ 的一段；

(2) 抛物线 $x=y^2$ 上从 $O(0,0)$ 到 $B(1,1)$ 的一段弧.

解 (1)由于 $L: y=x$，其中 x 由 0 变到 1，故由公式(9-15)，得

$$\int_L 2xy\mathrm{d}x + x^2\mathrm{d}y = \int_0^1 (2x \cdot x + x^2 \cdot 1)\mathrm{d}x$$

$$= 3\int_0^1 x^2 \mathrm{d}x = 1.$$

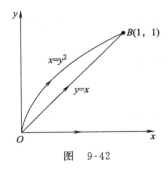

图 9-42

（2）由于 $L：x = y^2$，其中 y 由 0 变到 1，故由公式（9-16），得

$$\int_L 2xy\,\mathrm{d}x + x^2\,\mathrm{d}y = \int_0^1 [2y^2 \cdot y \cdot 2y + (y^2)^2]\,\mathrm{d}y = 5\int_0^1 y^4\,\mathrm{d}y = 1.$$

从例 9-24 可以看到，虽然曲线积分的路径不同，但其积分值可以相等.

习 题 9.6

1. 计算下列对坐标的曲线积分：

（1）$\int_L (2x - y)\,\mathrm{d}x$，其中 L 为抛物线 $y = x^2$ 上从点 $(0,0)$ 到 $(2,4)$ 的一段弧；

（2）$\oint_L xy\,\mathrm{d}x$，其中 L 为抛物线 $x = y^2$ 及 $x = 2$ 所围成的区域的整个边界（按逆时针方向绕行）；

（3）$\int_L (x^2 + y^2)\,\mathrm{d}x + (x^2 - y^2)\,\mathrm{d}y$，其中 L 为自点 $A(0,0)$ 至点 $B(1,1)$，再到点 $C(2,1)$ 的折线段；

（4）$\oint_L \dfrac{y\,\mathrm{d}x - x\,\mathrm{d}y}{x^2 + y^2}$，其中 L 为圆周 $x^2 + y^2 = R^2$（按逆时针方向绕行）；

（5）$\int_L (2a - y)\,\mathrm{d}x + x\,\mathrm{d}y$，其中 L 为摆线 $x = a(t - \sin t)$，$y = a(1 - \cos t)$ 上从 $t = 0$ 到 $t = 2\pi$ 的一段弧.

2. 计算 $\int_L (x - 2y)\,\mathrm{d}x + (2x + y)\,\mathrm{d}y$，其中 L 是：

（1）曲线 $y = 2x^3$ 上从点 $(0,0)$ 到点 $(1,2)$ 的一段弧；

（2）从点 $(0,0)$ 到点 $(1,2)$ 的直线段；

（3）曲线 $y^2 = 4x$ 上从点 $(0,0)$ 到点 $(1,2)$ 的一段弧.

3. 一力场由沿横轴正方向的恒力 $\boldsymbol{F}$ 所构成. 试求当一质量为 m 的质点沿圆周 $x^2 + y^2 = a^2$ 按逆时针方向移过位于第一象限的那一段弧时场力所做的功.

*9.7 格林公式及其应用

9.7.1 格林公式

本节讨论平面闭区域 D 上的二重积分与 D 的边界曲线 L 上的曲线积分之间的联系. 先介绍区域边界曲线的正向的概念.

对平面闭区域 D 的边界曲线 L，我们规定 L 的正向如下：当观察者沿 L 的这个方向行走时，D 内在他近旁的那一部分总位于他的左侧. 由此规定可知，对图

9-43a 所示的区域,其边界曲线 L 的正向是逆时针方向;对图 9-43b 所示的区域,其边界曲线 L(由外边界 L_1 和内边界 L_2 组成)为正向时,其外边界是逆时针方向,内边界是顺时针方向.

定理 9-3　设有界闭区域 D 由分段光滑的曲线 L 围成,函数 $P(x,y)$ 及 $Q(x,y)$ 在 D 上具有一阶连续偏导数,则有

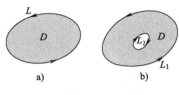

图　9-43

$$\iint\limits_{D}\left(\frac{\partial Q}{\partial x}-\frac{\partial P}{\partial y}\right)\mathrm{d}x\mathrm{d}y=\oint_{L}P\mathrm{d}x+Q\mathrm{d}y,$$

$$(9\text{-}17)$$

其中 L 是 D 的取正向的边界曲线.

公式(9-17)称为**格林公式**.

证　先考虑特殊情况,假设 D 既是 X 型又是 Y 型(图 9-44).

由于积分区域 D 是 X 型的,故 D: $\varphi_1(x)\leqslant y\leqslant\varphi_2(x)$, $a\leqslant x\leqslant b$,根据二重积分的计算法有

$$\iint\limits_{D}\frac{\partial P}{\partial y}\mathrm{d}x\mathrm{d}y=\int_{a}^{b}\mathrm{d}x\int_{\varphi_1(x)}^{\varphi_2(x)}\frac{\partial P(x,y)}{\partial y}\mathrm{d}y$$

$$=\int_{a}^{b}\{P[x,\varphi_2(x)]-P[x,\varphi_1(x)]\}\mathrm{d}x.$$

另一方面,由对坐标的曲线积分的性质及计算法有

$$\oint_{L}P\mathrm{d}x=\int_{L_1}P(x,y)\mathrm{d}x+\int_{L_2}P(x,y)\mathrm{d}x$$

$$=\int_{a}^{b}P[x,\varphi_1(x)]\mathrm{d}x+\int_{b}^{a}P[x,\varphi_2(x)]\mathrm{d}x$$

$$=\int_{a}^{b}\{P[x,\varphi_1(x)]-P[x,\varphi_2(x)]\}\mathrm{d}x,$$

因此,

$$-\iint\limits_{D}\frac{\partial P}{\partial y}\mathrm{d}x\mathrm{d}y=\oint_{L}P\mathrm{d}x.\qquad(9\text{-}18)$$

又由于积分区域 D 是 Y 型的,故 D: $\psi_1(y)\leqslant x\leqslant\psi_2(y)$, $c\leqslant y\leqslant d$,类似可得

$$\iint\limits_{D}\frac{\partial Q}{\partial x}\mathrm{d}x\mathrm{d}y=\oint_{L}Q\mathrm{d}y.\qquad(9\text{-}19)$$

将式(9-18)、式(9-19)两式合并即得公式(9-17).

再考虑一般情况,若 D 不满足既是 X 型又是 Y 型这一条件,此时我们可以在 D 内引进一条或几条辅助曲线把 D 分成有限个部分闭区域,使得每个部分闭区域既是 X 型又是 Y 型. 例如,就图 9-45 所示区域 D,引进辅助线 ABC,把 D 划分为

三个子区域 D_1,D_2,D_3，格林公式在每个子区域上都成立，故

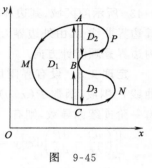

图 9-45

$$\iint\limits_{D_1}\left(\frac{\partial Q}{\partial x}-\frac{\partial P}{\partial y}\right)\mathrm{d}x\mathrm{d}y = \oint\limits_{\overset{\frown}{AMCBA}} P\mathrm{d}x + Q\mathrm{d}y,$$

$$\iint\limits_{D_2}\left(\frac{\partial Q}{\partial x}-\frac{\partial P}{\partial y}\right)\mathrm{d}x\mathrm{d}y = \oint\limits_{\overset{\frown}{ABPA}} P\mathrm{d}x + Q\mathrm{d}y,$$

$$\iint\limits_{D_3}\left(\frac{\partial Q}{\partial x}-\frac{\partial P}{\partial y}\right)\mathrm{d}x\mathrm{d}y = \oint\limits_{\overset{\frown}{BCNB}} P\mathrm{d}x + Q\mathrm{d}y,$$

三式相加，并注意到沿辅助线的曲线积分相互抵消，便得

$$\iint\limits_{D}\left(\frac{\partial Q}{\partial x}-\frac{\partial P}{\partial y}\right)\mathrm{d}x\mathrm{d}y = \oint_{L} P\mathrm{d}x + Q\mathrm{d}y.$$

这就证明了公式（9-17）对于任何有界闭区域 D 都成立．证毕.

在格林公式（9-17）中若取 $P=-y,Q=x$，则得

$$2\iint\limits_{D}\mathrm{d}x\mathrm{d}y = \oint_{L} x\mathrm{d}y - y\mathrm{d}x,$$

注意到 $\iint\limits_{D}\mathrm{d}x\mathrm{d}y$ 在数值上表示闭区域 D 的面积，因此我们得到格林公式的一个简单应用：平面闭区域 D 的面积为

$$A = \frac{1}{2}\oint_{L} x\mathrm{d}y - y\mathrm{d}x, \tag{9-20}$$

其中 L 是 D 的取正向的边界曲线.

【例 9-25】 求星形线 $x=a\cos^3 t,y=a\sin^3 t$ 所围成平面图形的面积 A.

解 根据公式（9-20）有

$$A = \frac{1}{2}\oint_{L} x\mathrm{d}y - y\mathrm{d}x$$

$$= \frac{1}{2}\int_{0}^{2\pi}\left[a\cos^3 t \cdot 3a\sin^2 t \cdot \cos t - a\sin^3 t \cdot 3a\cos^2 t \cdot (-\sin t)\right]\mathrm{d}t$$

$$= \frac{3}{2}a^2\int_{0}^{2\pi}\cos^2 t\sin^2 t\mathrm{d}t = \frac{3}{8}a^2\int_{0}^{2\pi}\sin^2 2t\mathrm{d}t = \frac{3}{8}\pi a^2.$$

格林公式的主要应用是将曲线积分用二重积分表示并计算.

【例 9-26】 计算 $\oint_{L}(x+2y)\mathrm{d}x+(x^2-y)\mathrm{d}y$，其中 L 为三顶点分别为 $(0,0)$、$(1,0)$ 和 $(0,1)$ 的三角形正向边界（图 9-46）.

解 令 $P=x+2y,Q=x^2-y$，则

$$\frac{\partial P}{\partial y}=2, \quad \frac{\partial Q}{\partial x}=2x, \quad \frac{\partial Q}{\partial x}-\frac{\partial P}{\partial y}=2(x-1),$$

由格林公式（9-17）得

$$\oint_L (x+2y)\mathrm{d}x + (x^2-y)\mathrm{d}y = \iint_D 2(x-1)\mathrm{d}x\mathrm{d}y$$

$$= 2\int_0^1 \mathrm{d}x \int_0^{1-x}(x-1)\mathrm{d}y$$

$$= -2\int_0^1 (x-1)^2\mathrm{d}x = -\frac{2}{3}.$$

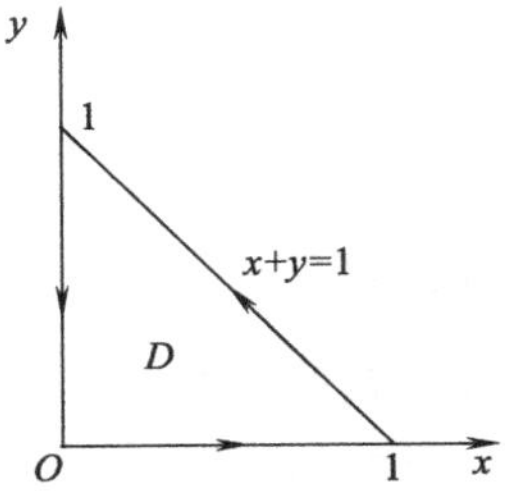

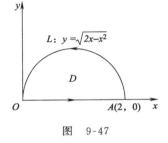

图　9-46

【例 9-27】　计算 $I = \displaystyle\int_L (\mathrm{e}^x \sin y - x - y)\mathrm{d}x + (\mathrm{e}^x \cos y + x)\mathrm{d}y$，其中 L 是在圆周 $y = \sqrt{2x-x^2}$ 上由点 $A(2,0)$ 到 $O(0,0)$ 的一段弧.

解　因曲线 L 不是封闭的，故不能直接使用格林公式. 如图 9-47 所示，添加一段从点 $O(0,0)$ 到 $A(2,0)$ 的有向线段 $\overrightarrow{OA}$，则 L 与 $\overrightarrow{OA}$ 一起构成一条封闭曲线，其围成的闭区域记为 D. 利用格林公式（9-17）得

$$\oint_{L+OA}(\mathrm{e}^x\sin y - x - y)\mathrm{d}x + (\mathrm{e}^x\cos y + x)\mathrm{d}y$$

$$= \iint_D 2\mathrm{d}\sigma = 2\cdot\frac{1}{2}\cdot\pi\cdot 1^2 = \pi.$$

又因为 OA：$y=0$，其中 x 从 0 变到 2，故

$$\int_{OA}(\mathrm{e}^x\sin y - x - y)\mathrm{d}x + (\mathrm{e}^x\cos y + x)\mathrm{d}y$$

$$= \int_0^2 (-x)\mathrm{d}x = -2,$$

所以

$$I = \oint_{L+OA}(\mathrm{e}^x\sin y - x - y)\mathrm{d}x + (\mathrm{e}^x\cos y + x)\mathrm{d}y -$$

$$\int_{OA}(\mathrm{e}^x\cos y - x - y)\mathrm{d}x + (\mathrm{e}^x\cos y + x)\mathrm{d}y$$

$$= \pi + 2.$$

9.7.2　平面上曲线积分与路径无关的条件

在物理学中，常常要研究一个力场所做的功是否与路径无关的问题. 这个问题在数学上就是要研究曲线积分与路径无关的条件. 为了研究这个问题，先要明确什么叫做曲线积分 $\displaystyle\int_L P\mathrm{d}x + Q\mathrm{d}y$ 与路径无关.

设 D 是一个区域，$P(x,y),Q(x,y)$ 在区域 D 内具有一阶连续偏导数. 如果对于 D 内任意指定的两个点 A,B 以及 D 内从点 A 到点 B 的任意两条曲线 L_1，

图　9-47

117

L_2（图 9-48），都有

$$\int_{L_1} P\mathrm{d}x + Q\mathrm{d}y = \int_{L_2} P\mathrm{d}x + Q\mathrm{d}y,$$

则称曲线积分 $\displaystyle\int_L P\mathrm{d}x + Q\mathrm{d}y$ 在 D 内与路径无关,否则便称与**路径有关**.

下面给出平面上曲线积分与路径无关的几个等价条件.

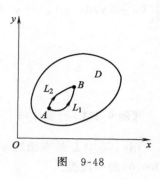

图 9-48

定理 9-4 设 D 是平面上的单连通区域⊖,函数 $P(x,y),Q(x,y)$ 在 D 内具有一阶连续偏导数,则下列三个命题等价:

(1) 对 D 内每一点,都有 $\dfrac{\partial P}{\partial y} = \dfrac{\partial Q}{\partial x}$;

(2) 对 D 内任一闭曲线 L,都有 $\displaystyle\oint_L P(x,y)\mathrm{d}x + Q(x,y)\mathrm{d}y = 0$;

(3) 曲线积分 $\displaystyle\int_L P(x,y)\mathrm{d}x + Q(x,y)\mathrm{d}y$ 在 D 内与路径无关.

证 先证明由(1)⟹(2).

设 L 是 D 内任一闭曲线,由于 D 是单连通区域,所以 L 所围成的闭区域 G 包含在 D 内,应用格林公式,有

$$\oint_L P(x,y)\mathrm{d}x + Q(x,y)\mathrm{d}y = \iint_G \left(\frac{\partial Q}{\partial x} - \frac{\partial P}{\partial y}\right)\mathrm{d}x\mathrm{d}y = 0.$$

故(2)成立.

再证明由(2)⟹(3).

设 A,B 是 D 内任意指定的两点,L_1,L_2 是 D 内从起点 A 到终点 B 的任意两条曲线,则 $L_1 + L_2^-$ 可看做一条从 A 点出发移动一周回到 A 点的闭曲线,由假设(2)成立,得

$$\oint_{L_1 + L_2^-} P(x,y)\mathrm{d}x + Q(x,y)\mathrm{d}y = 0.$$

又由曲线积分的性质可知

$$\int_{L_2^-} P(x,y)\mathrm{d}x + Q(x,y)\mathrm{d}y = -\int_{L_2} P(x,y)\mathrm{d}x + Q(x,y)\mathrm{d}y,$$

所以

$$\int_{L_1} P\mathrm{d}x + Q\mathrm{d}y = \int_{L_2} P\mathrm{d}x + Q\mathrm{d}y,$$

⊖ 如果平面区域 D 内任一闭曲线所围的部分都属于 D,则称 D 为平面**单连通区域**,通俗地说,单连通区域就是没有"洞"(包括点"洞")的区域.

故曲线积分 $\int_L P(x,y)\mathrm{d}x + Q(x,y)\mathrm{d}y$ 在 D 内与路径无关.

由 (3)⇒(1) 的证明从略.

根据上述定理,如果函数 $P(x,y)$、$Q(x,y)$ 在单连通区域 D 内具有一阶连续偏导数,且对 D 内每一点都有 $\dfrac{\partial P}{\partial y} = \dfrac{\partial Q}{\partial x}$,那么曲线积分 $\int_L P(x,y)\mathrm{d}x + Q(x,y)\mathrm{d}y$ 仅与 L 的起点 (x_0, y_0) 和终点 (x_1, y_1) 的位置有关而与路径无关,此时可将 $\int_L P(x,y)\mathrm{d}x + Q(x,y)\mathrm{d}y$ 记作

$$\int_{(x_0, y_0)}^{(x_1, y_1)} P(x,y)\mathrm{d}x + Q(x,y)\mathrm{d}y.$$

【例 9-28】　证明:在整个 xOy 平面内,曲线积分

$$I = \int_L (x + \mathrm{e}^y)\mathrm{d}x + (y + x\mathrm{e}^y)\mathrm{d}y$$

与路径无关,并求 $\int_{(0,0)}^{(1,1)} (x + \mathrm{e}^y)\mathrm{d}x + (y + x\mathrm{e}^y)\mathrm{d}y$.

证　记 $P = x + \mathrm{e}^y, Q = y + x\mathrm{e}^y$,则 P, Q 在整个 xOy 面上有一阶连续偏导数,且

$$\frac{\partial Q}{\partial x} = \mathrm{e}^y = \frac{\partial P}{\partial y},$$

故曲线积分与路径无关。现选取有向折线 OBA(图 9-49)计算 I.

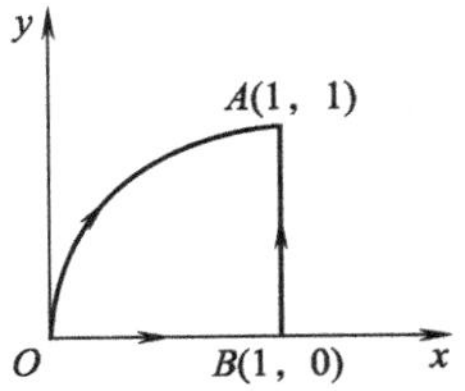

图　9-49

在 OB 上,$y = 0, x$ 从 0 变到 1,故

$$\int_{OB} (x + \mathrm{e}^y)\mathrm{d}x + (y + x\mathrm{e}^y)\mathrm{d}y = \int_0^1 (x + 1)\mathrm{d}x = \frac{3}{2};$$

在 BA 上,$x = 1, y$ 从 0 变到 1,故

$$\int_{BA} (x + \mathrm{e}^y)\mathrm{d}x + (y + x\mathrm{e}^y)\mathrm{d}y = \int_0^1 (y + \mathrm{e}^y)\mathrm{d}y = \mathrm{e} - \frac{1}{2},$$

所以,

$$I = \int_{OB} (x + \mathrm{e}^y)\mathrm{d}x + (y + x\mathrm{e}^y)\mathrm{d}y + \int_{BA} (x + \mathrm{e}^y)\mathrm{d}x + (y + x\mathrm{e}^y)\mathrm{d}y = \mathrm{e} + 1.$$

习　题　9.7

1. 利用格林公式计算下列曲线积分:

(1) $\oint_L (1 - x^2)y\mathrm{d}x + x(1 + y^2)\mathrm{d}y$,其中 L 是沿圆周 $x^2 + y^2 = a^2$,逆时针方向;

(2) $\oint_L (x^2 - 3y)\mathrm{d}x + (x + 2\sin y)\mathrm{d}y$,其中 L 是以点 $O(0,0)$,$A(1,0)$,$B(1,2)$

为顶点的三角形区域的正向边界；

（3）$\oint_L (x+2y)\mathrm{d}x + (2x-y)\mathrm{d}y$，其中 L 是由不等式 $|x|+|y| \leqslant 1$ 所确定的闭区域的正向边界；

（4）$\int_L (2x-y-4)\mathrm{d}x + (3x+5y-6)\mathrm{d}y$，其中 L 是由点 $O(0,0)$ 到点 $A(3,2)$ 再到点 $B(4,0)$ 的折线段；

（5）$\int_L (x^2-y)\mathrm{d}x + (x+\sin^2 y)\mathrm{d}y$，其中 L 是在曲线 $y=\sin x$ 上由点 $(\pi,0)$ 到点 $(0,0)$ 的一段弧.

2. 利用曲线积分，求下列曲线所围成的平面图形的面积：

（1）圆 $x=x_0+R\cos t, y=y_0+R\sin t$；

（2）椭圆 $\dfrac{x^2}{a^2}+\dfrac{y^2}{b^2}=1$.

3. 证明下列曲线积分在整个 xOy 面内与路径无关，并计算积分值：

（1）$\int_{(0,1)}^{(1,3)} (x^2+2xy^2)\mathrm{d}x + (2x^2y-y^3)\mathrm{d}y$；

（2）$\int_{(0,0)}^{(2,2)} (1+x\mathrm{e}^{2y})\mathrm{d}x + (x^2\mathrm{e}^{2y}-y)\mathrm{d}y$.

4. 计算曲线积分 $\int_L (xy^2-1)\mathrm{d}x + (x^2y+1)\mathrm{d}y$，其中 L 是在曲线 $x=\sqrt{2y-y^2}$ 上由点 $(0,0)$ 到点 $(0,2)$ 的一段弧.

总 习 题 9

1. 选择题

（1）若闭区域 D 由圆周 $x^2+y^2=a^2$ 围成，则 $\iint\limits_D (x^2+y^2)\mathrm{d}\sigma = ($　　$)$.

A. $\iint\limits_D a^2\mathrm{d}\sigma = \pi a^3$ 　　　　　　B. $\int_0^{2\pi}\mathrm{d}\theta\int_0^a \rho^2\mathrm{d}\rho = \dfrac{2}{3}\pi a^3$

C. $\int_0^{2\pi}\mathrm{d}\theta\int_0^a \rho^3\mathrm{d}\rho = \dfrac{1}{2}\pi a^4$ 　　　D. $\int_0^{2\pi}\mathrm{d}\theta\int_0^a a^3\mathrm{d}\rho = 2\pi a^4$

（2）设平面闭区域 $D = \{(x,y)\,|-a\leqslant x\leqslant a, -a\leqslant y\leqslant a\}$，$D_1 = \{(x,y)\,|\,0\leqslant x\leqslant a, 0\leqslant y\leqslant a\}$，则有（　　）.

A. $\iint\limits_D x\mathrm{d}\sigma = 4\iint\limits_{D_1} x\mathrm{d}\sigma$ 　　　　B. $\iint\limits_D y\mathrm{d}\sigma = 4\iint\limits_{D_1} y\mathrm{d}\sigma$

C. $\iint\limits_D (x+y)\mathrm{d}\sigma = 4\iint\limits_{D_1} (x+y)\mathrm{d}\sigma$ 　　D. $\iint\limits_D (x^2+y^2)\mathrm{d}\sigma = 4\iint\limits_{D_1} (x^2+y^2)\mathrm{d}\sigma$

(3) 设函数 $f(x,y)$ 连续,则 $\int_1^2 dx \int_x^2 f(x,y)dy + \int_1^2 dy \int_y^{4-y} f(x,y)dx = ($　　$)$.

A. $\int_1^2 dx \int_1^{4-x} f(x,y)dy$ 　　　　B. $\int_1^2 dx \int_x^{4-x} f(x,y)dy$

C. $\int_1^2 dy \int_1^{4-y} f(x,y)dx$ 　　　　D. $\int_1^2 dy \int_y^2 f(x,y)dx$

*(4) 设函数 $f(x,y)$ 有一阶连续偏导数,则曲线积分 $\int_L f(x,y)(ydx + xdy)$

与路径无关的条件为(　　)

A. $f'_y(x,y) = f'_x(x,y)$ 　　　　B. $yf'_y(x,y) = xf'_x(x,y)$

C. $f'_x(x,y) = -f'_y(x,y)$ 　　　　D. $yf'_x(x,y) = xf'_y(x,y)$

2. 填空题

(1) 设 $D = \{(x,y) \mid x^2 + y^2 \leqslant R^2\}$,则根据重积分的几何意义可得:
$\iint\limits_D \sqrt{R^2 - x^2 - y^2}d\sigma =$ _____.

(2) 设 $D = \{(x,y) \mid \sqrt{x^2 + y^2} \leqslant a\}$,函数 $f(x,y)$ 在 D 上连续,则根据二重积分的中值定理可得: $\lim\limits_{a \to 0^+} \dfrac{1}{\pi a^2} \iint\limits_D f(x,y)d\sigma =$ _____.

(3) 将 $I = \int_{-a}^a dx \int_{a-\sqrt{a^2-x^2}}^{a+\sqrt{a^2-x^2}} f(x,y)dy$ 化为极坐标下的二次积分,得 $I =$

_____.

*(4) 设 L 为椭圆 $\dfrac{x^2}{4} + \dfrac{y^2}{3} = 1$, L 的长度记为 l,则对弧长的曲线积分 $\int_L (3x^2 + 4y^2)ds =$ _____.

3. 交换下列二次积分的次序:

(1) $\int_0^1 dy \int_0^{2y} f(x,y)dx + \int_1^3 dy \int_0^{3-y} f(x,y)dx$;

(2) $\int_0^1 dx \int_{\sqrt{x}}^{1+\sqrt{1-x^2}} f(x,y)dy$.

4. 计算 $\int_0^a dy \int_y^a e^{-x^2} dx (a > 0)$.

5. 计算下列二重积分:

(1) $\iint\limits_D (x^2 - y^2)d\sigma$,其中 $D = \{(x,y) \mid 0 \leqslant y \leqslant \sin x, 0 \leqslant x \leqslant \pi\}$;

(2) $\iint\limits_D \sqrt{R^2 - x^2 - y^2}d\sigma$,其中 D 是由圆周 $x^2 + y^2 = Rx$ 所围成闭区域;

(3) $\iint\limits_D |\cos(x + y)| dxdy$,其中 D 是由直线 $y = x, y = 0, x = \dfrac{\pi}{2}$ 所围成闭

区域.

6. 求平面 $\dfrac{x}{a} + \dfrac{y}{b} + \dfrac{z}{c} = 1$ 被三坐标面所割出的有限部分的面积.

7. 求由抛物线 $y = x^2$ 及直线 $y = 1$ 所围成的均匀薄片(面密度为常数1)对于直线 $y = 0$ 及 $y = -1$ 的转动惯量.

*8. 计算下列三重积分：

(1) $\displaystyle\iiint\limits_{\Omega} z \mathrm{d}v$,其中 Ω 是由 $z = \sqrt{4 - x^2 - y^2}$ 与 $x^2 + y^2 = 3z$ 所围成的区域；

(2) $\displaystyle\iiint\limits_{\Omega} (x^2 + y^2 + z) \mathrm{d}v$,其中 Ω 是由曲线 $\begin{cases} y^2 = 2z, \\ x = 0 \end{cases}$ 绕 z 轴旋转一周而成旋转面与平面 $z = 4$ 所围成的闭区域.

*9. 化三次积分 $I = \displaystyle\int_{-1}^{1} \mathrm{d}x \int_{-\sqrt{1-x^2}}^{\sqrt{1-x^2}} \mathrm{d}y \int_{0}^{\sqrt{1-x^2-y^2}} (x^2 + y^2) \mathrm{d}z$ 为柱面坐标形式,并求 I 的值.

*10. 计算下列曲线积分：

(1) $\displaystyle\oint_{L} (2xy - 2y) \mathrm{d}x + (x^2 - 4x) \mathrm{d}y$,其中 L 是取正向的圆周 $x^2 + y^2 = 9$；

(2) $\displaystyle\int_{L} (1 - x\cos 2y) \mathrm{d}x + (x + x^2 \sin 2y) \mathrm{d}y$,其中 L 为从点 $A(2,0)$ 沿曲线 $y = \sqrt{2x - x^2}$ 到点 $O(0,0)$.

*11. 一空间均匀物体(密度为常数 ρ)占有的闭区域 Ω 是由曲面 $z = x^2 + y^2$ 和平面 $z = 0, x = |a|, y = |a|$ 所围成,

(1) 求物体的体积；

(2) 求物体的质心；

(3) 求物体关于 z 轴的转动惯量.

中国创造:LAMOST

第 10 章 无 穷 级 数

无穷级数与数列的极限密切相关,是高等数学的一个重要组成部分.无穷级数在表示函数、研究函数的性质、进行数值计算等方面都有着重要的应用.本章首先讨论常数项级数,并介绍无穷级数的一些基本内容;然后讨论函数项级数,并着重讨论如何将函数展开成幂级数的问题.

10.1 常数项级数的概念与性质

10.1.1 常数项级数的概念

实例 已知线段 AB(图 10-1),设其长为 S,取 A_1 为 AB 的中点,A_2 为 A_1B 的中点,$\cdots$,A_n 为 $A_{n-1}B$ 的中点,$\cdots$.各线段长度记为 $a_1,a_2,\cdots,a_n,\cdots$,即

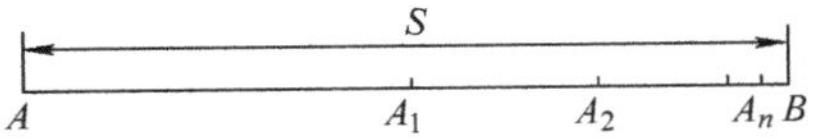

图 10-1

$$a_1=|AA_1|, \quad a_2=|A_1A_2|, \quad \cdots, \quad a_n=|A_{n-1}A_n|, \quad \cdots,$$

其中

$$a_n=\frac{1}{2^n}|AB|=\frac{1}{2^n}S.$$

将这无穷多个数依次用加号连接,得到的应是线段总长度的表达式

$$S=a_1+a_2+\cdots+a_n+\cdots.$$

类似上述这种无穷多个数相加的式子在研究其他问题时也会遇到,在数学上抽象为无穷级数的概念.

定义 10-1 设有数列 $\{u_n\}$,称式子

$$u_1+u_2+\cdots+u_n+\cdots$$

为**常数项无穷级数**,简称为**数项级数**或**级数**,记为 $\sum\limits_{n=1}^{\infty} u_n$,即

$$\sum_{n=1}^{\infty} u_n=u_1+u_2+\cdots+u_n+\cdots, \tag{10-1}$$

其中 $u_1,u_2,\cdots$ 依次叫做级数的第 1 项,第 2 项,$\cdots$,u_n 又叫做级数的**一般项**或**通项**.

例如,级数 $\frac{1}{2}+\frac{1}{4}+\frac{1}{8}+\cdots+\frac{1}{2^n}+\cdots$ 的一般项为 $u_n=\frac{1}{2^n}$,即有

$$\frac{1}{2}+\frac{1}{4}+\frac{1}{8}+\cdots+\frac{1}{2^n}+\cdots=\sum_{n=1}^{\infty}\frac{1}{2^n};$$

再如级数 $1-1+1-1+\cdots$ 的一般项为 $u_n=(-1)^{n+1}$,即有

$$1-1+1-1+\cdots+(-1)^{n+1}+\cdots=\sum_{n=1}^{\infty}(-1)^{n+1}.$$

无穷级数的定义只是形式上表达了无穷多个数的和,应该怎样理解其意义呢? 我们进一步分析一下前面的实例.

对任意正整数 n ,线段 AA_n 的长度 $|AA_n|$ 为级数 $\sum\limits_{n=1}^{\infty}a_n$ 的前 n 项的和,即

$$|AA_n|=a_1+a_2+\cdots+a_n=\frac{1}{2}S+\frac{1}{4}S+\cdots+\frac{1}{2^n}S$$

$$=\frac{1}{2}\ \frac{1-\frac{1}{2^n}}{1-\frac{1}{2}}S=(1-\frac{1}{2^n})S,$$

所以

$$\lim_{n\to\infty}|AA_n|=\lim_{n\to\infty}\left(1-\frac{1}{2^n}\right)S=S.$$

此式表明,线段的总长度可以用级数 $\sum\limits_{n=1}^{\infty}a_n$ 的前 n 项的和的极限表示,即

$$S=\lim_{n\to\infty}(a_1+a_2+\cdots+a_n).$$

一般地,我们给出如下定义.

定义 10-2 记级数 $u_1+u_2+\cdots+u_n+\cdots$ 的前 n 项的和为 S_n ,即

$$S_n=u_1+u_2+\cdots+u_n,$$

并称数列 $\{S_n\}$ 为级数 $u_1+u_2+\cdots+u_n+\cdots$ 的前 n 项**部分和数列**.

定义 10-3 如果级数 $\sum\limits_{n=1}^{\infty}u_n$ 的部分和数列 $\{S_n\}$ 收敛,即

$$\lim_{n\to\infty}S_n=S,$$

则称级数 $\sum\limits_{n=1}^{\infty}u_n$ **收敛**,且称极限值 S 为级数 $\sum\limits_{n=1}^{\infty}u_n$ 的**和**,并写成

$$S=\sum_{n=1}^{\infty}u_n=u_1+u_2+\cdots+u_n+\cdots.$$

如果级数 $\sum\limits_{n=1}^{\infty}u_n$ 的部分和数列 $\{S_n\}$ 发散,则称级数 $\sum\limits_{n=1}^{\infty}u_n$ **发散**.

如果级数 $u_1+u_2+\cdots+u_n+\cdots$ 收敛于 S ,则必有 $\lim\limits_{n\to\infty}(S-S_n)=0$,称

$$r_n=S-S_n=\sum_{k=1}^{\infty}u_{n+k} \qquad\qquad (10\text{-}2)$$

为该级数的**余项**. 显然,以 S_n 作为级数和 S 的近似值,所产生的误差为

$$|r_n| = |S - S_n| = \left| \sum_{k=1}^{\infty} u_{n+k} \right|.$$

由定义 10-3 可知,判定级数是否收敛就转化为判定其部分和数列是否收敛.

【**例 10-1**】 判定级数 $\dfrac{1}{1 \cdot 2} + \dfrac{1}{2 \cdot 3} + \cdots + \dfrac{1}{n(n+1)} + \cdots$ 的敛散性.

解 因为 $u_n = \dfrac{1}{n(n+1)} = \dfrac{1}{n} - \dfrac{1}{n+1}$,所以

$$S_n = \frac{1}{1 \cdot 2} + \frac{1}{2 \cdot 3} + \cdots + \frac{1}{n(n+1)}$$

$$= \left(1 - \frac{1}{2}\right) + \left(\frac{1}{2} - \frac{1}{3}\right) + \cdots + \left(\frac{1}{n} - \frac{1}{n+1}\right)$$

$$= 1 - \frac{1}{n+1},$$

从而

$$\lim_{n \to \infty} S_n = \lim_{n \to \infty} \left(1 - \frac{1}{n+1}\right) = 1,$$

即级数收敛且和为 1.

【**例 10-2**】 证明:公比为 q 的**等比级数(几何级数)**

$$\sum_{n=1}^{\infty} aq^{n-1} = a + aq + \cdots + aq^{n-1} + \cdots \quad (a \neq 0)$$

当 $|q| < 1$ 时收敛,其和为 $S = \dfrac{a}{1-q}$,当 $|q| \geqslant 1$ 时发散.

证 当 $q \neq 1$ 时,有

$$S_n = a(1 + q + \cdots + q^{n-1}) = \frac{a(1-q^n)}{1-q},$$

如果 $|q| < 1$,则由 $\lim\limits_{n \to \infty} q^n = 0$,得

$$\lim_{n \to \infty} S_n = \frac{a}{1-q};$$

如果 $|q| > 1$,则由 $\lim\limits_{n \to \infty} q^n = \infty$,得

$$\lim_{n \to \infty} S_n = \infty.$$

当 $q = 1$ 时,有

$$S_n = na, \text{故} \lim_{n \to \infty} S_n = \infty;$$

当 $q = -1$ 时,有

$$S_n = \begin{cases} a, & n \text{ 为奇数}; \\ 0, & n \text{ 为偶数}, \end{cases}$$

故 $\lim\limits_{n \to \infty} S_n$ 不存在.

综上所述,当 $|q|<1$ 时,等比级数收敛,且和为 $S=\dfrac{a}{1-q}$;当 $|q|\geqslant1$ 时,等比级数发散.

10.1.2　常数项级数的基本性质

性质 1　设 k 为非零常数,则级数 $\displaystyle\sum_{n=1}^{\infty}ku_n$ 与级数 $\displaystyle\sum_{n=1}^{\infty}u_n$ 有相同的敛散性,且当级数收敛时,有

$$\sum_{n=1}^{\infty}ku_n=k\sum_{n=1}^{\infty}u_n.$$

证　设级数 $\displaystyle\sum_{n=1}^{\infty}u_n$ 与 $\displaystyle\sum_{n=1}^{\infty}ku_n$ 的部分和分别为 S_n 与 T_n,则

$$T_n=ku_1+ku_2+\cdots+ku_n=kS_n,$$

由极限运算法则知,数列 $\{T_n\}$ 与 $\{S_n\}$ 的敛散性相同,从而级数 $\displaystyle\sum_{n=1}^{\infty}ku_n$ 与 $\displaystyle\sum_{n=1}^{\infty}u_n$ 敛散性相同.且当级数收敛时,

$$\lim_{n\to\infty}T_n=\lim_{n\to\infty}kS_n=k\lim_{n\to\infty}S_n,$$

即

$$\sum_{n=1}^{\infty}ku_n=k\sum_{n=1}^{\infty}u_n.$$

性质 2　如果级数 $\displaystyle\sum_{n=1}^{\infty}u_n$ 与 $\displaystyle\sum_{n=1}^{\infty}v_n$ 都收敛,则级数 $\displaystyle\sum_{n=1}^{\infty}(u_n\pm v_n)$ 也收敛,且

$$\sum_{n=1}^{\infty}(u_n\pm v_n)=\sum_{n=1}^{\infty}u_n\pm\sum_{n=1}^{\infty}v_n.$$

证　设级数 $\displaystyle\sum_{n=1}^{\infty}u_n$ 与 $\displaystyle\sum_{n=1}^{\infty}v_n$ 的部分和分别为 S_n 与 T_n,级数 $\displaystyle\sum_{n=1}^{\infty}(u_n\pm v_n)$ 的部分和为 M_n,则

$$M_n=(u_1\pm v_1)+(u_2\pm v_2)+\cdots+(u_n\pm v_n)=S_n\pm T_n,$$

因为数列 $\{S_n\}$ 与 $\{T_n\}$ 都收敛,由数列极限的运算法则,得数列 $\{M_n\}$ 收敛,且

$$\lim_{n\to\infty}M_n=\lim_{n\to\infty}S_n\pm\lim_{n\to\infty}T_n,$$

即级数 $\displaystyle\sum_{n=1}^{\infty}(u_n\pm v_n)$ 也收敛,且

$$\sum_{n=1}^{\infty}(u_n\pm v_n)=\sum_{n=1}^{\infty}u_n\pm\sum_{n=1}^{\infty}v_n.$$

性质 3　在级数 $\displaystyle\sum_{n=1}^{\infty}u_n$ 前面去掉(或加上、或改变)有限项,级数的敛散性不变.

证　仅就在级数前面去掉有限项的情形进行证明,其他情形类似可证.

设在级数 $\sum\limits_{n=1}^{\infty} u_n$ 前面去掉 k 项,得新级数
$$v_1 + v_2 + \cdots + v_n + \cdots,$$
其中 $v_n = u_{k+n}$,且新级数的前 n 项和为
$$T_n = v_1 + v_2 + \cdots + v_n = u_{k+1} + u_{k+2} + \cdots + u_{k+n} = S_{k+n} - S_k,$$
其中 S_k, S_{k+n} 分别表示原级数的前 k 项和及前 $k+n$ 项和. 由于 k 是常数,所以 S_k 是常数,故由上式可看出:当 $n \to \infty$ 时,T_n 与 S_{k+n} 同时收敛或同时发散,所以新级数与原级数有相同的敛散性.

性质 3 表明级数的敛散性与其前面的有限项无关.

性质 4　对收敛级数任意加括号后所构成的级数仍然收敛,且其和不变.

证　设收敛级数 $\sum\limits_{n=1}^{\infty} u_n$ 的和为 S,加括号后的新级数为 $\sum\limits_{n=1}^{\infty} v_n$,其中 v_n 为所加第 n 个括号内各项之和,又设级数 $\sum\limits_{n=1}^{\infty} u_n$ 与 $\sum\limits_{n=1}^{\infty} v_n$ 的前 n 项之和分别为 S_n 与 T_n,则

$$\begin{aligned}
T_n &= v_1 + v_2 + \cdots + v_n \\
&= (u_1 + u_2 + \cdots + u_{k_1}) + (u_{k_1+1} + u_{k_1+2} + \cdots + u_{k_1+k_2}) + \cdots + \\
&\quad (u_{k_1+k_2+\cdots+k_{n-1}+1} + u_{k_1+k_2+\cdots+k_{n-1}+2} + \cdots + u_{k_1+k_2+\cdots+k_n}),
\end{aligned}$$

因为 $\lim\limits_{n\to\infty} S_n = S$,由收敛数列的性质知
$$\lim_{n\to\infty} T_n = \lim_{n\to\infty} S_{k_1+k_2+\cdots+k_n} = S,$$
即级数 $\sum\limits_{n=1}^{\infty} v_n$ 收敛,且其和仍为 S.

注　(1) 性质 4 的逆否命题是:如果加括号后的级数发散,则原级数一定发散.此结论可用来判定级数发散.

(2) 性质 4 的逆命题不成立.即如果加括号后的级数收敛,则原级数不一定收敛.例如,加括号后的级数
$$(1-1) + (1-1) + \cdots + (1-1) + \cdots$$
收敛,但原级数
$$1 - 1 + 1 - 1 + \cdots = \sum_{n=1}^{\infty} (-1)^{n+1}$$
却是发散的.

【例 10-3】　证明:调和级数
$$\sum_{n=1}^{\infty} \frac{1}{n} = 1 + \frac{1}{2} + \cdots + \frac{1}{n} + \cdots$$
发散.

证 考虑下列加括号后的级数

$$1+\frac{1}{2}+\left(\frac{1}{3}+\frac{1}{4}\right)+\left(\frac{1}{5}+\frac{1}{6}+\frac{1}{7}+\frac{1}{8}\right)+\left(\frac{1}{9}+\frac{1}{10}+\cdots+\frac{1}{16}\right)+\cdots,\quad(10\text{-}3)$$

由于每个括号内的几个数之和都大于 $\frac{1}{2}$，故级数(10-3)的前 n 项部分和 S_n 满足

$$S_n>1+\frac{1}{2}+(n-2)\cdot\frac{1}{2}=\frac{1}{2}n+\frac{1}{2},\quad\lim_{n\to\infty}S_n=+\infty,$$

即级数(10-3)发散，从而得到调和级数 $\displaystyle\sum_{n=1}^{\infty}\frac{1}{n}$ 发散.

性质 5(级数收敛的必要条件) 如果级数 $\displaystyle\sum_{n=1}^{\infty}u_n$ 收敛，则必有 $\displaystyle\lim_{n\to\infty}u_n=0$.

证 因为 $n\geqslant2$ 时

$$u_n=S_n-S_{n-1},$$

而级数 $\displaystyle\sum_{n=1}^{\infty}u_n$ 收敛，设其和为 S，则

$$\lim_{n\to\infty}S_n=S,\quad\lim_{n\to\infty}S_{n-1}=S.$$

所以

$$\lim_{n\to\infty}u_n=\lim_{n\to\infty}(S_n-S_{n-1})=S-S=0.$$

注 (1) 性质 5 的逆否命题是：如果 $\displaystyle\lim_{n\to\infty}u_n\neq0$，则级数 $\displaystyle\sum_{n=1}^{\infty}u_n$ 一定发散. 此结论可用来判定级数发散.

(2) 性质 5 的逆命题不成立. 即如果 $\displaystyle\lim_{n\to\infty}u_n=0$，则不能得到级数 $\displaystyle\sum_{n=1}^{\infty}u_n$ 收敛的结论. 例如调和级数 $\displaystyle\sum_{n=1}^{\infty}\frac{1}{n}$，尽管 $\displaystyle\lim_{n\to\infty}\frac{1}{n}=0$，但 $\displaystyle\sum_{n=1}^{\infty}\frac{1}{n}$ 是发散级数.

【例 10-4】 判定下列级数的敛散性：

(1) $\displaystyle\sum_{n=1}^{\infty}\frac{n}{2n+1}$； (2) $\displaystyle\sum_{n=1}^{\infty}\left(\frac{1}{2^n}-\frac{3}{n}\right)$.

解 (1) 因为

$$\lim_{n\to\infty}u_n=\lim_{n\to\infty}\frac{n}{2n+1}=\frac{1}{2}\neq0,$$

由性质 5，得级数 $\displaystyle\sum_{n=1}^{\infty}\frac{n}{2n+1}$ 发散；

(2) 由例 10-2 知等比级数 $\displaystyle\sum_{n=1}^{\infty}\frac{1}{2^n}$ 收敛，由调和级数发散及性质 1 知 $\displaystyle\sum_{n=1}^{\infty}\frac{3}{n}$ 发散，再由性质 2，所给级数

$$\sum_{n=1}^{\infty}\left(\frac{1}{2^n}-\frac{3}{n}\right)$$

发散.

习 题 10. 1

1. 写出下列级数的一般项：

(1) $\dfrac{1}{2}+\dfrac{1}{4}+\dfrac{1}{6}+\dfrac{1}{8}+\cdots$;

(2) $\dfrac{2}{2}+\dfrac{3}{5}+\dfrac{4}{10}+\dfrac{5}{17}+\cdots$;

(3) $\dfrac{2}{1}-\dfrac{3}{2}+\dfrac{4}{3}-\dfrac{5}{4}+\cdots$;

(4) $\dfrac{a^2}{3}-\dfrac{a^3}{5}+\dfrac{a^4}{7}-\dfrac{a^5}{9}+\cdots$.

2. 已知级数 $\displaystyle\sum_{n=1}^{\infty} u_n$ 的前 n 项部分和为 $S_n=\dfrac{2n}{n+1}$，求 u_1,u_2,u_n，并求级数的和.

3. 用定义判别下列级数的敛散性：

(1) $\displaystyle\sum_{n=1}^{\infty}(\sqrt{n+1}-\sqrt{n})$;

(2) $\displaystyle\sum_{n=1}^{\infty}\dfrac{1}{(2n-1)(2n+1)}$;

(3) $\displaystyle\sum_{n=1}^{\infty}\ln\dfrac{n+1}{n}$.

4. 判别下列级数的敛散性：

(1) $-\dfrac{2}{3}+\dfrac{2^2}{3^2}-\dfrac{2^3}{3^3}+\cdots+(-1)^n\dfrac{2^n}{3^n}+\cdots$;

(2) $\dfrac{1}{2}+\dfrac{2}{3}+\dfrac{3}{4}+\dfrac{4}{5}+\cdots$;

(3) $\left(\dfrac{1}{2}+\dfrac{2}{3}\right)+\left(\dfrac{1}{2^2}+\dfrac{2}{3^2}\right)+\cdots+\left(\dfrac{1}{2^n}+\dfrac{2}{3^n}\right)+\cdots$;

(4) $\displaystyle\sum_{n=1}^{\infty}\left(\dfrac{1}{2n}-\dfrac{1}{2^n}\right)$;

(5) $\displaystyle\sum_{n=1}^{\infty}\dfrac{3+(-1)^{n-1}}{4^n}$.

5. 如果级数 $\displaystyle\sum_{n=1}^{\infty} u_n$ 收敛，判别下列级数的敛散性：

(1) $100+\displaystyle\sum_{n=1}^{\infty} u_n$;

(2) $\displaystyle\sum_{n=1}^{\infty}(u_n-100)$;

(3) $\displaystyle\sum_{n=1}^{\infty}100u_n$;

(4) $\displaystyle\sum_{n=1}^{\infty}\dfrac{100}{u_n}$.

10. 2 常数项级数的审敛法

在本节中，按照常数项级数各项取值的正负，将其分为正项级数、交错级数及任意项级数这三类，下面通过研究各类级数部分和数列的特性，建立判别其敛散性的方法.

10.2.1 正项级数及其审敛法

定义 10-4 如果级数 $\sum\limits_{n=1}^{\infty} u_n$ 的每一项都是非负数，即 $u_n \geq 0 (n=1,2,\cdots)$，则称其为**正项级数**.

设正项级数 $\sum\limits_{n=1}^{\infty} u_n$ 的部分和为 S_n，由于 $S_n - S_{n-1} = u_n \geq 0$，所以数列 $\{S_n\}$ 满足：

$$S_1 \leq S_2 \leq \cdots \leq S_n \leq \cdots,$$

即数列 $\{S_n\}$ 单调增加. 根据极限存在的单调有界准则，这里 $\{S_n\}$ 收敛的充分必要条件是 $\{S_n\}$ 有界. 因此得到正项级数 $\sum\limits_{n=1}^{\infty} u_n$ 收敛的如下定理：

定理 10-1 正项级数 $\sum\limits_{n=1}^{\infty} u_n$ 收敛的充分必要条件是它的部分和数列 $\{S_n\}$ 有界.

定理 10-1 表明，可以通过部分和数列的有界性判定正项级数的收敛性，这样我们就可得正项级数的比较审敛法.

定理 10-2(比较审敛法) 对正项级数 $\sum\limits_{n=1}^{\infty} u_n$，

（1）如果存在收敛的正项级数 $\sum\limits_{n=1}^{\infty} v_n$，且 $u_n \leq v_n, (n=1,2,\cdots)$，则级数 $\sum\limits_{n=1}^{\infty} u_n$ 也收敛；

（2）如果存在发散的正项级数 $\sum\limits_{n=1}^{\infty} v_n$，且 $u_n \geq v_n, (n=1,2,\cdots)$，则级数 $\sum\limits_{n=1}^{\infty} u_n$ 也发散.

证 设级数 $\sum\limits_{n=1}^{\infty} u_n$ 的部分和为 S_n，级数 $\sum\limits_{n=1}^{\infty} v_n$ 的部分和为 T_n，则

（1） $S_n = u_1 + u_2 + \cdots + u_n \leq v_1 + v_2 + \cdots + v_n = T_n, \quad (n=1,2,\cdots),$

由于级数 $\sum\limits_{n=1}^{\infty} v_n$ 收敛，由定理 10-1 可知数列 $\{T_n\}$ 有界，因此数列 $\{S_n\}$ 也有界，故级数 $\sum\limits_{n=1}^{\infty} u_n$ 收敛.

（2） $S_n = u_1 + u_2 + \cdots + u_n \geq v_1 + v_2 + \cdots + v_n = T_n, \quad (n=1,2,\cdots),$

由于级数 $\sum\limits_{n=1}^{\infty} v_n$ 发散，由定理 10-1 可知数列 $\{T_n\}$ 无界，因此数列 $\{S_n\}$ 也无界，故级数 $\sum\limits_{n=1}^{\infty} u_n$ 发散.

由于级数的每一项同乘以一个非零常数 k 及去掉级数前面部分的有限项,不会影响级数的敛散性,所以对定理 10-2 中的条件可作适当的修改,得如下推论:

推论　对正项级数 $\sum\limits_{n=1}^{\infty} u_n$,

（1）如果存在收敛的正项级数 $\sum\limits_{n=1}^{\infty} v_n$ 及正整数 N,使得当 $n \geqslant N$ 时,有

$$u_n \leqslant k v_n, \quad (k>0)$$

成立,则级数 $\sum\limits_{n=1}^{\infty} u_n$ 也收敛;

（2）如果存在发散的正项级数 $\sum\limits_{n=1}^{\infty} v_n$ 及正整数 N,使得当 $n \geqslant N$ 时,有

$$u_n \geqslant k v_n, \quad (k>0)$$

成立,则级数 $\sum\limits_{n=1}^{\infty} u_n$ 也发散.

【例 10-5】　讨论下面级数的敛散性:

（1）$\sum\limits_{n=1}^{\infty} \dfrac{2}{3^{n-1}+1}$;　　　　　　（2）$\sum\limits_{n=2}^{\infty} \dfrac{1}{\ln n}$.

解　（1）因为

$$0 < \frac{2}{3^{n-1}+1} < \frac{2}{3^{n-1}} \quad (n=1,2,\cdots),$$

而级数 $\sum\limits_{n=1}^{\infty} \dfrac{2}{3^{n-1}}$ 是公比为 $\dfrac{1}{3}$ 的收敛的等比级数,由比较审敛法知所给级数收敛.

（2）因为 $n \geqslant 2$ 时,

$$\frac{1}{\ln n} > \frac{1}{n} > 0,$$

而调和级数 $\sum\limits_{n=1}^{\infty} \dfrac{1}{n}$ 发散,由比较审敛法得级数 $\sum\limits_{n=2}^{\infty} \dfrac{1}{\ln n}$ 发散.

【例 10-6】　讨论 p-级数

$$\sum_{n=1}^{\infty} \frac{1}{n^p} = 1 + \frac{1}{2^p} + \frac{1}{3^p} + \cdots + \frac{1}{n^p} + \cdots$$

的敛散性,其中常数 $p>0$.

解　当 $p \leqslant 1$ 时,

$$\frac{1}{n^p} \geqslant \frac{1}{n} \quad (n=1,2,\cdots),$$

而调和级数 $\sum\limits_{n=1}^{\infty} \dfrac{1}{n}$ 发散,由比较审敛法得 p-级数 $\sum\limits_{n=1}^{\infty} \dfrac{1}{n^p}$ 发散.

当 $p>1$ 时,

$$\frac{1}{n^p} = \int_{n-1}^{n} \frac{1}{n^p} \mathrm{d}x \leqslant \int_{n-1}^{n} \frac{1}{x^p} \mathrm{d}x \quad (n=2,3,\cdots),$$

所给 p-级数 $\sum\limits_{n=1}^{\infty} \frac{1}{n^p}$ 前 n 项部分和

$$S_n = 1 + \frac{1}{2^p} + \frac{1}{3^p} + \cdots + \frac{1}{n^p} \leqslant 1 + \int_1^2 \frac{1}{x^p}\mathrm{d}x + \int_2^3 \frac{1}{x^p}\mathrm{d}x + \cdots + \int_{n-1}^{n} \frac{1}{x^p}\mathrm{d}x$$

$$= 1 + \int_1^n \frac{1}{x^p}\mathrm{d}x = 1 + \frac{1}{p-1}\left(1 - \frac{1}{n^{p-1}}\right) < 1 + \frac{1}{p-1},$$

即 $\{S_n\}$ 有界，由定理 10-1 知 $\sum\limits_{n=1}^{\infty} \frac{1}{n^p}$ 收敛.

综上所述，p-级数 $\sum\limits_{n=1}^{\infty} \frac{1}{n^p}$ 当 $p>1$ 时收敛，当 $p \leqslant 1$ 时发散.

用比较审敛法判定级数敛散性的关键，是找到已知敛散性的参与比较的级数，常用的参与比较的级数有几何级数、p-级数等.

由正项级数的比较审敛法可以导出下面的定理，在应用中往往更为方便.

定理 10-3（比较审敛法的极限形式） 设有正项级数 $\sum\limits_{n=1}^{\infty} u_n$ 和 $\sum\limits_{n=1}^{\infty} v_n$，且

$$\lim_{n\to\infty} \frac{u_n}{v_n} = l \quad (0 \leqslant l \leqslant +\infty),$$

（1）如果 $0 < l < +\infty$，则级数 $\sum\limits_{n=1}^{\infty} u_n$ 与 $\sum\limits_{n=1}^{\infty} v_n$ 同时收敛，同时发散；

（2）如果 $l=0$，且级数 $\sum\limits_{n=1}^{\infty} v_n$ 收敛，则级数 $\sum\limits_{n=1}^{\infty} u_n$ 也收敛；

（3）如果 $l=+\infty$，且级数 $\sum\limits_{n=1}^{\infty} v_n$ 发散，则级数 $\sum\limits_{n=1}^{\infty} u_n$ 也发散.

证 （1）当 $0 < l < +\infty$ 时，由数列极限定义可知，对 $\varepsilon = \frac{l}{2}$，存在正整数 N，当 $n \geqslant N$ 时，有

$$\left|\frac{u_n}{v_n} - l\right| < \frac{l}{2},$$

即

$$\frac{l}{2} v_n < u_n < \frac{3l}{2} v_n,$$

再根据比较审敛法的推论，可得两级数同时收敛或同时发散.

（2）当 $l=0$ 时，由数列极限定义可知，对 $\varepsilon = 1$，存在正整数 N，当 $n \geqslant N$ 时，有

$$\left|\frac{u_n}{v_n} - 0\right| < 1,$$

即

$$u_n < v_n,$$

根据比较审敛法的推论,可知当级数 $\sum\limits_{n=1}^{\infty} v_n$ 收敛时,级数 $\sum\limits_{n=1}^{\infty} u_n$ 也收敛.

(3)当 $l=+\infty$ 时,转化为 $\lim\limits_{n\to\infty}\dfrac{v_n}{u_n}=0$,由(2)可知,当级数 $\sum\limits_{n=1}^{\infty} v_n$ 发散时,级数

$\sum\limits_{n=1}^{\infty} u_n$ 也发散.

【例 10-7】 判定下列级数的敛散性:

(1) $\sum\limits_{n=1}^{\infty} \dfrac{1}{\sqrt{n^2+n-1}}$; (2) $\sum\limits_{n=1}^{\infty} \dfrac{2n-1}{(n^2+1)(n+1)}$;

(3) $\sum\limits_{n=1}^{\infty} \dfrac{1}{2^{n+1}-3}$.

解 (1)因为

$$\lim_{n\to\infty}\frac{\dfrac{1}{\sqrt{n^2+n-1}}}{\dfrac{1}{n}}=\lim_{n\to\infty}\frac{1}{\sqrt{1+\dfrac{1}{n}-\dfrac{1}{n^2}}}=1,$$

而级数 $\sum\limits_{n=1}^{\infty} \dfrac{1}{n}$ 发散,所以原级数发散.

(2)因为

$$\lim_{n\to\infty}\frac{\dfrac{2n-1}{(n^2+1)(n+1)}}{\dfrac{1}{n^2}}=\lim_{n\to\infty}\frac{n^2(2n-1)}{(n^2+1)(n+1)}=2,$$

而级数 $\sum\limits_{n=1}^{\infty} \dfrac{1}{n^2}$ 收敛,所以原级数收敛.

(3)因为

$$\lim_{n\to\infty}\frac{\dfrac{1}{2^{n+1}-3}}{\dfrac{1}{2^n}}=\lim_{n\to\infty}\frac{1}{2-\dfrac{3}{2^n}}=\frac{1}{2},$$

而级数 $\sum\limits_{n=1}^{\infty} \dfrac{1}{2^n}$ 收敛,所以原级数收敛.

利用比较审敛法判别正项级数的敛散性,需要选取适当的级数作为比较的基准.下面将正项级数与等比级数比较,得到判别一类正项级数敛散性的比值审敛法.

定理 10-4(比值审敛法) 设 $\sum\limits_{n=1}^{\infty} u_n$ 是正项级数,记

133

$$\lim_{n\to\infty}\frac{u_{n+1}}{u_n}=\rho \quad (0\leqslant\rho\leqslant+\infty),$$

（1）如果 $\rho<1$，则级数 $\sum_{n=1}^{\infty}u_n$ 收敛；

（2）如果 $\rho>1$(或为∞)，则级数 $\sum_{n=1}^{\infty}u_n$ 发散；

（3）如果 $\rho=1$，则级数 $\sum_{n=1}^{\infty}u_n$ 可能收敛,也可能发散.

证 （1）因为 $\rho<1$,所以可以取到一个适当小的正数 ε,使得 $\rho+\varepsilon=r<1$. 由于

$$\lim_{n\to\infty}\frac{u_{n+1}}{u_n}=\rho,$$

故对上述正数 ε,存在正整数 N,当 $n\geqslant N$ 时,有

$$\left|\frac{u_{n+1}}{u_n}-\rho\right|<\varepsilon$$

成立,即

$$\frac{u_{n+1}}{u_n}<\rho+\varepsilon=r.$$

因此

$$u_{N+1}<ru_N,u_{N+2}<ru_{N+1}<r^2u_N,\cdots,u_{N+k}<ru_{N+k-1}<r^ku_N,\cdots,$$

而等比级数 $\sum_{k=1}^{\infty}r^ku_N$ 收敛,由比较审敛法,得级数 $\sum_{n=1}^{\infty}u_n$ 收敛.

（2）因为 $\rho>1$,所以可以取到一个适当小的正数 ε,使得 $\rho-\varepsilon>1$. 由于

$$\lim_{n\to\infty}\frac{u_{n+1}}{u_n}=\rho,$$

故对上述正数 ε,存在正整数 N,当 $n\geqslant N$ 时,有

$$\left|\frac{u_{n+1}}{u_n}-\rho\right|<\varepsilon$$

成立,即

$$\frac{u_{n+1}}{u_n}>\rho-\varepsilon>1,$$

也就是

$$u_{n+1}>u_n.$$

所以当 $n\geqslant N$ 时,级数的一般项 u_n 是逐渐增大的,从而 $\lim_{n\to\infty}u_n\neq0$,根据级数收敛的必要条件,得级数 $\sum_{n=1}^{\infty}u_n$ 发散.

（3）当 $\rho=1$ 时，以 p 级数 $\sum\limits_{n=1}^{\infty}\dfrac{1}{n^p}$ 为例，不论 p 为何值，都有

$$\lim_{n\to\infty}\frac{u_{n+1}}{u_n}=\lim_{n\to\infty}\frac{\dfrac{1}{(n+1)^p}}{\dfrac{1}{n^p}}=\lim_{n\to\infty}\left(\frac{n}{n+1}\right)^p=1,$$

但当 $p>1$ 时，p 级数收敛，当 $p\leqslant1$ 时，p 级数发散．因此 $\rho=1$ 时，$\sum\limits_{n=1}^{\infty}u_n$ 可能收敛也可能发散．

【**例 10-8**】 判定下列级数的敛散性：

（1）$\sum\limits_{n=1}^{\infty}\dfrac{n!}{2^n}$；
（2）$\sum\limits_{n=1}^{\infty}\dfrac{n!}{n^n}$．

解 （1）因为

$$\lim_{n\to\infty}\frac{u_{n+1}}{u_n}=\lim_{n\to\infty}\frac{\dfrac{(n+1)!}{2^{n+1}}}{\dfrac{n!}{2^n}}=\lim_{n\to\infty}\frac{n+1}{2}=\infty,$$

由比值审敛法，得级数 $\sum\limits_{n=1}^{\infty}\dfrac{n!}{2^n}$ 发散．

（2）因为

$$\lim_{n\to\infty}\frac{u_{n+1}}{u_n}=\lim_{n\to\infty}\frac{\dfrac{(n+1)!}{(n+1)^{n+1}}}{\dfrac{n!}{n^n}}=\lim_{n\to\infty}\left(\frac{n}{n+1}\right)^n=\lim_{n\to\infty}\frac{1}{\left(1+\dfrac{1}{n}\right)^n}=\frac{1}{e}<1,$$

由比值审敛法，得级数 $\sum\limits_{n=1}^{\infty}\dfrac{n!}{n^n}$ 收敛．

10.2.2　交错级数及其审敛法

定义 10-5 若级数的各项是正负交错的，即级数为

$$\sum_{n=1}^{\infty}(-1)^{n-1}u_n=u_1-u_2+u_3-u_4+\cdots+(-1)^{n-1}u_n+\cdots, \tag{10-4}$$

或

$$\sum_{n=1}^{\infty}(-1)^{n}u_n=-u_1+u_2-u_3+u_4+\cdots+(-1)^{n}u_n+\cdots, \tag{10-5}$$

其中 $u_n>0(n=1,2,\cdots)$，则称此级数为**交错级数**．

关于交错级数，有下列审敛法：

定理 10-5（莱布尼兹判别法） 如果交错级数 $\sum\limits_{n=1}^{\infty}(-1)^{n-1}u_n(u_n>0,n=1,$
$2,\cdots)$满足

（1）$u_n \geqslant u_{n+1}(n=1,2,\cdots)$；

（2）$\lim\limits_{n\to\infty}u_n=0$，

则该交错级数收敛，且其和 $S\leqslant u_1$；其余项 r_n 满足 $|r_n|\leqslant u_{n+1}$.

证 设 S_n 是交错级数 $\sum\limits_{n=1}^{\infty}(-1)^{n-1}u_n$ 的前 n 项和.按照极限的理论，$n\to\infty$ 时部分和数列 $\{S_n\}$ 极限存在的充分必要条件是：奇数项、偶数项所成子数列 $\{S_{2n+1}\}$、$\{S_{2n}\}$ 的极限各自存在，并且相等.即

$$\lim\limits_{n\to\infty}S_n=S\Leftrightarrow\lim\limits_{n\to\infty}S_{2n+1}=\lim\limits_{n\to\infty}S_{2n}=S.$$

下面先证明偶数项所成子数列 $\{S_{2n}\}$ 的极限存在.由条件（1）得，$u_{n-1}-u_n\geqslant 0$，所以

$$S_{2n}=(u_1-u_2)+(u_3-u_4)+\cdots+(u_{2n-3}-u_{2n-2})+(u_{2n-1}-u_{2n})$$
$$\geqslant(u_1-u_2)+(u_3-u_4)+\cdots+(u_{2n-3}-u_{2n-2})=S_{2n-2},$$

即 $\{S_{2n}\}$ 是单调增加数列；又

$$S_{2n}=u_1-(u_2-u_3)-(u_4-u_5)-\cdots-(u_{2n-2}-u_{2n-1})-u_{2n}\leqslant u_1,$$

即 $\{S_{2n}\}$ 是有界数列，根据极限存在的单调有界准则，当 $n\to\infty$ 时，数列 $\{S_{2n}\}$ 存在极限 S，且 $S\leqslant u_1$.即

$$\lim\limits_{n\to\infty}S_{2n}=S\leqslant u_1.$$

再证明奇数项所成子数列 $\{S_{2n+1}\}$ 的极限也为 S.因为

$$S_{2n+1}=S_{2n}+u_{2n+1},$$

由条件（2），得 $\lim\limits_{n\to\infty}u_{2n+1}=0$，因此

$$\lim\limits_{n\to\infty}S_{2n+1}=\lim\limits_{n\to\infty}(S_{2n}+u_{2n+1})=\lim\limits_{n\to\infty}S_{2n}+\lim\limits_{n\to\infty}u_{2n+1}=S.$$

综上所述，必有 $\lim\limits_{n\to\infty}S_n=S$.这就证明了交错级数 $\sum\limits_{n=1}^{\infty}(-1)^{n-1}u_n$ 收敛于和 S，且 $S\leqslant u_1$.由于

$$r_n=\pm(u_{n+1}-u_{n+2}+\cdots)，$$

故

$$|r_n|=u_{n+1}-u_{n+2}+\cdots,$$

而 $u_{n+1}-u_{n+2}+\cdots$ 仍是一个满足条件（1）、（2）的交错级数，所以它收敛，且其和不超过首项 u_{n+1}，故有

$$|r_n|\leqslant u_{n+1}.$$

【例 10-9】 判别级数 $\sum\limits_{n=1}^{\infty}(-1)^{n-1}\dfrac{1}{n}$ 的敛散性.

解 级数 $\sum\limits_{n=1}^{\infty}(-1)^{n-1}\dfrac{1}{n}$ 是交错级数，且

$$u_n = \frac{1}{n} > \frac{1}{n+1} = u_{n+1}, \quad \lim_{n \to \infty} u_n = \lim_{n \to \infty} \frac{1}{n} = 0,$$

由莱布尼兹判别法,得级数 $\sum\limits_{n=1}^{\infty} (-1)^{n-1} \frac{1}{n}$ 收敛.

10.2.3 绝对收敛与条件收敛

对于任意项级数

$$\sum_{n=1}^{\infty} u_n = u_1 + u_2 + \cdots + u_n + \cdots,$$

其中 u_n 为任意实数,将它的各项取绝对值构成正项级数

$$\sum_{n=1}^{\infty} |u_n| = |u_1| + |u_2| + \cdots + |u_n| + \cdots,$$

称该级数为原级数的**绝对值级数**,显然,正项级数的绝对值级数就是其自身.

定义 10-6 设 $\sum\limits_{n=1}^{\infty} u_n$ 为任意项级数,如果绝对值级数 $\sum\limits_{n=1}^{\infty} |u_n|$ 收敛,则称级数 $\sum\limits_{n=1}^{\infty} u_n$ **绝对收敛**;如果绝对值级数 $\sum\limits_{n=1}^{\infty} |u_n|$ 发散,而级数 $\sum\limits_{n=1}^{\infty} u_n$ 收敛,则称级数 $\sum\limits_{n=1}^{\infty} u_n$ **条件收敛**.

级数绝对收敛与级数收敛有如下重要关系:

定理 10-6 如果级数 $\sum\limits_{n=1}^{\infty} u_n$ 绝对收敛,则级数 $\sum\limits_{n=1}^{\infty} u_n$ 一定收敛.

证 因为对任意实数 u_n,总有

$$0 \leqslant u_n + |u_n| \leqslant 2|u_n|,$$

而级数 $\sum\limits_{n=1}^{\infty} |u_n|$ 收敛,由比较审敛法知,正项级数 $\sum\limits_{n=1}^{\infty} (u_n + |u_n|)$ 收敛. 再由

$$u_n = (u_n + |u_n|) - |u_n|,$$

且级数 $\sum\limits_{n=1}^{\infty} (u_n + |u_n|)$、$\sum\limits_{n=1}^{\infty} |u_n|$ 都收敛,根据收敛级数的性质可知,级数 $\sum\limits_{n=1}^{\infty} u_n$ 收敛.

定理 10-6 表明:对于任意项级数 $\sum\limits_{n=1}^{\infty} u_n$,如果用正项级数的审敛法判定了绝对值级数 $\sum\limits_{n=1}^{\infty} |u_n|$ 收敛,则原级数 $\sum\limits_{n=1}^{\infty} u_n$ 收敛. 需要特别指出,当绝对值级数 $\sum\limits_{n=1}^{\infty} |u_n|$ 发散时,我们只能判断 $\sum\limits_{n=1}^{\infty} u_n$ 非绝对收敛,而不能断定原级数 $\sum\limits_{n=1}^{\infty} u_n$ 也发散. 但是,

如果把正项级数的比值审敛法应用于判定任意项级数的绝对收敛性,则可得下列重要结论:

定理 10-7 若级数 $\sum\limits_{n=1}^{\infty} u_n$ 满足

$$\lim_{n \to \infty} \left| \frac{u_{n+1}}{u_n} \right| = \rho \quad (0 \leqslant \rho \leqslant +\infty) ,$$

则

(1) 当 $\rho < 1$ 时,级数绝对收敛;

(2) 当 $\rho > 1$(或为 $+\infty$)时,级数发散;

(3) 当 $\rho = 1$ 时,级数可能绝对收敛,可能条件收敛,也可能发散.

证 (1)当 $\rho < 1$ 时, $\sum\limits_{n=1}^{\infty} |u_n|$ 收敛,即级数 $\sum\limits_{n=1}^{\infty} u_n$ 绝对收敛.

(2) 当 $\rho > 1$(或为 $+\infty$)时,由定理 10-4 的证明(2)知 $\lim\limits_{n \to \infty} |u_n| \neq 0$,从而

$$\lim_{n \to \infty} u_n \neq 0,$$

根据级数收敛的必要条件得级数 $\sum\limits_{n=1}^{\infty} u_n$ 发散.

(3) 当 $\rho = 1$ 时,级数可能绝对收敛,可能条件收敛,也可能发散. 例如下列三个级数

$$\sum_{n=1}^{\infty} (-1)^{n-1} \frac{1}{n^2} , \quad \sum_{n=1}^{\infty} (-1)^{n-1} \frac{1}{n} , \quad \sum_{n=1}^{\infty} (-1)^{n-1} ,$$

它们都满足 $\lim\limits_{n \to \infty} \left| \frac{u_{n+1}}{u_n} \right| = 1$,但第一个级数绝对收敛,第二个级数条件收敛,第三个级数发散.

【**例 10-10**】 判定下列级数的敛散性,如果是收敛的,是条件收敛还是绝对收敛?

(1) $\sum\limits_{n=1}^{\infty} \frac{\sin n^2}{n^3}$;　　　　　　　　(2) $\sum\limits_{n=1}^{\infty} (-1)^{n-1} \frac{3^n}{n+1}$;

(3) $\sum\limits_{n=1}^{\infty} (-1)^{n-1} \ln \frac{n+2}{n}$;

解 (1)因为

$$|u_n| = \left| \frac{\sin n^2}{n^3} \right| \leqslant \frac{1}{n^3} ,$$

而级数 $\sum\limits_{n=1}^{\infty} \frac{1}{n^3}$ 收敛,因此级数 $\sum\limits_{n=1}^{\infty} \left| \frac{\sin n^2}{n^3} \right|$ 也收敛,所以原级数 $\sum\limits_{n=1}^{\infty} \frac{\sin n^2}{n^3}$ 收敛,且是绝对收敛.

(2)因为

$$\lim_{n\to\infty}\left|\frac{u_{n+1}}{u_n}\right|=\lim_{n\to\infty}\left|\frac{(-1)^n\dfrac{3^{n+1}}{n+2}}{(-1)^{n-1}\dfrac{3^n}{n+1}}\right|=\lim_{n\to\infty}\frac{3(n+1)}{n+2}=3>1,$$

故由定理 10-7 知级数 $\displaystyle\sum_{n=1}^{\infty}(-1)^{n-1}\frac{3^n}{n+1}$ 发散.

（3）因为

$$\sum_{n=1}^{\infty}\left|(-1)^{n-1}\ln\frac{n+2}{n}\right|=\sum_{n=1}^{\infty}\ln\left(1+\frac{2}{n}\right),$$

而

$$\lim_{n\to\infty}\frac{\ln\left(1+\dfrac{2}{n}\right)}{\dfrac{1}{n}}=\lim_{n\to\infty}\frac{\dfrac{2}{n}}{\dfrac{1}{n}}=2,$$

故由比较审敛法的极限形式知级数 $\displaystyle\sum_{n=1}^{\infty}\left|(-1)^{n-1}\ln\left(1+\frac{2}{n}\right)\right|$ 发散.

又因为若记 $u_n=\ln\dfrac{n+2}{n}=\ln\left(1+\dfrac{2}{n}\right)$，则 $u_n>u_{n+1}(n\in N^*)$ 及 $\lim\limits_{n\to\infty}u_n=0$，根据交错级数审敛法知所给级数收敛.

综上所述，所给级数收敛且为条件收敛.

习　题　10.2

1.用比较审敛法或其极限形式判别下列级数的收敛性：

（1）$\dfrac{1}{1^2+1}+\dfrac{1}{2^2+1}+\cdots+\dfrac{1}{n^2+1}+\cdots$；

（2）$\dfrac{1}{2\cdot3}+\dfrac{2}{3\cdot4}+\dfrac{3}{4\cdot5}+\cdots+\dfrac{n}{(n+1)(n+2)}+\cdots$；

（3）$\displaystyle\sum_{n=1}^{\infty}\frac{2n-1}{\sqrt{n(n^2+1)}}$；　　　　（4）$\displaystyle\sum_{n=1}^{\infty}\sin\left(\frac{\pi}{2n}\right)^2$；

（5）$\displaystyle\sum_{n=1}^{\infty}\frac{2+(-1)^n}{2^n+1}$.

2.用比值审敛法判别下列级数的收敛性：

（1）$\displaystyle\sum_{n=1}^{\infty}\frac{n+2}{3^n}$；　　　　（2）$\displaystyle\sum_{n=1}^{\infty}\frac{5^{n+1}}{n4^n}$；

（3）$\displaystyle\sum_{n=1}^{\infty}\frac{n^3}{n!}$；　　　　（4）$\displaystyle\sum_{n=1}^{\infty}n\tan\frac{\pi}{2^{n-1}}$；

(5) $\sum_{n=1}^{\infty} \dfrac{3^n n!}{n^n}$.

3. 判别下列级数的敛散性：

(1) $\dfrac{3}{4} + 2\left(\dfrac{3}{4}\right)^2 + 3\left(\dfrac{3}{4}\right)^3 + 4\left(\dfrac{3}{4}\right)^4 + \cdots$；

(2) $\dfrac{1}{a+b} + \dfrac{1}{2a+b} + \dfrac{1}{3a+b} + \cdots (a>0, b>0)$；

(3) $\dfrac{10}{1} + \dfrac{10^2}{1 \cdot 2} + \dfrac{10^3}{1 \cdot 2 \cdot 3} + \cdots$；   (4) $\dfrac{2}{3} + \dfrac{3}{6} + \dfrac{4}{11} + \cdots + \dfrac{n+1}{n^2+2} + \cdots$；

(5) $\sqrt{2} + \sqrt{\dfrac{3}{2}} + \cdots + \sqrt{\dfrac{n+1}{n}} + \cdots$；   (6) $\sum_{n=1}^{\infty} \dfrac{1}{1+\alpha^n} (\alpha>0)$.

4. 判定下列级数是否收敛？如果是收敛的，是条件收敛还是绝对收敛？

(1) $\sum_{n=1}^{\infty} \dfrac{\sin n}{n^2}$；   (2) $\sum_{n=1}^{\infty} (-1)^{n-1} \left(\dfrac{2}{3}\right)^n$；

(3) $\sum_{n=1}^{\infty} \dfrac{(-1)^{n+1}}{\sqrt{2n-1}}$；   (4) $\sum_{n=1}^{\infty} (-1)^n \dfrac{n}{3^{n-1}}$；

(5) $\sum_{n=1}^{\infty} (-1)^{n+1} \dfrac{2^n}{2n-1}$；   (6) $\sum_{n=1}^{\infty} \sin\left(n\pi + \dfrac{1}{n}\right)$.

10.3 幂级数

本节讨论各项为函数的级数，即函数项级数. 我们先介绍函数项级数的一般概念，然后重点讨论各项为幂函数的函数项级数的相关内容.

10.3.1 函数项级数的一般概念

定义 10-7 设 $u_1(x), u_2(x), \cdots, u_n(x), \cdots$ 是定义在区间 I 上的函数列，称式子

$$u_1(x) + u_2(x) + \cdots + u_n(x) + \cdots$$

为定义在区间 I 上的**函数项无穷级数**，简称为**（函数项）级数**，记为 $\sum_{n=1}^{\infty} u_n(x)$，即

$$\sum_{n=1}^{\infty} u_n(x) = u_1(x) + u_2(x) + \cdots + u_n(x) + \cdots. \qquad (10\text{-}6)$$

显然，对于每一个确定的 $x_0 \in I$，函数项级数 (10-6) 成为一个常数项级数

$$\sum_{n=1}^{\infty} u_n(x_0) = u_1(x_0) + u_2(x_0) + \cdots + u_n(x_0) + \cdots, \qquad (10\text{-}7)$$

如果常数项级数 (10-7) 收敛，则称 x_0 为函数项级数 (10-6) 的**收敛点**；如果常数项级数 (10-7) 发散，则称 x_0 为函数项级数 (10-6) 的**发散点**.

定义 10-8 函数项级数 (10-6) 的全体收敛点构成的集合 D 称为它的**收敛域**；全体发散点构成的集合 F 称为它的**发散域**.

对于收敛域 D 内的任意一个数 x，函数项级数 $\sum\limits_{n=1}^{\infty} u_n(x)$ 都收敛，因而有唯一确定的和 S 与之对应，这表明函数项级数 $\sum\limits_{n=1}^{\infty} u_n(x)$ 的和 S 是一个定义在 D 上关于 x 的函数 $S(x)$，称该函数 $S(x)$ 为函数项级数 $\sum\limits_{n=1}^{\infty} u_n(x)$ 的**和函数**，即

$$S(x) = \sum_{n=1}^{\infty} u_n(x) \quad x \in D.$$

如果记函数项级数(10-6)的前 n 项和为 $S_n(x)$，则在收敛域 D 上应有
$$\lim_{n \to \infty} S_n(x) = S(x) \quad x \in D,$$
记
$$r_n(x) = S(x) - S_n(x) \quad x \in D,$$
称 $r_n(x)$ 为函数项级数的**余项**，且对收敛域 D 上任意 x，都有
$$\lim_{n \to \infty} r_n(x) = 0 \quad x \in D.$$

例如，对函数项级数

$$\sum_{n=1}^{\infty} x^{n-1} = 1 + x + x^2 + \cdots + x^{n-1} + \cdots, \tag{10-8}$$

按等比级数敛散性的结论，当 $|x| \geqslant 1$ 时，级数 $\sum\limits_{n=1}^{\infty} x^{n-1}$ 发散；当 $|x| < 1$ 时，级数 $\sum\limits_{n=1}^{\infty} x^{n-1}$ 收敛，所以该函数项级数的收敛域为 $(-1, 1)$，其和函数为

$$S(x) = \frac{1}{1-x} \quad x \in (-1, 1),$$

余项为

$$\begin{aligned}
r_n &= x^n + x^{n+1} + \cdots + x^{n+k-1} + \cdots \\
&= x^n(1 + x + x^2 + \cdots + x^{k-1} + \cdots) \\
&= \frac{x^n}{1-x} \quad x \in (-1, 1).
\end{aligned}$$

在函数项级数(10-8)式中，各项都是 x 的幂函数，这类函数项级数就是下文所要讨论的幂级数.

10.3.2　幂级数及其收敛域

定义 10-9　称形如

$$\sum_{n=0}^{\infty} a_n(x-x_0)^n = a_0 + a_1(x-x_0) + a_2(x-x_0)^2 + \cdots + a_n(x-x_0)^n + \cdots \tag{10-9}$$

的函数项级数为 **$x-x_0$ 的幂级数**，简称为**幂级数**，其中 x_0 是某一确定的数值，a_0，

$a_1,a_2,\cdots$叫做幂级数的系数.

当 $x_0=0$ 时,幂级数(10-9)成为

$$\sum_{n=0}^{\infty}a_nx^n=a_0+a_1x+a_2x^2+\cdots+a_nx^n+\cdots. \tag{10-10}$$

对于幂级数(10-9),只要作代换 $x-x_0=t$,即可将幂级数(10-9)转化为幂级数(10-10)的形式,所以下文中将以幂级数(10-10)为例进行讨论.

函数项级数(10-8)就是幂级数,它的收敛域是$(-1,1)$,即是以原点为中心的对称区间;对于一般的幂级数这一结论是否仍然成立呢？下面的定理解决了这一问题.

定理 10-8 幂级数(10-10)的收敛性必为下列三种情形之一：

(1) 仅在一点 $x=0$ 处收敛；

(2) 在$(-\infty,+\infty)$内处处绝对收敛；

(3) 存在一个确定的正数 R,当 $|x|<R$ 时绝对收敛,当 $|x|>R$ 时发散.

证明从略.

定理 10-8 所列情形(3)中的正数 R 称为幂级数(10-10)的**收敛半径**,开区间$(-R,R)$称为幂级数(10-10)的**收敛区间**. 再结合幂级数在 $x=R$ 及 $x=-R$ 处的敛散性,得到幂级数的收敛域必为区间$(-R,R)$、$[-R,R]$、$[-R,R)$、$(-R,R]$ 其中之一.

如果幂级数(10-10)仅在一点 $x=0$ 处收敛,则规定收敛半径 $R=0$,这时没有收敛区间,收敛域是只含有一个点的集合$\{0\}$;如果幂级数(10-10)在$(-\infty,+\infty)$内处处绝对收敛,则规定收敛半径 $R=+\infty$,收敛区间与收敛域都是$(-\infty,+\infty)$.

关于幂级数的收敛半径的求法,有下面的定理.

定理 10-9 如果幂级数 $\sum\limits_{n=0}^{\infty}a_nx^n$ 的系数 $a_n\neq0(n=1,2,\cdots)$,且

$$\lim_{n\to\infty}\left|\frac{a_{n+1}}{a_n}\right|=\rho \quad (0\leqslant\rho\leqslant+\infty),$$

则

(1) 当 $0<\rho<+\infty$ 时,幂级数的收敛半径 $R=\dfrac{1}{\rho}$;

(2) 当 $\rho=+\infty$ 时,幂级数的收敛半径 $R=0$;

(3) 当 $\rho=0$ 时,幂级数的收敛半径 $R=+\infty$.

证 考虑幂级数(10-10)的绝对值级数

$$\sum_{n=0}^{\infty}|a_nx^n|=|a_0|+|a_1x|+|a_2x^2|+\cdots+|a_nx^n|+\cdots. \tag{10-11}$$

(1) 当 $0<\rho<+\infty$ 时,

$$\lim_{n\to\infty}\frac{|a_{n+1}x^{n+1}|}{|a_nx^n|}=|x|\cdot\lim_{n\to\infty}\left|\frac{a_{n+1}}{a_n}\right|=\rho|x|,$$

由正项级数的比值审敛法,在 $\rho|x|<1$ 即 $|x|<\dfrac{1}{\rho}$ 时,级数(10-11)收敛,从而幂级

数 $\displaystyle\sum_{n=0}^{\infty}a_nx^n$ 绝对收敛；在 $\rho|x|>1$ 即 $|x|>\dfrac{1}{\rho}$ 时，级数（10-11）发散，此时

$$\lim_{n\to\infty}|a_nx^n|\neq 0,\quad 即\lim_{n\to\infty}a_nx^n\neq 0,$$

从而幂级数 $\displaystyle\sum_{n=0}^{\infty}a_nx^n$ 也发散．因此收敛半径 $R=\dfrac{1}{\rho}$．

（2）当 $\rho=+\infty$ 时，对于任意 $x\neq 0$，都有

$$\lim_{n\to\infty}\frac{|a_{n+1}x^{n+1}|}{|a_nx^n|}=\lim_{n\to\infty}\left|\frac{a_{n+1}}{a_n}\right||x|=+\infty,$$

此时 $\lim_{n\to\infty}|a_nx^n|\neq 0$，即 $\lim_{n\to\infty}a_nx^n\neq 0$，从而幂级数 $\displaystyle\sum_{n=0}^{\infty}a_nx^n$ 发散．于是幂级数仅在一点 $x=0$ 处收敛，故收敛半径 $R=0$．

（3）当 $\rho=0$ 时，对于任意 $x\neq 0$，都有 $\lim_{n\to\infty}\dfrac{|a_{n+1}x^{n+1}|}{|a_nx^n|}=|x|\cdot\lim_{n\to\infty}\left|\dfrac{a_{n+1}}{a_n}\right|=0$，即幂级数（10-11）在整个数轴上的一切 x 都收敛（$x=0$ 时级数显然收敛），从而幂级数 $\displaystyle\sum_{n=0}^{\infty}a_nx^n$ 处处绝对收敛，故收敛半径 $R=+\infty$．

【例 10-11】　求下列幂级数的收敛半径、收敛区间与收敛域：

（1）$\displaystyle\sum_{n=1}^{\infty}\frac{(-1)^{n-1}}{n}x^n$；　　　　　（2）$\displaystyle\sum_{n=0}^{\infty}\frac{x^n}{n!}$．

解　（1）因为

$$\rho=\lim_{n\to\infty}\left|\frac{a_{n+1}}{a_n}\right|=\lim_{n\to\infty}\frac{n}{n+1}=1,$$

所以收敛半径

$$R=\frac{1}{\rho}=1.$$

收敛区间为

$$(-1,1).$$

对于端点 $x=1$，幂级数成为 $\displaystyle\sum_{n=1}^{\infty}\frac{(-1)^{n-1}}{n}$，由例 10-9 知该级数收敛；对于端点 $x=-1$，幂级数成为 $\displaystyle\sum_{n=1}^{\infty}\frac{-1}{n}$，该级数发散；因此，收敛域为 $(-1,1]$．

（2）因为

$$\rho=\lim_{n\to\infty}\left|\frac{a_{n+1}}{a_n}\right|=\lim_{n\to\infty}\frac{n!}{(n+1)!}=\lim_{n\to\infty}\frac{1}{n+1}=0,$$

所以收敛半径

$$R=+\infty,$$

收敛区间与收敛域均为 $(-\infty,+\infty)$．

【**例 10-12**】 求幂级数 $\sum\limits_{n=1}^{\infty} \dfrac{(x-2)^n}{5^{n-1}n^2}$ 的收敛区间.

解 令 $t=x-2$，则所给级数成为 $\sum\limits_{n=1}^{\infty} \dfrac{t^n}{5^{n-1}n^2}$. 因为

$$\rho = \lim_{n\to\infty} \left| \frac{a_{n+1}}{a_n} \right| = \lim_{n\to\infty} \frac{n^2}{5(n+1)^2} = \frac{1}{5},$$

所以收敛半径 $R=5$，收敛区间为 $t\in(-5,5)$. 即

$$x\in(-3,7).$$

【**例 10-13**】 求幂级数 $\sum\limits_{n=1}^{\infty} \dfrac{(2n)!}{(n!)^2} x^{2n-1}$ 的收敛半径.

解 因为幂级数中缺少偶数次幂项，所以不能直接应用定理 10-9 求收敛半径. 对这类题型，可对绝对值级数使用比值审敛法求收敛半径. 因为

$$\lim_{n\to\infty} \left| \frac{u_{n+1}}{u_n} \right| = \lim_{n\to\infty} \left| \frac{\dfrac{(2n+2)!}{[(n+1)!]^2} x^{2n+1}}{\dfrac{(2n)!}{(n!)^2} x^{2n-1}} \right|$$

$$= \lim_{n\to\infty} \frac{(2n+2)(2n+1)}{(n+1)^2} |x|^2 = 4|x|^2,$$

故当 $4|x|^2<1$ 即 $|x|<\dfrac{1}{2}$ 时，幂级数绝对收敛；当 $4|x|^2>1$ 即 $|x|>\dfrac{1}{2}$ 时，幂级数发散；所以收敛半径 $R=\dfrac{1}{2}$.

10.3.3 幂级数的运算与性质

1. 幂级数的四则运算

设幂级数 $\sum\limits_{n=0}^{\infty} a_n x^n$ 及 $\sum\limits_{n=0}^{\infty} b_n x^n$ 的收敛区间分别为 $(-R_1,R_1)$ 及 $(-R_2,R_2)$，令 $R=\min\{R_1,R_2\}$，则在区间 $(-R,R)$ 内有：

(1) $\sum\limits_{n=0}^{\infty} a_n x^n \pm \sum\limits_{n=0}^{\infty} b_n x^n = \sum\limits_{n=0}^{\infty} (a_n \pm b_n) x^n$；

(2) $\left(\sum\limits_{n=0}^{\infty} a_n x^n \right) \cdot \left(\sum\limits_{n=0}^{\infty} b_n x^n \right) = \sum\limits_{n=0}^{\infty} (a_0 b_n + a_1 b_{n-1} + \cdots + a_n b_0) x^n$.

2. 幂级数的分析性质

幂级数的和函数具有下列分析性质：

性质 1 幂级数 $\sum\limits_{n=0}^{\infty} a_n x^n$ 的和函数 $S(x)$ 在其收敛域上连续.

性质 2 幂级数 $\sum\limits_{n=0}^{\infty} a_n x^n$ 的和函数 $S(x)$ 在其收敛区间 $(-R,R)$ 内可积，且有

逐项积分公式

$$\int_0^x S(x)\mathrm{d}x = \int_0^x \left(\sum_{n=0}^{\infty} a_n x^n\right)\mathrm{d}x = \sum_{n=0}^{\infty} \int_0^x (a_n x^n)\mathrm{d}x = \sum_{n=1}^{\infty} \frac{a_n}{n+1} x^{n+1},$$

(10-12)

逐项积分后所得幂级数和原幂级数有相同的收敛半径 R.

性质 3 幂级数的和函数 $S(x)$ 在收敛区间 $(-R,R)$ 内可导,且有逐项求导公式

$$S'(x) = \left(\sum_{n=0}^{\infty} a_n x^n\right)' = \sum_{n=0}^{\infty} (a_n x^n)' = \sum_{n=1}^{\infty} n a_n x^{n-1}$$

(10-13)

逐项求导后所得幂级数和原幂级数有相同的收敛半径 R.

反复应用上述性质 3,可得幂级数的和函数 $S(x)$ 在收敛区间 $(-R,R)$ 内具有任意阶导数.

值得指出的是:尽管幂级数经过逐项积分或逐项求导后,所得幂级数与原幂级数的收敛半径 R 保持不变,但在收敛区间端点 $x = \pm R$ 处的敛散性可能会发生变化,需要另外讨论.

利用幂级数的四则运算和幂级数的分析性质,可以求出一些简单的幂级数的和函数.

【例 10-14】 求幂级数 $\displaystyle\sum_{n=0}^{\infty} (-1)^n \frac{x^{2n+1}}{2n+1}$ 的收敛区间,并在该区间内求其和函数.

解 由 $\displaystyle\lim_{n\to\infty}\left|\frac{u_{n+1}}{u_n}\right| = \lim_{n\to\infty}\left|\frac{(-1)^{n+1}\dfrac{x^{2n+3}}{2n+3}}{(-1)^n\dfrac{x^{2n+1}}{2n+1}}\right| = \lim_{n\to\infty}\frac{2n+1}{2n+3}x^2 = x^2,$

得:当 $x^2 < 1$ 即 $|x| < 1$ 时级数收敛,当 $x^2 > 1$ 即 $|x| > 1$ 时级数发散,即收敛区间 $(-1,1)$.

设和函数为 $S(x)$,即

$$S(x) = \sum_{n=0}^{\infty} (-1)^n \frac{x^{2n+1}}{2n+1}, \quad x \in (-1,1),$$

则

$$S'(x) = \sum_{n=0}^{\infty} \left((-1)^n \frac{x^{2n+1}}{2n+1}\right)' = \sum_{n=0}^{\infty} (-1)^n x^{2n} = \frac{1}{1+x^2},$$

对上式从 0 到 x 积分,得

$$S(x) - S(0) = \int_0^x \frac{1}{1+x^2}\mathrm{d}x = \arctan x.$$

由于 $S(0) = 0$,故

$$S(x) = \arctan x.$$

【例 10-15】 求幂级数 $\displaystyle\sum_{n=1}^{\infty} \frac{n}{2^n} x^{n-1}$ 在收敛区间 $(-2,2)$ 内的和函数,并求级数

$\sum\limits_{n=1}^{\infty}(-1)^{n-1}\dfrac{n}{4^n}$ 的和.

解 设和函数为 $S(x)$，即

$$S(x)=\sum_{n=1}^{\infty}\frac{n}{2^n}x^{n-1}, \quad x\in(-2,2),$$

上式两端从 0 到 x 积分（由性质 3 等式右端逐项积分），得

$$\int_0^x S(x)\,\mathrm{d}x=\sum_{n=1}^{\infty}\int_0^x\frac{n}{2^n}x^{n-1}\,\mathrm{d}x=\sum_{n=1}^{\infty}\frac{x^n}{2^n}=\frac{\dfrac{x}{2}}{1-\dfrac{x}{2}}=\frac{x}{2-x},$$

上式两端对 x 求导数，得

$$S(x)=\left(\frac{x}{2-x}\right)'=\frac{2}{(2-x)^2}.$$

在上式中令 $x=-\dfrac{1}{2}$（收敛区间内的点），得 $S\left(-\dfrac{1}{2}\right)=\dfrac{8}{25}$，即

$$\sum_{n=1}^{\infty}\frac{n}{2^n}\left(-\frac{1}{2}\right)^{n-1}=\frac{8}{25},$$

故

$$\sum_{n=1}^{\infty}(-1)^{n-1}\frac{n}{4^n}=\frac{1}{2}\sum_{n=1}^{\infty}\frac{n}{2^n}\left(-\frac{1}{2}\right)^{n-1}=\frac{4}{25}.$$

注 幂级数 $\sum\limits_{n=1}^{\infty}\dfrac{n}{2^n}x^{n-1}$ 在收敛域 $(-2,2)$ 内的和函数也可用下面的方法求出.

$$S(x)=\sum_{n=1}^{\infty}\frac{n}{2^n}x^{n-1}=\sum_{n=1}^{\infty}\left(\frac{1}{2^n}x^n\right)'=\left(\sum_{n=1}^{\infty}\frac{1}{2^n}x^n\right)'=\left(\frac{\dfrac{x}{2}}{1-\dfrac{x}{2}}\right)'=\frac{2}{(2-x)^2}.$$

习 题 10.3

1. 求下列幂级数的收敛半径与收敛区间：

(1) $\sum\limits_{n=0}^{\infty}(-1)^{n-1}(n+1)x^n$；

(2) $\sum\limits_{n=1}^{\infty}\dfrac{(2x)^n}{n!}$；

(3) $\sum\limits_{n=1}^{\infty}\dfrac{(x+2)^n}{n2^n}$；

(4) $\sum\limits_{n=1}^{\infty}(-1)^n\dfrac{x^{2n}}{2n-1}$；

(5) $\sum\limits_{n=0}^{\infty}\dfrac{(-4)^n}{n+1}x^{2n+1}$.

2. 求下列幂级数的收敛域：

(1) $\sum\limits_{n=0}^{\infty}\dfrac{(-1)^n}{(n+1)^2}x^n$；

(2) $\sum\limits_{n=1}^{\infty}\dfrac{x^n}{n3^{n-1}}$.

3.利用公式 $\sum\limits_{n=0}^{\infty} t^n = \dfrac{1}{1-t}$ $(-1<t<1)$,求下列幂级数在收敛区间内的和函数:

(1) $\sum\limits_{n=0}^{\infty} \dfrac{x^{n+1}}{n+1}$ $(-1<x<1)$;

(2) $\sum\limits_{n=0}^{\infty} (-1)^n (n+1) x^n$ $(-1<x<1)$.

10.4 函数展开成幂级数

10.4.1 泰勒级数

上一节中我们讨论了幂级数的收敛区间以及幂级数在收敛区间上的和函数.本节我们要讨论相反的问题,即对于给定的函数 $f(x)$,是否能够构造一个幂级数,它在某区间内收敛,且其和函数恰好就是给定的函数 $f(x)$.如果能够构造出满足这样要求的幂级数,那么就说,**函数 $f(x)$ 在该区间内能展开成幂级数**,且称该幂级数为函数 $f(x)$ 的幂级数展开式.

我们先假定函数 $f(x)$ 在点 x_0 的某邻域 $U(x_0)$ 内能展开成 $x-x_0$ 的幂级数,即

$$f(x)=a_0+a_1(x-x_0)+a_2(x-x_0)^2+\cdots+a_n(x-x_0)^n+\cdots, x\in U(x_0),$$

(10-14)

根据幂级数的性质,可知和函数 $f(x)$ 在 $U(x_0)$ 内具有任意阶导数,且

$$f'(x)=a_1+2a_2(x-x_0)+3a_3(x-x_0)^2+\cdots+na_n(x-x_0)^{n-1}+\cdots,$$

$$f''(x)=2!\,a_2+3\cdot 2a_3(x-x_0)+\cdots+n(n-1)a_n(x-x_0)^{n-2}+\cdots,$$

$\cdots\cdots$,

$$f^{(n)}(x)=n!\,a_n+(n+1)!\,a_{n+1}(x-x_0)+\dfrac{(n+2)!}{2!}a_{n+2}(x-x_0)^2+\cdots,$$

$\cdots\cdots$,

在上述各式中令 $x=x_0$,得

$$f^{(n)}(x_0)=n!\,a_n,$$

即

$$a_n=\dfrac{f^{(n)}(x_0)}{n!} \quad (n=0,1,2,\cdots).$$

(10-15)

将上式代入级数(10-14),幂级数成为

$$f(x_0)+f'(x_0)(x-x_0)+\dfrac{f''(x_0)}{2!}(x-x_0)^2+\cdots+\dfrac{f^{(n)}(x_0)}{n!}(x-x_0)^n+\cdots$$

$$=\sum_{n=0}^{\infty} \dfrac{f^{(n)}(x_0)}{n!}(x-x_0)^n,$$

(10-16)

幂级数(10-16)称为函数 $f(x)$ 在点 x_0 处的**泰勒级数**.

至此我们得出,如果函数 $f(x)$ 能够展开成 $x-x_0$ 的幂级数,则 $f(x)$ 在点 x_0 的某个邻域 $U(x_0)$ 内必定具有任意阶导数,且其展开式一定与 $f(x)$ 在点 x_0 处的泰勒级数一致.

由以上讨论可知,函数 $f(x)$ 在 $U(x_0)$ 内能不能展开成 $x-x_0$ 的幂级数,就要看级数 (10-16)在 $U(x_0)$ 内是否收敛,以及收敛时是否收敛于 $f(x)$.这里我们指出,即使函数 $f(x)$ 在 $U(x_0)$ 内具有任意阶导数,也不能保证函数 $f(x)$ 就能展开成 $x-x_0$ 的幂级数.但如果 $f(x)$ 是初等函数,那么级数(10-16)就一定是 $f(x)$ 展开所得的幂级数.这一结论可叙述为如下定理.

定理 10-10(初等函数展开定理)　设 $f(x)$ 是初等函数,且在点 x_0 的一个邻域 $|x-x_0|<R_1$ 内具有任意阶导数,则有

$$f(x)=\sum_{n=0}^{\infty}\frac{f^{(n)}(x_0)}{n!}(x-x_0)^n,\quad |x-x_0|<R \tag{10-17}$$

其中 $R=\min\{R_1,R_2\}$,而 R_2 是公式(10-17)右端幂级数的收敛半径.在端点 $x=x_0\pm R$ 处,如果 $f(x)$ 有定义且右端级数收敛,则公式(10-17)在端点处也成立.

这个定理的证明从略.幂级数展开式(10-17)又称为函数 $f(x)$ 点 x_0 处的**泰勒展开式**.

当 $x_0=0$ 时,级数(10-16)、公式(10-17)分别成为

$$f(0)+f'(0)x+\frac{f''(0)}{2!}x^2+\cdots+\frac{f^{(n)}(0)}{n!}x^n+\cdots=\sum_{n=0}^{\infty}\frac{f^{(n)}(0)}{n!}x^n, \tag{10-18}$$

$$f(x)=\sum_{n=0}^{\infty}\frac{f^{(n)}(0)}{n!}x^n,x\in(-R,R) \tag{10-19}$$

其中级数(10-18)称为函数 $f(x)$ 的**马克劳林级数**,公式(10-19)称为函数 $f(x)$ 的**马克劳林展开式**.

10.4.2　函数展开成幂级数的方法

1.直接展开法

由前述内容易知,将初等函数 $f(x)$ 展开成 x 的幂级数的步骤如下:

第一步　求函数 $f(x)$ 在 $x=0$ 处的各阶导数值:

$$f(0),f'(0),f''(0),\cdots,f^{(n)}(0),\cdots;$$

第二步　写出 $f(x)$ 的马克劳林级数

$$f(0)+f'(0)x+\frac{f''(0)}{2!}x^2+\cdots+\frac{f^{(n)}(0)}{n!}x^n+\cdots;$$

第三步　求出 R,得 $f(x)$ 在以 $\pm R$ 为端点的区间上的幂级数展开式

$$f(x)=f(0)+f'(0)x+\frac{f''(0)}{2!}x^2+\cdots+\frac{f^{(n)}(0)}{n!}x^n+\cdots.$$

【例 10-16】　将函数 $f(x)=\mathrm{e}^x$ 展开成 x 的幂级数.

解　因为 $f^{(n)}(x)=\mathrm{e}^x$　$(n=1,2,\cdots)$,所以 $f^{(n)}(0)=1$　$(n=0,1,2,\cdots)$,于是 $f(x)=\mathrm{e}^x$ 的马克劳林级数为

$$\sum_{n=0}^{\infty}\frac{f^{(n)}(0)}{n!}x^n=1+x+\frac{x^2}{2!}+\cdots+\frac{x^n}{n!}+\cdots,$$

容易求得上述级数的收敛域为 $(-\infty,+\infty)$,且 $f(x)$ 在 $(-\infty,+\infty)$ 内处处有定义,故根据定理 10-10 得

$$\mathrm{e}^x=\sum_{n=0}^{\infty}\frac{x^n}{n!}=1+x+\frac{x^2}{2!}+\cdots+\frac{x^n}{n!}+\cdots \quad (-\infty<x<+\infty).$$

【例 10-17】　将函数 $f(x)=\sin x$ 展开成 x 的幂级数.

解　因为 $f^{(n)}(x)=\sin\left(x+\dfrac{n\pi}{2}\right)$　$(n=0,1,2,\cdots)$,所以

$$f(0)=0,f'(0)=1,f''(0)=0,f'''(0)=-1,\cdots$$

即有

$$f^{(2k)}(0)=0,f^{(2k+1)}(0)=(-1)^k,(k=0,1,2,\cdots),$$

于是 $f(x)=\sin x$ 的马克劳林级数为

$$\sum_{n=0}^{\infty}\frac{f^{(n)}(0)}{n!}x^n=x-\frac{x^3}{3!}+\frac{x^5}{5!}+\cdots+(-1)^n\frac{x^{2n+1}}{(2n+1)!}+\cdots,$$

由于上述级数的收敛域为 $(-\infty,+\infty)$,且 $f(x)$ 在 $(-\infty,+\infty)$ 内处处有定义,故根据定理 10-10 得

$$\sin x=\sum_{n=0}^{\infty}(-1)^n\frac{x^{2n+1}}{(2n+1)!}$$

$$=x-\frac{x^3}{3!}+\frac{x^5}{5!}+\cdots+(-1)^n\frac{x^{2n+1}}{(2n+1)!}+\cdots \quad (-\infty<x<+\infty).$$

【例 10-18】　将函数 $f(x)=(1+x)^\alpha$ 展开成 x 的幂级数(其中 α 为实数).

解　因为

$$f'(x)=\alpha(1+x)^{\alpha-1},$$

$$f''(x)=\alpha(\alpha-1)(1+x)^{\alpha-2},$$

$$\cdots\cdots,$$

$$f^{(n)}(x)=\alpha(\alpha-1)(\alpha-2)\cdots(\alpha-n+1)(1+x)^{\alpha-n},$$

$$\cdots\cdots,$$

所以

$$f(0)=1,f'(0)=\alpha,f''(0)=\alpha(\alpha-1),\cdots,$$

$$f^{(n)}(0)=\alpha(\alpha-1)(\alpha-2)\cdots(\alpha-n+1),\cdots.$$

于是 $f(x)=(1+x)^\alpha$ 的马克劳林级数为

$$\sum_{n=0}^{\infty}\frac{f^{(n)}(0)}{n!}x^n=1+\alpha x+\frac{\alpha(\alpha-1)}{2!}x^2+\cdots+\frac{\alpha(\alpha-1)\cdots(\alpha-n+1)}{n!}x^n+\cdots,$$

由

$$\rho = \lim_{n \to \infty} \left| \frac{a_{n+1}}{a_n} \right| = \lim_{n \to \infty} \left| \frac{\frac{\alpha(\alpha-1)\cdots(\alpha-n)}{(n+1)!}}{\frac{\alpha(\alpha-1)\cdots(\alpha-n+1)}{n!}} \right| = \lim_{n \to \infty} \left| \frac{\alpha-n}{n+1} \right| = 1,$$

得收敛半径 $R=1$，收敛区间为 $(-1,1)$．

根据定理 10-10，$(1+x)^\alpha$ 的马克劳林展开式为

$$(1+x)^\alpha = 1 + \alpha x + \frac{\alpha(\alpha-1)}{2!} x^2 + \cdots + \frac{\alpha(\alpha-1)\cdots(\alpha-n+1)}{n!} x^n + \cdots \quad (-1 < x < 1).$$

$$(10\text{-}20)$$

展开式 (10-20) 在区间端点 $x = \pm 1$ 处是否成立，由 α 的取值而定．

公式 (10-20) 称为**二项展开式**，当 α 为正整数时，即为代数学中的二项式定理．

对应于 $\alpha = \dfrac{1}{2}$、$\alpha = -\dfrac{1}{2}$ 的二项展开式分别为

$$\sqrt{1+x} = 1 + \frac{1}{2} x - \frac{1}{2 \cdot 4} x^2 + \frac{1 \cdot 3}{2 \cdot 4 \cdot 6} x^3 - \frac{1 \cdot 3 \cdot 5}{2 \cdot 4 \cdot 6 \cdot 8} x^4 + \cdots \quad (-1 \leqslant x \leqslant 1);$$

$$\frac{1}{\sqrt{1+x}} = 1 - \frac{1}{2} x + \frac{1 \cdot 3}{2 \cdot 4} x^2 - \frac{1 \cdot 3 \cdot 5}{2 \cdot 4 \cdot 6} x^3 + \frac{1 \cdot 3 \cdot 5 \cdot 7}{2 \cdot 4 \cdot 6 \cdot 8} x^4 - \cdots \quad (-1 < x \leqslant 1).$$

2. 间接展开法

用直接展开法将函数展开成幂级数时，涉及到任意阶导数的计算和幂级数收敛域的讨论，计算量较大．既然函数的幂级数展开式是唯一的，那么我们就可利用已知的幂级数展开式及幂级数的四则运算和分析性质，运用变量代换等方法，获得所求函数的幂级数展开式，并称这种方法为**间接展开法**．

前面我们已经求得的幂级数展开式有

$$\frac{1}{1-x} = \sum_{n=0}^{\infty} x^n = 1 + x + x^2 + \cdots + x^n + \cdots \quad (-1 < x < 1), \qquad (10\text{-}21)$$

$$e^x = \sum_{n=0}^{\infty} \frac{x^n}{n!} = 1 + x + \frac{x^2}{2!} + \cdots + \frac{x^n}{n!} + \cdots \quad (-\infty < x < +\infty), \qquad (10\text{-}22)$$

$$\sin x = \sum_{n=0}^{\infty} (-1)^n \frac{x^{2n+1}}{(2n+1)!}$$

$$= x - \frac{x^3}{3!} + \frac{x^5}{5!} + \cdots + (-1)^n \frac{x^{2n+1}}{(2n+1)!} + \cdots \quad (-\infty < x < +\infty).$$

$$(10\text{-}23)$$

对式 (10-23) 两边求导数，得

$$\cos x = \sum_{n=0}^{\infty} (-1)^n \frac{x^{2n}}{(2n)!}$$

$$=1-\frac{x^2}{2!}+\frac{x^4}{4!}+\cdots+(-1)^n\frac{x^{2n}}{(2n)!}+\cdots \quad (-\infty<x<+\infty). \quad (10\text{-}24)$$

在(10-21)式中将 x 换成 $-x$ 后,等式两边从 0 到 x 积分,得

$$\ln(1+x)=\sum_{n=1}^{\infty}(-1)^{n-1}\frac{x^n}{n}=x-\frac{x^2}{2}+\frac{x^3}{3}+\cdots+(-1)^{n-1}\frac{x^n}{n}+\cdots \quad (-1<x\leqslant 1).$$

$$(10\text{-}25)$$

公式(10-21)、式(10-22)、式(10-23)、式(10-24)及式(10-25)都应该熟记,以后可直接引用.

【例 10-19】 将下列函数展开为 x 的幂级数:

(1) e^{2x+1};   (2) $(1-x)\ln(1+x)$.

解 (1)因为 $\qquad\qquad\qquad e^{2x+1}=e\cdot e^{2x},$

所以在式(10-22)中将 x 换成 $2x$,得

$$e^{2x+1}=e\sum_{n=0}^{\infty}\frac{(2x)^n}{n!}=e\sum_{n=0}^{\infty}\frac{2^n}{n!}x^n \quad (-\infty<x<+\infty).$$

(2)因为

$$\ln(1+x)=\sum_{n=1}^{\infty}(-1)^{n-1}\frac{x^n}{n} \quad (-1<x\leqslant 1),$$

所以

$$(1-x)\ln(1+x)=(1-x)\sum_{n=1}^{\infty}(-1)^{n-1}\frac{x^n}{n}=\sum_{n=1}^{\infty}(-1)^{n-1}\frac{x^n}{n}-\sum_{n=1}^{\infty}(-1)^{n-1}\frac{x^{n+1}}{n}$$

$$=x+\sum_{n=2}^{\infty}\left[\frac{(-1)^{n-1}}{n}-\frac{(-1)^{n-2}}{n-1}\right]x^n$$

$$=x+\sum_{n=2}^{\infty}(-1)^{n-1}\frac{2n-1}{n(n-1)}x^n \quad (-1<x\leqslant 1).$$

【例 10-20】 将函数 $f(x)=\sin x$ 展开成 $x-\frac{\pi}{4}$ 的幂级数.

解 因为

$$\sin x=\sin\left[\frac{\pi}{4}+\left(x-\frac{\pi}{4}\right)\right]=\sin\frac{\pi}{4}\cos\left(x-\frac{\pi}{4}\right)+\cos\frac{\pi}{4}\sin\left(x-\frac{\pi}{4}\right)$$

$$=\frac{1}{\sqrt{2}}\left[\cos\left(x-\frac{\pi}{4}\right)+\sin\left(x-\frac{\pi}{4}\right)\right],$$

在式(10-24)、式(10-23)中将 x 换成 $x-\frac{\pi}{4}$,得

$$\cos\left(x-\frac{\pi}{4}\right)=1-\frac{1}{2!}\left(x-\frac{\pi}{4}\right)^2+\frac{1}{4!}\left(x-\frac{\pi}{4}\right)^4+\cdots \quad (-\infty<x<+\infty),$$

$$\sin\left(x-\frac{\pi}{4}\right)=\left(x-\frac{\pi}{4}\right)-\frac{1}{3!}\left(x-\frac{\pi}{4}\right)^3+\frac{1}{5!}\left(x-\frac{\pi}{4}\right)^5+\cdots \quad (-\infty<x<+\infty),$$

所以

$$\sin x=\frac{1}{\sqrt{2}}\left[1+\left(x-\frac{\pi}{4}\right)-\frac{1}{2!}\left(x-\frac{\pi}{4}\right)^2-\frac{1}{3!}\left(x-\frac{\pi}{4}\right)^3+\cdots\right] \quad (-\infty<x<+\infty).$$

【例 10-21】 将函数 $f(x)=\frac{1}{x}$ 展开成 $x-2$ 的幂级数.

解 因为

$$\frac{1}{x}=\frac{1}{2+(x-2)}=\frac{1}{2}\cdot\frac{1}{1+\frac{x-2}{2}},$$

在(10-21)式中将 x 换成 $-\frac{x-2}{2}$，得

$$\frac{1}{1+\frac{x-2}{2}}=\sum_{n=0}^{\infty}\left(-\frac{x-2}{2}\right)^n \quad \left(-1<-\frac{x-2}{2}<1\right),$$

所以

$$\frac{1}{x}=\frac{1}{2}\sum_{n=0}^{\infty}\frac{(-1)^n}{2^n}(x-2)^n \quad (0<x<4).$$

习　题　10.4

1. 将下列函数展开成 x 的幂级数,并写出展开式成立的区间：

(1) $\frac{1}{1-x^2}$;

(2) $\frac{1}{2+x}$;

(3) xe^{-x};

(4) $\sin^2 x$;

(5) $\arctan x+\frac{1}{2}\ln\frac{1+x}{1-x}$;

(6) $\frac{1}{x^2-5x+6}$.

2. 将下列函数展开成 $(x-1)$ 的幂级数：

(1) $f(x)=\ln(1+x)$;

(2) $f(x)=\frac{1}{x^2-x-2}$.

3. 将函数 $f(x)=\cos x$ 展开为 $\left(x+\frac{\pi}{3}\right)$ 的幂级数.

10.5　幂级数在近似计算中的应用

有了函数的幂级数展开式,就可以用它来进行近似计算,即在展开式成立的区间上,按照精度要求,选取级数的前若干项的部分和,把函数值近似地计算出来.

【例 10-22】 求 $\sin 5°$ 的近似值(精确到小数点后第 5 位).

解 在函数 $f(x)=\sin x$ 的幂级数展开式(10-23)中,令 $x=\frac{5\pi}{180}=\frac{\pi}{36}$,得

$$\sin 5°=\sin\frac{\pi}{36}=\frac{\pi}{36}-\frac{1}{3!}\left(\frac{\pi}{36}\right)^3+\frac{1}{5!}\left(\frac{\pi}{36}\right)^5-\cdots,$$

这是交错级数,从而 $|r_n| \leqslant u_{n+1}$,故只需令

$$\frac{1}{(2n+1)!}\left(\frac{\pi}{36}\right)^{2n+1} < 0.00001,$$

解得 $n=2$,即取前两项计算 $\sin 5°$ 的近似值,就可保证计算精度小于 10^{-5}. 所以

$$\sin 5° \approx \frac{\pi}{36} - \frac{1}{3!}\left(\frac{\pi}{36}\right)^3 \approx 0.08716.$$

【例 10-23】 计算 $\ln 2$ 的近似值(精确到小数点后第 4 位).

解 在函数 $f(x)=\ln(1+x)$ 的幂级数展开式(10-25)中,如果令 $x=1$,得

$$\ln 2 = 1 - \frac{1}{2} + \frac{1}{3} - \cdots + (-1)^{n-1}\frac{1}{n} + \cdots,$$

因为

$$|r_n| \leqslant u_{n+1} = \frac{1}{n+1} < 0.0001,$$

解得

$$n > 9999,$$

即至少取前 10000 项计算,才能保证计算精度小于 10^{-4}. 显然这样做计算量太大(这是因为收敛速度太慢造成的),能否构造一个收敛速度快的级数用来计算 $\ln 2$ 的近似值呢?

由 $\ln(1+x)$ 和 $\ln(1-x)$ 的展开式,

$$\ln(1+x) = x - \frac{x^2}{2} + \frac{x^3}{3} + \cdots + (-1)^{n-1}\frac{x^n}{n} + \cdots \quad (-1 < x \leqslant 1),$$

$$\ln(1-x) = -x - \frac{x^2}{2} - \frac{x^3}{3} - \cdots - \frac{x^n}{n} + \cdots \quad (-1 \leqslant x < 1),$$

两式相减,得

$$\ln\frac{1+x}{1-x} = 2\left(x + \frac{x^3}{3} + \frac{x^5}{5} + \cdots + \frac{x^{2n-1}}{2n-1} + \cdots\right) \quad (-1 < x < 1).$$

令 $\dfrac{1+x}{1-x} = 2$,解得 $x = \dfrac{1}{3}$,代入上式,得

$$\ln 2 = 2\left(\frac{1}{3} + \frac{1}{3} \cdot \frac{1}{3^3} + \frac{1}{5} \cdot \frac{1}{3^5} + \cdots + \frac{1}{2n-1} \cdot \frac{1}{3^{2n-1}} + \cdots\right),$$

如果取前 n 项作为 $\ln 2$ 的近似值,则误差

$$|r_n| = 2\left(\frac{1}{2n+1} \cdot \frac{1}{3^{2n+1}} + \frac{1}{2n+3} \cdot \frac{1}{3^{2n+3}} + \frac{1}{2n+5} \cdot \frac{1}{3^{2n+5}} + \cdots\right)$$

$$< \frac{2}{(2n+1)3^{2n+1}}\left(1 + \frac{1}{3^2} + \frac{1}{3^4} + \cdots\right)$$

$$= \frac{2}{(2n+1)3^{2n+1}} \frac{1}{1 - \frac{1}{9}} = \frac{1}{4(2n+1)3^{2n-1}},$$

要使计算精度小于 10^{-4}，只要

$$r_n < \frac{1}{4(2n+1)3^{2n-1}} < 0.0001,$$

解得 $n \geqslant 4$，所以只要取前 4 项求和作为 ln2 的近似值，就能保证计算精度小于 10^{-4}. 故

$$\ln 2 \approx 2\left(\frac{1}{3} + \frac{1}{3} \cdot \frac{1}{3^3} + \frac{1}{5} \cdot \frac{1}{3^5} + \frac{1}{7} \cdot \frac{3}{3^7}\right) \approx 0.6931.$$

【例 10-24】 计算定积分 $\dfrac{2}{\sqrt{\pi}} \displaystyle\int_0^{\frac{1}{2}} e^{-x^2} dx$ 的近似值（精确到小数点后第 4 位）.

解 在函数 $f(x) = e^x$ 的幂级数展开式（10-22）中，以 $-x^2$ 替代 x，得

$$e^{-x^2} = \sum_{n=0}^{\infty} \frac{(-x^2)^n}{n!} = \sum_{n=0}^{\infty} (-1)^n \frac{x^{2n}}{n!} \quad (-\infty < x < +\infty).$$

于是，根据幂级数在收敛区间内逐项可积，得

$$\frac{2}{\sqrt{\pi}} \int_0^{\frac{1}{2}} e^{-x^2} dx = \frac{2}{\sqrt{\pi}} \int_0^{\frac{1}{2}} \left[\sum_{n=0}^{\infty} (-1)^n \frac{x^{2n}}{n!}\right] dx = \frac{2}{\sqrt{\pi}} \sum_{n=0}^{\infty} (-1)^n \int_0^{\frac{1}{2}} \frac{x^{2n}}{n!} dx$$

$$= \frac{2}{\sqrt{\pi}} \sum_{n=0}^{\infty} (-1)^n \frac{1}{(2n+1)n! \ 2^{2n+1}}$$

$$= \frac{1}{\sqrt{\pi}} \left(1 - \frac{1}{3 \cdot 2^2} + \frac{1}{5 \cdot 2! \cdot 2^4} - \frac{1}{7 \cdot 3! \cdot 2^6} + \cdots\right),$$

如果取前 4 项的代数和作为定积分的近似值，则误差为

$$|r_4| = \frac{1}{\sqrt{\pi}} \cdot \frac{1}{9 \cdot 4! \ 2^8} < 0.0001,$$

所以

$$\frac{2}{\sqrt{\pi}} \int_0^{\frac{1}{2}} e^{-x^2} dx \approx \frac{1}{\sqrt{\pi}} \left(1 - \frac{1}{3 \cdot 2^2} + \frac{1}{5 \cdot 2! \ 2^4} - \frac{1}{7 \cdot 3! \ 2^6}\right) \approx 0.5205.$$

习 题 10.5

1. 计算 $\cos 10°$ 的值，要求误差不超过 0.0001.

2. 计算 e 的值，要求误差不超过 0.001.

3. 计算 $\displaystyle\int_0^1 \cos \sqrt{x} dx$ 的值，要求误差不超过 0.0001.

总 习 题 10

1. 选择题

(1) 若级数 $\displaystyle\sum_{n=1}^{\infty} u_n$ 收敛于 S，则级数 $\displaystyle\sum_{n=1}^{\infty} (u_n + u_{n+1})$ 　　　　　　（ 　 ）.

A. 收敛于 $2S-u_1$　　　　　　　　B. 收敛于 $2S+u_1$

C. 收敛于 $2S$　　　　　　　　　　D. 发散

(2)设 a 为常数,则级数 $\sum\limits_{n=1}^{\infty}\left[\dfrac{\sin(na)}{n^2}-\dfrac{1}{\sqrt{n}}\right]$　　　　　　（　　）.

A. 绝对收敛　　　　　　　　　　B. 条件收敛

C. 发散　　　　　　　　　　　　D. 敛散性与 a 的取值有关

(3)设级数 $\sum\limits_{n=1}^{\infty}u_n$ 与 $\sum\limits_{n=1}^{\infty}v_n$ 都发散,则下列级数中一定发散的是　　（　　）.

A. $\sum\limits_{n=1}^{\infty}(u_n+v_n)$　　　　　　　B. $\sum\limits_{n=1}^{\infty}u_n v_n$

C. $\sum\limits_{n=1}^{\infty}(u_n^2+v_n^2)$　　　　　　　D. $\sum\limits_{n=1}^{\infty}(|u_n|+|v_n|)$

(4)幂级数 $\sum\limits_{n=0}^{\infty}(-1)^n\dfrac{x^{2n+2}}{(2n+1)!}$ 在收敛区间 $(-\infty,+\infty)$ 内的和函数为

（　　）.

A. $\sin x$　　　　B. $x\sin x$　　　　C. $\cos x$　　　　D. $x\cos x$

2. 填空题

(1)级数 $\dfrac{1}{1\cdot 4}+\dfrac{1}{4\cdot 7}+\dfrac{1}{7\cdot 10}+\cdots$ 的和 $S=$ _____.

(2)级数 $\sum\limits_{n=1}^{\infty}(-1)^{n-1}\dfrac{1}{n^p}$ 收敛的充分必要条件是常数 p 满足 _____.

(3)设有幂级数 $\sum\limits_{n=1}^{\infty}a_n(x+2)^{2n}$,且 $\lim\limits_{n\to\infty}\left|\dfrac{a_{n+1}}{a_n}\right|=\dfrac{1}{4}$,则该幂级数的收敛区间是

_____.

(4)把 $\dfrac{x}{a+bx}(ab\neq 0)$ 展开为 x 的幂级数,其收敛半径 $R=$ _____ .

3. 判别下列级数的敛散性:

(1)$1+\dfrac{2}{3}+\dfrac{3}{5}+\dfrac{4}{7}+\dfrac{5}{9}+\cdots$;　　　　(2)$\dfrac{1}{3}+\dfrac{1}{2}+\dfrac{1}{6}+\dfrac{1}{2^2}+\dfrac{1}{9}+\dfrac{1}{2^3}+\cdots$;

(3)$\sum\limits_{n=1}^{\infty}\left(1-\cos\dfrac{\pi}{n}\right)$;　　　　　　(4)$\sum\limits_{n=1}^{\infty}\dfrac{a^n}{2n-1}$　$(a>0)$;

(5)$\sum\limits_{n=1}^{\infty}\dfrac{n\sin^2 n}{2^n}$.

4. 判别下列级数的敛散性,若收敛,是绝对收敛还是条件收敛?

(1)$\sum\limits_{n=1}^{\infty}(-1)^{n-1}\left(\dfrac{1}{n}-\dfrac{1}{n+1}\right)$;　　(2)$\sum\limits_{n=1}^{\infty}\dfrac{\cos n}{5^n+1}$;

(3)$\sum\limits_{n=0}^{\infty}(-1)^n\dfrac{(2n+1)!}{n^n}$;　　　　(4)$\sum\limits_{n=1}^{\infty}\dfrac{(-1)^n}{\ln(1+n)}$.

5.求下列幂级数的收敛区间,并在收敛区间内求其和函数：

(1) $\displaystyle\sum_{n=1}^{\infty} \frac{3^n x^n}{n}$;

(2) $\displaystyle\sum_{n=1}^{\infty} \frac{2n-1}{2^n} x^{2n-2}$;

(3) $\displaystyle\sum_{n=1}^{\infty} \frac{n+1}{n} x^n$;

(4) $\displaystyle\sum_{n=1}^{\infty} (-1)^{n-1} n x^n$.

6.将下列函数展开为 x 的幂级数,并指出其收敛区间：

(1) $(x+1)e^x$;

(2) $\sin x - x \cos x$;

(3) $\dfrac{1}{(2-x)^2}$.

7.将函数 $f(x) = \ln \dfrac{x}{1+x}$ 展开成 $(x-1)$ 的幂级数.

中国创造：笔头创新之路

第 11 章　微　分　方　程

寻求变量之间的函数关系是解决实际问题时常见的重要课题．但是，人们往往并不能直接由所给的条件找到所需要的函数，却比较容易得到含有未知函数的导数或微分的等式，这样的等式即所谓微分方程．

微分方程是由于实践的需要，在微积分学的基础上进一步发展起来的一个重要的数学分支，也是数学科学联系实际的主要途径之一．微分方程不仅在自然科学和工程技术领域有重要作用，而且在社会科学领域中也有着广泛的应用．

11.1　微分方程的基本概念

许多自然现象所服从的规律都可以用微分方程表示出来，下面通过具体实例来引入微分方程的概念．

11.1.1　两个实例

【例 11-1】　设某一平面曲线上任意一点 (x,y) 处的切线斜率等于该点处横坐标的两倍，且曲线通过点 $(1,2)$，求该曲线的方程．

解　设所求曲线的方程为 $y=f(x)$，根据导数的几何意义，由题意得

$$\frac{\mathrm{d}y}{\mathrm{d}x}=2x, \tag{11-1}$$

且函数 $y=f(x)$ 还应满足条件

$$y\big|_{x=1}=2. \tag{11-2}$$

方程(11-1)是一个含未知函数 $y=f(x)$ 的导数的方程．为了解出 $y=f(x)$，我们只要将方程(11-1)两端积分，就有

$$y=\int 2x\mathrm{d}x=x^2+C,$$

把条件(11-2)代入上式，得

$$2=1^2+C$$

由此定出 $C=1$，故所求曲线的方程为

$$y=x^2+1.$$

【例 11-2】　设质点以匀加速度 a 作直线运动，且 $t=0$ 时 $s=0$，$v=v_0$．求质点运动的位移 s 与时间 t 的关系．

解　这是一个物理问题．设质点运动的位移与时间的关系为 $s=s(t)$，则由二阶导数的物理意义，得

$$\frac{\mathrm{d}^2 s}{\mathrm{d}t^2} = a,$$

它是一个含有二阶导数的方程,将上式两边连续积分两次,即有

$$\frac{\mathrm{d}s}{\mathrm{d}t} = at + C_1, \tag{11-3}$$

$$s = \frac{1}{2}at^2 + C_1 t + C_2, \tag{11-4}$$

其中 C_1, C_2 为任意常数.

由题意 $s = s(t)$ 还应满足条件

$$s \big|_{t=0} = 0, v \big|_{t=0} = v_0, \text{即 } s \big|_{t=0} = 0, \frac{\mathrm{d}s}{\mathrm{d}t} \bigg|_{t=0} = v_0,$$

将上述条件分别代入式(11-3)、式(11-4)得

$$C_1 = v_0, C_2 = 0$$

故位移与时间的关系为

$$s = \frac{1}{2}at^2 + v_0 t.$$

11.1.2 微分方程的基本概念

由以上两例看到,在一些实际问题的讨论中,往往会出现含有未知函数的导数的方程. 下面先给出几个有关定义.

定义 11-1 含有未知函数的导数(或微分)的方程称为**微分方程**.

定义 11-2 微分方程中出现的未知函数的最高阶导数的阶数,称为微分方程的**阶**.

例如,方程 $\frac{\mathrm{d}y}{\mathrm{d}x} = 2x$ 是一阶微分方程;方程 $\frac{\mathrm{d}^2 s}{\mathrm{d}t^2} = a$ 是二阶微分方程;方程 $x^3 y''' + x^2 (y'')^2 + x(y')^3 = 3x^2$ 是三阶微分方程.

一般地,n 阶微分方程的一般形式是:

$$F(x, y, y', \cdots, y^{(n)}) = 0, \tag{11-5}$$

其中 $x, y, y', \cdots, y^{(n-1)}$ 等变量可以不出现,但 $y^{(n)}$ 必须出现. 如果能从方程(11-5)中解出 $y^{(n)}$,则微分方程(11-5)变形为

$$y^{(n)} = f(x, y, y', \cdots, y^{(n-1)}). \tag{11-6}$$

特别地,一阶微分方程的一般形式是:

$$F(x, y, y') = 0.$$

定义 11-3 如果把函数 $y = \varphi(x)$ 代入微分方程,能使方程成为恒等式,那么称此函数为微分方程的**解**.

例如,函数 $y = x^2 + C$ 和 $y = x^2 + 1$ 都是微分方程 $\frac{\mathrm{d}y}{\mathrm{d}x} = 2x$ 的解;$s = \frac{1}{2}at^2 + C_1 t$

$+C_2$ 和 $s=\dfrac{1}{2}at^2+v_0t$ 都是微分方程 $\dfrac{\mathrm{d}^2s}{\mathrm{d}t^2}=a$ 的解.

如果微分方程的解中含有任意常数,且任意常数的个数与微分方程的阶数相同$^{\ominus}$,这样的解叫做微分方程的**通解**.

例如,函数 $y=x^2+C$ 是微分方程 $\dfrac{\mathrm{d}y}{\mathrm{d}x}=2x$ 的通解;函数 $s=\dfrac{1}{2}at^2+C_1t+C_2$ 是微分方程 $\dfrac{\mathrm{d}^2s}{\mathrm{d}t^2}=a$ 的通解.

微分方程的不含任意常数的解叫做微分方程的**特解**. 例如,函数 $y=x^2+1$ 是微分方程 $\dfrac{\mathrm{d}y}{\mathrm{d}x}=2x$ 的特解;函数 $s=\dfrac{1}{2}at^2+v_0t$ 是微分方程 $\dfrac{\mathrm{d}^2s}{\mathrm{d}t^2}=a$ 的特解.

微分方程的通解中含有任意常数,为了确定这些常数的具体取值,需要附加相应的条件,这种条件称为**定解条件**. 对 n 阶微分方程(11-5),定解条件往往形如

$$y\big|_{x=x_0}=y_0,y'\big|_{x=x_0}=y_1,\cdots,y^{(n-1)}\big|_{x=x_0}=y_{n-1},$$

上述定解条件又称为**初始条件**(其中 $x_0,y_0,y_1,\cdots,y_{n-1}$ 是已知常数).

求微分方程满足初始条件的特解的问题,称为微分方程的**初值问题**. 一阶微分方程的初值问题记作

$$\begin{cases}F(x,y,y')=0,\\y\big|_{x=x_0}=y_0.\end{cases}\tag{11-7}$$

二阶微分方程的初值问题记作

$$\begin{cases}F(x,y,y',y'')=0,\\y\big|_{x=x_0}=y_0,y'\big|_{x=x_0}=y_1.\end{cases}\tag{11-8}$$

微分方程的解的图形是一条平面曲线,称为微分方程的**积分曲线**. 这样,初值问题(11-7)的解的几何意义,就是微分方程通过点 (x_0,y_0) 的那条积分曲线;初值问题(11-8)的解的几何意义,就是微分方程通过点 (x_0,y_0) 且在该点的切线斜率为 y_1 的那条积分曲线.

【**例 11-3**】　验证:函数 $y=\dfrac{C}{x}$ 是一阶微分方程 $x\dfrac{\mathrm{d}y}{\mathrm{d}x}+y=0$ 的通解,并说明它的几何意义.

解　由 $y=\dfrac{C}{x}$ 可得

$$\frac{\mathrm{d}y}{\mathrm{d}x}=-\frac{C}{x^2}.$$

将 $\dfrac{\mathrm{d}y}{\mathrm{d}x}$ 及 y 代入方程 $x\dfrac{\mathrm{d}y}{\mathrm{d}x}+y=0$ 中,得

$\ominus$　这里所说的任意常数是相互独立的,就是说,它们不能合并而使得任意常数的个数减少.

$$x \cdot \left(-\frac{C}{x^2}\right) + \frac{C}{x} \equiv 0.$$

所以函数 $y = \dfrac{C}{x}$ 是微分方程 $x \dfrac{\mathrm{d}y}{\mathrm{d}x} + y = 0$ 的解.

又因为方程 $x \dfrac{\mathrm{d}y}{\mathrm{d}x} + y = 0$ 是一阶的, 而函数 $y = \dfrac{C}{x}$ 含有一个任意常数, 且任意常数的个数等于方程的阶数, 所以函数 $y = \dfrac{C}{x}$ 是微分方程 $x \dfrac{\mathrm{d}y}{\mathrm{d}x} + y = 0$ 的通解.

函数 $y = \dfrac{C}{x}$ 在 xOy 平面上表示一族等轴双曲线(图 11-1).

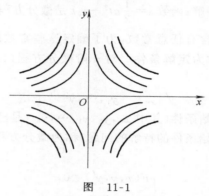

图 11-1

习　题　11.1

1. 指出下列方程是否为微分方程? 若是请指出它的阶:

(1) $2y' + y + 4x^2 = 0$;　　　　(2) $xyy'' + x(y')^3 - y^4 y' = 0$;

(3) $y + x + 5 = 0$;　　　　(4) $y' + x + 2 = 0$;

(5) $\dfrac{\mathrm{d}^2 y}{\mathrm{d}x^2} + \dfrac{\mathrm{d}y}{\mathrm{d}x} - 3y = \mathrm{e}^{2x}$.

2. 验证 $y = Cx^3$ 是微分方程 $3y - xy' = 0$ 的通解, 并求满足初始条件 $y|_{x=1} = \dfrac{1}{3}$ 的特解.

3. 验证由方程 $x^2 - xy + y^2 = C$ 所确定的隐函数是微分方程 $(x - 2y)y' = 2x - y$ 的通解, 并求满足初始条件 $y|_{x=0} = 1$ 的特解.

4. 设曲线在点 (x, y) 处的切线斜率等于该点横坐标的平方, 写出该曲线所满足的微分方程.

11.2　一阶微分方程

本节讨论几种特殊类型的一阶微分方程的解法.

11.2.1　可分离变量的微分方程

1. 可分离变量的微分方程

如果一阶微分方程可以化成

$$g(y)\mathrm{d}y = f(x)\mathrm{d}x \tag{11-9}$$

的形式,则称原方程为**可分离变量的微分方程**.

方程(11-9)的特点是:方程的一端只含有 y 的函数与 $\mathrm{d}y$,另一端只含有 x 的函数与 $\mathrm{d}x$. 例如,方程 $x\mathrm{d}x = y\mathrm{d}y$、$\dfrac{\mathrm{d}y}{\mathrm{d}x} = 2xy$ 都是可分离变量的微分方程,而方程 $\dfrac{\mathrm{d}y}{\mathrm{d}x} = x - y$ 不是可分离变量的微分方程.

可分离变量的微分方程的求解步骤为:

(1)分离变量:将原方程化成 $g(y)\mathrm{d}y = f(x)\mathrm{d}x$ 的形式;

(2)两边积分:由 $\displaystyle\int g(y)\mathrm{d}y = \int f(x)\mathrm{d}x$,得

$$G(y) = F(x) + C.$$

上式所确定的隐函数就是原方程的通解(称为**隐式通解**),其中 $G(y)$,$F(x)$ 分别是 $g(y)$,$f(x)$ 的一个原函数.

【**例 11-4**】　求微分方程 $\dfrac{\mathrm{d}y}{\mathrm{d}x} = 2xy$ 的通解.

解　将所给微分方程分离变量,得

$$\frac{\mathrm{d}y}{y} = 2x\mathrm{d}x,$$

两端积分,得

$$\ln|y| = x^2 + C_1, \tag{11-10}$$

即

$$|y| = \mathrm{e}^{x^2 + C_1},$$

所以

$$y = \pm\mathrm{e}^{x^2 + C_1},$$

令 $C = \pm\mathrm{e}^{C_1}$,于是所求通解为

$$y = C\mathrm{e}^{x^2}.$$

注:为了简化解题过程,可将式(11-10)中 $\ln|y|$ 写成 $\ln y$,将 C 写成 $\ln C$. 这样,本题可写为:由 $\dfrac{\mathrm{d}y}{y} = 2x\mathrm{d}x$ 两端积分,得

$$\ln y = x^2 + \ln C,$$

即

$$\ln y = \ln(C\mathrm{e}^{x^2}),$$

故所求通解为

$$y = Ce^{x^2}.$$

【例 11-5】 求微分方程 $x(1+y^2)dx - (1+x^2)y dy = 0$ 的通解.

解 分离变量,得

$$\frac{y dy}{1+y^2} = \frac{x dx}{1+x^2}.$$

两端积分,得

$$\frac{1}{2}\ln(1+y^2) = \frac{1}{2}\ln(1+x^2) + \frac{1}{2}\ln C,$$

即

$$\ln(1+y^2) = \ln(1+x^2) + \ln C,$$

所以原微分方程的通解为

$$1+y^2 = C(1+x^2).$$

【例 11-6】 求微分方程 $3x^2 y y' = \sqrt{1-y^2}$ 满足初始条件 $y|_{x=1} = 0$ 的特解.

解 将所给微分方程分离变量,得

$$\frac{3y dy}{\sqrt{1-y^2}} = \frac{dx}{x^2}.$$

两端积分,得

$$-3\sqrt{1-y^2} = -\frac{1}{x} + C,$$

将初始条件 $y|_{x=1} = 0$ 代入上式,得 $C = -2$,故所求特解为

$$-3\sqrt{1-y^2} = -\frac{1}{x} - 2, \text{即 } 3\sqrt{1-y^2} = \frac{1}{x} + 2.$$

* 2. 齐次方程

某些微分方程可通过适当的变量代换,化为可分离变量的微分方程.下面将要讨论的齐次方程就是这样一类微分方程.

如果一阶微分方程可以化成

$$\frac{dy}{dx} = \varphi\left(\frac{y}{x}\right) \tag{11-11}$$

的形式,则称原方程为**齐次方程**.

例如,方程 $y' = \frac{y}{x} + \tan\frac{y}{x}$ 是齐次方程;由于 $(x-2y)dx - x dy = 0$ 可变形为 $\frac{dy}{dx} = 1 - \frac{2y}{x}$,故该方程也是齐次方程.

对齐次方程(11-11),作变换 $u = \frac{y}{x}$,则有

$$y = xu, \quad \frac{\mathrm{d}y}{\mathrm{d}x} = u + x\frac{\mathrm{d}u}{\mathrm{d}x}, \tag{11-12}$$

代入方程(11-11),便得到关于变量 x, u 的方程

$$u + x\frac{\mathrm{d}u}{\mathrm{d}x} = \varphi(u).$$

显然,这是一个可分离变量的微分方程,分离变量得

$$\frac{\mathrm{d}u}{\varphi(u) - u} = \frac{\mathrm{d}x}{x}. \tag{11-13}$$

两边积分得

$$\int \frac{\mathrm{d}u}{\varphi(u) - u} = \int \frac{\mathrm{d}x}{x}. \tag{11-14}$$

求出积分后,再用 $\frac{y}{x}$ 代替 u,便得到所给齐次方程的通解.

【例 11-7】 求微分方程 $\dfrac{\mathrm{d}y}{\mathrm{d}x} = \dfrac{y}{x} - \cot\dfrac{y}{x}$ 的通解.

解 原方程为齐次方程,令 $u = \dfrac{y}{x}$,则 $y = xu$,$\dfrac{\mathrm{d}y}{\mathrm{d}x} = u + x\dfrac{\mathrm{d}u}{\mathrm{d}x}$,代入原方程,得

$$u + x\frac{\mathrm{d}u}{\mathrm{d}x} = u - \cot u.$$

这是可分离变量的微分方程,分离变量得

$$-\tan u\,\mathrm{d}u = \frac{\mathrm{d}x}{x}.$$

两边积分得

$$\ln\cos u = \ln x + \ln C,$$

即

$$\cos u = Cx.$$

代回原变量,得所求方程的通解为

$$\cos\frac{y}{x} = Cx.$$

【例 11-8】 求微分方程 $\dfrac{\mathrm{d}y}{\mathrm{d}x} = \dfrac{x+y}{x-y}$ 的通解.

解 将所给方程变形为

$$\frac{\mathrm{d}y}{\mathrm{d}x} = \frac{1 + \dfrac{y}{x}}{1 - \dfrac{y}{x}}.$$

令 $u = \dfrac{y}{x}$,则 $y = xu$,$\dfrac{\mathrm{d}y}{\mathrm{d}x} = u + x\dfrac{\mathrm{d}u}{\mathrm{d}x}$,代入原方程,得

$$u+x\,\frac{\mathrm{d}u}{\mathrm{d}x}=\frac{1+u}{1-u}.$$

这是可分离变量的微分方程,分离变量得

$$\frac{1-u}{1+u^2}\mathrm{d}u=\frac{\mathrm{d}x}{x}.$$

两边积分得

$$\arctan u-\frac{1}{2}\ln(1+u^2)=\ln x-\ln C,$$

即

$$\ln\frac{x\,\sqrt{1+u^2}}{C}=\arctan u,$$

或

$$x\,\sqrt{1+u^2}=C\mathrm{e}^{\arctan u}.$$

代回原变量,得方程通解为

$$\sqrt{x^2+y^2}=C\mathrm{e}^{\arctan\frac{y}{x}}.$$

对于齐次方程,我们通过变量代换 $y=xu$,把它转化为可分离变量的方程,然后求出其通解. 这启发我们:对某些不能分离变量的方程,可以考虑寻求适当的变量代换,使它化为可分离变量的方程. 下面仅举一例.

【例 11-9】 求方程 $\dfrac{\mathrm{d}y}{\mathrm{d}x}=\dfrac{1}{(x+y)^2}$ 的通解.

解 令 $u=x+y$,则 $y=u-x,\dfrac{\mathrm{d}y}{\mathrm{d}x}=\dfrac{\mathrm{d}u}{\mathrm{d}x}-1$. 代入原方程,得

$$\frac{\mathrm{d}u}{\mathrm{d}x}-1=\frac{1}{u^2},$$

或

$$\frac{\mathrm{d}u}{\mathrm{d}x}=\frac{u^2+1}{u^2}.$$

这是可分离变量的微分方程. 分离变量得

$$\frac{u^2}{u^2+1}\mathrm{d}u=\mathrm{d}x.$$

两端积分,得

$$u-\arctan u=x+C.$$

将 $u=x+y$ 代回,得原方程的通解为

$$y-\arctan(x+y)=C.$$

11.2.2 一阶线性微分方程

形如

$$\frac{\mathrm{d}y}{\mathrm{d}x}+P(x)y=Q(x) \tag{11-15}$$

的方程称为**一阶线性微分方程**,其中 $P(x),Q(x)$ 都是连续函数.

方程(11-15)的特点是:方程中出现的未知函数 y 及其导数 $\frac{\mathrm{d}y}{\mathrm{d}x}$ 的指数都是一次的.

如果 $Q(x)\equiv0$,则方程(11-15)称为**齐次的**. 如果 $Q(x)\not\equiv0$,则方程(11-15)称为**非齐次的**.

例如,方程 $y'-x^2y=0$ 与方程 $y'+y=x$ 都是一阶线性微分方程,其中前者是一阶线性齐次微分方程,后者是一阶线性非齐次微分方程;方程 $(y')^2+xy=1$ 不是一阶线性微分方程.

设方程(11-15)为一阶线性非齐次微分方程. 为了求出该方程的解,我们先把 $Q(x)$ 换成零而写出方程

$$\frac{\mathrm{d}y}{\mathrm{d}x}+P(x)y=0. \tag{11-16}$$

方程(11-16)叫做与一阶线性非齐次方程(11-15)对应的线性齐次方程. 由于方程(11-16)是可分离变量的,分离变量后得

$$\frac{\mathrm{d}y}{y}=-P(x)\mathrm{d}x,$$

两边积分,有

$$\ln y=-\int P(x)\mathrm{d}x+\ln C,$$

于是

$$y=Ce^{-\int P(x)\mathrm{d}x},$$

这是(11-15)对应的齐次方程的通解.

下面我们使用所谓**常数变易法**来求一阶线性非齐次方程(11-15)的通解. 该方法是把方程(11-15)对应齐次方程的通解中的常数 C 变易为 x 的待定函数 $C(x)$,使之满足方程(11-15). 为此,设方程(11-15)的解为

$$y=C(x)e^{-\int P(x)\mathrm{d}x}{}^{\ominus}, \tag{11-17}$$

___

○ 常数变易法中关键的一步,是将齐次线性微分方程通解中的常数 C 变易为函数 $C(x)$,可以这样做的原因如下:

若 $y=\varphi(x)$ 是方程(11-15)的解,则有: $\frac{\mathrm{d}\varphi(x)}{\varphi(x)}=-P(x)\mathrm{d}x+\frac{Q(x)}{\varphi(x)}\mathrm{d}x$,两边积分得, $\ln\varphi(x)$ $=-\int P(x)\mathrm{d}x+\int\frac{Q(x)}{\varphi(x)}\mathrm{d}x$,于是 $\varphi(x)=e^{\int\frac{Q(x)}{\varphi(x)}\mathrm{d}x}\cdot e^{-\int P(x)\mathrm{d}x}$,记 $C(x)=e^{\int\frac{Q(x)}{\varphi(x)}\mathrm{d}x}$,则方程(11-15)的解具有形式: $y=\varphi(x)=C(x)e^{-\int P(x)\mathrm{d}x}$.

将其代入方程(11-15)，得

$$\frac{\mathrm{d}}{\mathrm{d}x}[C(x)\mathrm{e}^{-\int P(x)\mathrm{d}x}] + P(x)C(x)\mathrm{e}^{-\int P(x)\mathrm{d}x} = Q(x),$$

即

$$C'(x)\mathrm{e}^{-\int P(x)\mathrm{d}x} - C(x)P(x)\mathrm{e}^{-\int P(x)\mathrm{d}x} + P(x)C(x)\mathrm{e}^{-\int P(x)\mathrm{d}x} = Q(x),$$

化简，得

$$C'(x)\mathrm{e}^{-\int P(x)\mathrm{d}x} = Q(x),$$

即

$$C'(x) = Q(x)\mathrm{e}^{\int P(x)\mathrm{d}x}.$$

两边积分，得

$$C(x) = \int Q(x)\mathrm{e}^{\int P(x)\mathrm{d}x}\mathrm{d}x + C. \tag{11-18}$$

将式(11-18)代入方程(11-17)，得一阶线性非齐次方程(11-15)的通解

$$y = \mathrm{e}^{-\int P(x)\mathrm{d}x}\left(\int Q(x)\mathrm{e}^{\int P(x)\mathrm{d}x}\mathrm{d}x + C\right), \tag{11-19}$$

即

$$y = C\mathrm{e}^{-\int P(x)\mathrm{d}x} + \mathrm{e}^{-\int P(x)\mathrm{d}x}\cdot\int Q(x)\mathrm{e}^{\int P(x)\mathrm{d}x}\mathrm{d}x. \tag{11-20}$$

从通解表达式(11-20)可以看出，线性非齐次微分方程的通解是两项之和，其中一项 $C\mathrm{e}^{-\int P(x)\mathrm{d}x}$ 是原方程对应的齐次方程的通解，另一项 $\mathrm{e}^{-\int P(x)\mathrm{d}x}\cdot\int Q(x)\mathrm{e}^{\int P(x)\mathrm{d}x}\mathrm{d}x$ 是原非齐次方程的一个特解(在(11-19)中，令 $C=0$，得到特解 $y = \mathrm{e}^{-\int P(x)\mathrm{d}x}\cdot\int Q(x)\mathrm{e}^{\int P(x)\mathrm{d}x}\mathrm{d}x)$. 由此可知，一阶线性非齐次微分方程的通解等于对应的齐次方程的通解与非齐次方程的一个特解之和.

【例 11-10】 求微分方程 $\dfrac{\mathrm{d}y}{\mathrm{d}x} - \dfrac{2y}{x-1} = (x-1)^{\frac{3}{2}}$ 的通解.

解 这是一个一阶线性非齐次微分方程，下面利用常数变易法求解.
原方程对应的齐次方程为

$$\frac{\mathrm{d}y}{\mathrm{d}x} - \frac{2y}{x-1} = 0.$$

分离变量，得

$$\frac{\mathrm{d}y}{y} = \frac{2\mathrm{d}x}{x-1}.$$

两边积分，得

$$\ln y = 2\ln(x-1) + \ln C.$$

所以齐次方程的通解为

$$y = C(x-1)^2.$$

令 $y = C(x) \cdot (x-1)^2$ 为原方程的解, 代入原方程, 得

$$C'(x)(x-1)^2 + 2C(x)(x-1) - \frac{2C(x)(x-1)^2}{x-1} = (x-1)^{\frac{3}{2}},$$

化简, 得

$$C'(x) = (x-1)^{-\frac{1}{2}}.$$

所以

$$C(x) = \int (x-1)^{-\frac{1}{2}} dx = 2(x-1)^{\frac{1}{2}} + C.$$

故原方程的通解为

$$y = (x-1)^2 \left[2(x-1)^{\frac{1}{2}} + C \right].$$

【例 11-11】 求方程 $xy' + y = \dfrac{\ln x}{x}$ 满足初始条件 $y|_{x=1} = \dfrac{1}{2}$ 的特解.

解 原方程变形为

$$y' + \frac{1}{x} y = \frac{\ln x}{x^2} ,$$

这是一阶线性非齐次微分方程, 其中 $P(x) = \dfrac{1}{x}$, $Q(x) = \dfrac{\ln x}{x^2}$. 这里用通解公式

(11-19)求解.

$$
\begin{aligned}
y &= e^{-\int P(x)dx} \left(\int Q(x) e^{\int P(x)dx} dx + C \right) \\
&= e^{-\int \frac{1}{x} dx} \left(\int \frac{\ln x}{x^2} e^{\int \frac{1}{x} dx} dx + C \right) \\
&= \frac{1}{x} \left(\int \frac{\ln x}{x^2} x dx + C \right) \\
&= \frac{1}{x} \left[\frac{1}{2} (\ln x)^2 + C \right].
\end{aligned}
$$

代入初始条件 $y|_{x=1} = \dfrac{1}{2}$, 求得 $C = \dfrac{1}{2}$, 故所求特解是

$$y = \frac{1}{2x} \left[(\ln x)^2 + 1 \right].$$

【例 11-12】 求微分方程 $\dfrac{dy}{dx} = \dfrac{y}{y^2 + x}$ 的通解.

解 将 y 看作自变量, x 看作 y 的函数, 则有

$$\frac{dx}{dy} = \frac{y^2 + x}{y} ,$$

即

$$\frac{dx}{dy} - \frac{1}{y} x = y.$$

这是关于未知函数 $x=x(y)$ 的一阶线性非齐次微分方程,且 $P(y)=-\dfrac{1}{y}$, $Q(y)=$ y. 由通解公式(11-19)得原方程的通解为

$$
\begin{aligned}
x &= \mathrm{e}^{-\int P(y)\mathrm{d}y}\left(\int Q(y)\mathrm{e}^{\int P(y)\mathrm{d}y}\mathrm{d}y+C\right) \\
&= \mathrm{e}^{\int \frac{1}{y}\mathrm{d}y}\left(\int y\mathrm{e}^{-\int \frac{1}{y}\mathrm{d}y}+C\right)=\mathrm{e}^{\ln y}\left(\int y\mathrm{e}^{-\ln y}\mathrm{d}y+C\right) \\
&= y(y+C).
\end{aligned}
$$

习 题 11.2

1. 求下列可分离变量的微分方程的通解:

(1) $\dfrac{\mathrm{d}y}{\mathrm{d}x}=6xy$;

(2) $\dfrac{\mathrm{d}y}{\mathrm{d}x}=\mathrm{e}^{x-y}$;

(3) $(1+x)y\mathrm{d}x+(1-y)x\mathrm{d}y=0$;

(4) $xy'-y\ln y=0$;

(5) $\dfrac{\mathrm{d}y}{\mathrm{d}x}=-\dfrac{\mathrm{e}^{y^2+3x}}{y}$.

*2. 求下列齐次方程的通解:

(1) $\dfrac{\mathrm{d}y}{\mathrm{d}x}=\dfrac{y}{x}+\tan\dfrac{y}{x}$;

(2) $(x^3+y^3)\mathrm{d}x-3xy^2\mathrm{d}y=0$;

(3) $x(\ln x-\ln y)\mathrm{d}y-y\mathrm{d}x=0$.

*3. 用适当的变量代换求下列微分方程的通解:

(1) $\dfrac{\mathrm{d}y}{\mathrm{d}x}=(x+y)^2$;

(2) $x\dfrac{\mathrm{d}y}{\mathrm{d}x}=y\ln(xy)$.

4. 求下列微分方程满足初始条件的特解:

(1) $y'=\dfrac{4x+xy^2}{y-x^2y}$, $y|_{x=0}=1$;

(2) $y^2\mathrm{d}x+(x+1)\mathrm{d}y=0$, $y|_{x=0}=1$.

5. 求下列一阶线性微分方程的通解:

(1) $\dfrac{\mathrm{d}y}{\mathrm{d}x}+2xy=\mathrm{e}^{-x^2}$;

(2) $y'+\dfrac{y}{x}=\dfrac{\sin x}{x}$;

(3) $y'\cos x+y\sin x=1$;

(4) $(1+x^2)y'-2xy=(1+x^2)^2$;

(5) $(x-\mathrm{e}^{-y})\dfrac{\mathrm{d}y}{\mathrm{d}x}=1$;

(6) $(2y\ln y+y+x)\mathrm{d}y-y\mathrm{d}x=0$.

6. 求下列微分方程满足初始条件的特解:

(1) $y'-y\tan x=\sec x$, $y|_{x=0}=0$;

(2) $\dfrac{\mathrm{d}y}{\mathrm{d}x}+y\cot x=5\mathrm{e}^{\cos x}$, $y\big|_{x=\frac{\pi}{2}}=-4$;

(3) $\dfrac{\mathrm{d}y}{\mathrm{d}x}+\dfrac{2-3x^2}{x^3}y=1$, $y|_{x=1}=0$;

(4) $y'-y=\mathrm{e}^x$, $y|_{x=0}=1$.

7. 求一曲线,使它通过原点$(0,0)$,且在任意点(x,y)处的切线斜率等于$2x+y$.

*11.3　可降阶的高阶微分方程

从本节开始我们将讨论二阶和二阶以上的微分方程,即所谓高阶微分方程. 对于某些特殊类型的高阶微分方程,我们可以通过适当的变量代换把它降为较低阶的微分方程来求解,特别是二阶微分方程,如果能设法将其降至一阶,就有可能用前面所介绍的一阶微分方程的解法来求解了.

下面介绍几种容易降阶的高阶微分方程的求解方法.

11.3.1　$y^{(n)}=f(x)$型的微分方程

考察方程

$$y^{(n)}=f(x), \tag{11-21}$$

此方程的特点是其左端为未知函数的 n 阶导数,右端只含自变量 x. 两端积分,得

$$y^{(n-1)}=\int f(x)\mathrm{d}x+C_1.$$

这是一个 $n-1$ 阶的微分方程,再经积分又得

$$y^{(n-2)}=\int\left[\int f(x)\mathrm{d}x+C_1\right]\mathrm{d}x+C_2,$$

依此法继续进行,通过 n 次积分就可求得方程 $y^{(n)}=f(x)$ 的通解.

【例 11-13】　求方程 $y'''=1-\sin x$ 的通解.

解　对原方程积分一次,得

$$y''=\int(1-\sin x)\mathrm{d}x=x+\cos x+C,$$

再积分,又得

$$y'=\frac{1}{2}x^2+\sin x+Cx+C_2,$$

第三次积分,得原微分方程的通解为

$$y=\frac{1}{6}x^3-\cos x+C_1x^2+C_2x+C_3\left(\text{其中 }C_1=\frac{1}{2}C\right).$$

11.3.2　$y''=f(x,y')$型的微分方程

考察方程

$$y''=f(x,y'), \tag{11-22}$$

该二阶微分方程的特点是不显含未知函数 y. 为了降低该微分方程的阶数,作变换 $y'=p(x)$,即 $\dfrac{\mathrm{d}y}{\mathrm{d}x}=p$,则 $y''=\dfrac{\mathrm{d}p}{\mathrm{d}x}=p'$. 代入式(11-22),得

169

$$\frac{\mathrm{d}p}{\mathrm{d}x} = f(x, p).$$

这是关于变量 x、p 的一阶微分方程,设其通解为

$$p = \varphi(x, C_1),$$

即

$$\frac{\mathrm{d}y}{\mathrm{d}x} = \varphi(x, C_1).$$

对上述方程两端积分,得微分方程(11-22)的通解为

$$y = \int \varphi(x, C_1) \mathrm{d}x + C_2.$$

【例 11-14】 求微分方程 $(1+x^2)y'' = 2xy'$ 满足初始条件 $y\big|_{x=0} = 1$,$y'\big|_{x=0} = 3$ 的特解.

解 因为所给方程是 $y'' = f(x, y')$ 型的,故设 $y' = p$,则 $y'' = \frac{\mathrm{d}p}{\mathrm{d}x}$,代入原方程,得

$$(1+x^2)\frac{\mathrm{d}p}{\mathrm{d}x} = 2xp.$$

这是可分离变量的微分方程,分离变量得

$$\frac{\mathrm{d}p}{p} = \frac{2x}{1+x^2} \mathrm{d}x.$$

两边积分,得

$$\ln p = \ln(1+x^2) + \ln C_1,$$

即

$$p = y' = C_1(1+x^2).$$

由初始条件 $y'\big|_{x=0} = 3$,代入上式,得

$$3 = C_1(1+0^2), \quad C_1 = 3,$$

所以

$$y' = 3(1+x^2).$$

两边积分,得

$$y = x^3 + 3x + C_2.$$

再由 $y\big|_{x=0} = 1$,得 $C_2 = 1$. 故所求特解为

$$y = x^3 + 3x + 1.$$

【例 11-15】 求微分方程 $y'' - y' = \mathrm{e}^x$ 的通解.

解 这是 $y'' = f(x, y')$ 型的微分方程. 令 $y' = p$,则 $y'' = p'$,代入原方程,得

$$p' - p = \mathrm{e}^x.$$

上述方程是一阶线性微分方程,故

$$p = \mathrm{e}^{\int \mathrm{d}x}\left(\int \mathrm{e}^{x} \cdot \mathrm{e}^{-\int \mathrm{d}x}\,\mathrm{d}x + C\right)$$
$$= \mathrm{e}^{x}(x + C),$$

即

$$\frac{\mathrm{d}y}{\mathrm{d}x} = \mathrm{e}^{x}(x + C).$$

上式两边积分,得

$$y = \int \mathrm{e}^{x}(x + C)\,\mathrm{d}x$$
$$= x\mathrm{e}^{x} - \mathrm{e}^{x} + C\mathrm{e}^{x} + C_1$$
$$= x\mathrm{e}^{x} + (C - 1)\mathrm{e}^{x} + C_1,$$

故所求通解为

$$y = x\mathrm{e}^{x} + C_2\mathrm{e}^{x} + C_1 \quad (C_2 = C - 1).$$

11.3.3　$y'' = f(y, y')$ 型的微分方程

考察方程

$$y'' = f(y, y'), \tag{11-23}$$

该二阶微分方程的特点是不显含自变量 x. 令 $y' = p(y)$,则由复合函数求导法则,有

$$y'' = \frac{\mathrm{d}p}{\mathrm{d}x} = \frac{\mathrm{d}p}{\mathrm{d}y}\frac{\mathrm{d}y}{\mathrm{d}x} = p\frac{\mathrm{d}p}{\mathrm{d}y}.$$

从而原方程化为

$$p\frac{\mathrm{d}p}{\mathrm{d}y} = f(y, p).$$

这是关于变量 y, p 的一阶微分方程,解这个微分方程,得其通解为

$$p = \frac{\mathrm{d}y}{\mathrm{d}x} = \varphi(y, C_1),$$

分离变量并积分,便得方程(11-23)的通解为

$$\int \frac{\mathrm{d}y}{\varphi(y, C_1)} = x + C_2.$$

【例 11-16】　求微分方程 $y'' + \dfrac{(y')^3}{y} = 0$ 的通解.

解　所给方程不显含自变量 x,属于 $y'' = f(y, y')$ 型,设 $y' = p$,则 $y'' = p\dfrac{\mathrm{d}p}{\mathrm{d}y}$,代入原方程得

$$p\frac{\mathrm{d}p}{\mathrm{d}y} + \frac{1}{y}p^3 = 0.$$

在 $p \neq 0$ 时,约去 p 并分离变量,得

$$-\frac{1}{p^2}\mathrm{d}p=\frac{1}{y}\mathrm{d}y.$$

两端积分,得

$$\frac{1}{p}=\ln y+C_1,$$

即

$$\frac{\mathrm{d}y}{\mathrm{d}x}=\frac{1}{C_1+\ln y}.$$

再分离变量,得

$$(C_1+\ln y)\mathrm{d}y=\mathrm{d}x,$$

积分得所给方程的通解为

$$C_1y+y\ln y-y=x+C_2.$$

【例 11-17】 求微分方程 $1-yy''-y'^2=0$ 满足初始条件 $y|_{x=0}=1,y'|_{x=0}=\sqrt{2}$ 的特解.

解 所给方程属于 $y''=f(y,y')$ 型. 令 $y'=p$, 则 $y''=p\dfrac{\mathrm{d}p}{\mathrm{d}y}$, 代入原方程得

$$1-yp\frac{\mathrm{d}p}{\mathrm{d}y}-p^2=0.$$

分离变量,得

$$\frac{p\mathrm{d}p}{p^2-1}=-\frac{\mathrm{d}y}{y}.$$

两端积分,得

$$\frac{1}{2}\ln(p^2-1)=-\ln y+\frac{1}{2}\ln C_1.$$

于是

$$p^2=(y')^2=\frac{C_1}{y^2}+1.$$

将初始条件 $y|_{x=0}=1,y'|_{x=0}=\sqrt{2}$ 代入上式,得 $C_1=1$,故

$$(y')^2=\frac{1}{y^2}+1.$$

注意到 $y|_{x=0}=1>0,y'|_{x=0}=\sqrt{2}>0$,故

$$y'=\sqrt{\frac{1}{y^2}+1}, \quad \frac{\mathrm{d}y}{\mathrm{d}x}=\frac{\sqrt{1+y^2}}{y}.$$

分离变量并两端积分,得

$$\sqrt{1+y^2}=x+C_2.$$

再由条件 $y|_{x=0}=1$ 可得 $C_2=\sqrt{2}$,故所求特解为

$$\sqrt{1+y^2}=x+\sqrt{2}.$$

习　题　11.3

1. 求下列微分方程的通解:

(1) $y''=\mathrm{e}^{-x}$;　　　　　　　(2) $y'''=\sin x-120x$;

(3) $y''=2y'$;　　　　　　　　(4) $y''=\dfrac{2y}{y^2+1}y'^2$;

(5) $y''=1+y'^2$;　　　　　　　(6) $y''=(y')^3+y'$.

2. 求方程 $y''=\dfrac{x}{y}$ 满足初始条件 $y(1)=-1,y'(1)=1$ 的特解.

3. 求方程 $y''-ay'^2=0$ 满足初始条件 $y|_{x=0}=0,y'|_{x=0}=-1$ 的特解.

4. 求方程 $x^2y''+xy'=1$ 满足初始条件 $y|_{x=1}=0,y'|_{x=1}=1$ 的特解.

5. 求方程 $y^3y''+1=0$ 满足初始条件 $y|_{x=1}=1,y'|_{x=1}=0$ 的特解.

6. 求 $y''=x$ 的经过点 $M(0,1)$ 且在此点与直线 $y=\dfrac{1}{2}x+1$ 相切的积分曲线.

11.4　二阶线性微分方程

11.4.1　二阶线性微分方程及其解的结构

形如

$$y''+P(x)y'+Q(x)y=f(x) \tag{11-24}$$

的方程称为**二阶线性微分方程**,其中 $P(x),Q(x),f(x)$ 是已知函数. 当 $f(x)\equiv0$ 时,方程(11-24)称为二阶线性齐次微分方程;当 $f(x)\not\equiv0$ 时,方程(11-24)称为二阶线性非齐次微分方程,此时我们把方程 $y''+P(x)y'+Q(x)y=0$ 称为线性非齐次微分方程所对应的齐次方程.

为了求线性微分方程(11-24)的解,需要研究其解的性质,确定其解的结构. 先讨论方程(11-24)所对应的齐次方程

$$y''+P(x)y'+Q(x)y=0 \tag{11-25}$$

的解的性质.

　　定理 11-1(解的叠加性)　如果函数 $y_1(x)$ 与 $y_2(x)$ 是二阶线性齐次微分方程(11-25)的两个解,那么

$$y=C_1y_1(x)+C_2y_2(x) \tag{11-26}$$

也是二阶线性齐次微分方程(11-25)的解,其中 C_1 与 C_2 是任意常数.

　　证　因为 y_1,y_2 是方程(11-25)的解,所以

$$y_1'' + P(x)y_1' + Q(x)y_1 = 0; \quad y_2'' + P(x)y_2' + Q(x)y_2 = 0.$$

将 $y = C_1 y_1(x) + C_2 y_2(x)$ 代入方程(11-25)的左端，得

$$(C_1 y_1 + C_2 y_2)'' + P(x)(C_1 y_1 + C_2 y_2)' + Q(x)(C_1 y_1 + C_2 y_2)$$
$$= C_1 [y_1'' + P(x)y_1' + Q(x)y_1] + C_2 [y_2'' + P(x)y_2' + Q(x)y_2]$$
$$= 0.$$

所以 $y = C_1 y_1(x) + C_2 y_2(x)$ 是二阶线性齐次微分方程(11-25)的解．证毕．

定理 11-1 表明，由二阶线性齐次微分方程(11-25)的两个特解 $y_1(x)$ 与 $y_2(x)$，可以构造出方程(11-25)的无穷个解

$$y = C_1 y_1(x) + C_2 y_2(x).$$

上式从形式上来看含有两个任意常数，但它不一定就是微分方程(11-25)的通解．例如，由观察易知 $y_1 = e^x$ 与 $y_2 = 2e^x$ 都是二阶线性齐次微分方程

$$y'' - y = 0 \tag{11-27}$$

的解，由叠加原理知 $y = C_1 y_1 + C_2 y_2 = C_1 e^x + 2 C_2 e^x$ 也是方程 $y'' - y = 0$ 的解，但因为

$$y = C_1 e^x + 2 C_2 e^x = (C_1 + 2 C_2) e^x = C e^x,$$

上式实际上只含有一个独立的任意常数，所以 $y = C_1 y_1 + C_2 y_2$ 不是方程(11-27)的通解．

分析方程(11-27)的两个特解 $y_1 = e^x$、$y_2 = 2e^x$ 可以看到，$y = C_1 y_1 + C_2 y_2$ 中两个常数 C_1、C_2 能合并为一个常数 C 的原因是 $\frac{y_1}{y_2} \equiv$ 常数．如果 $\frac{y_1}{y_2} \neq$ 常数，则 $y = C_1 y_1 + C_2 y_2$ 中就含有两个独立常数，由此可得如下结论．

定理 11-2（二阶线性齐次微分方程的解的结构定理） 如果函数 $y_1(x)$ 与 $y_2(x)$ 是二阶线性齐次微分方程(11-25)的两个特解，且 $\frac{y_1(x)}{y_2(x)} \neq$ 常数，则

$$y = C_1 y_1(x) + C_2 y_2(x)$$

是二阶线性齐次微分方程(11-25)的通解，其中 C_1, C_2 是任意常数．

【例 11-18】 验证 $y_1 = \cos x$ 与 $y_2 = \sin x$ 是二阶线性齐次微分方程 $y'' + y = 0$ 的两个解，并写出该方程的通解．

解 将 $y_1 = \cos x$ 与 $y_2 = \sin x$ 代入方程 $y'' + y = 0$ 可验证其是解．由于

$$\frac{y_2}{y_1} = \frac{\sin x}{\cos x} = \tan x \neq 常数,$$

故由定理 11-2 可知

$$y = C_1 \cos x + C_2 \sin x$$

是所求的通解，其中 C_1, C_2 是任意常数．

下面来讨论二阶线性非齐次微分方程

$$y'' + P(x)y' + Q(x)y = f(x)$$

的解的结构.

在前面我们曾经指出,一阶线性非齐次微分方程的通解由两部分相加组成,一部分是对应齐次方程的通解,另一部分是非齐次方程本身的一个特解.二阶及二阶以上的线性非齐次微分方程的通解也具有同样的结构.

定理 11-3(二阶线性非齐次微分方程解的结构定理) 设 y^* 是二阶线性非齐次微分方程

$$y''+P(x)y'+Q(x)y=f(x) \tag{11-28}$$

的一个特解,Y 是方程(11-28)对应的齐次方程的通解,那么

$$y=Y+y^*$$

是二阶线性非齐次微分方程(11-28)的通解.

证 由 Y 是方程 $y''+P(x)y'+Q(x)y=0$ 的解,知

$$Y''+P(x)Y'+Q(x)Y=0;$$

由 y^* 是方程 $y''+P(x)y'+Q(x)y=f(x)$ 的解,知

$$y^{*''}+P(x)y^{*'}+Q(x)y^*=f(x).$$

将 $y=Y+y^*$ 代入方程(11-28)的左端,得

$$(Y''+y^{*''})+P(x)(Y'+y^{*'})+Q(x)(Y+y^*)$$
$$=[Y''+P(x)Y'+Q(x)Y]+[y^{*''}+P(x)y^{*'}+Q(x)y^*]$$
$$=f(x).$$

注意到 Y 是 $y''+P(x)y'+Q(x)y=0$ 的通解,其中含有两个任意常数,于是 $y=Y+y^*$ 中含有两个任意常数,所以 $y=Y+y^*$ 是方程 $y''+P(x)y'+Q(x)y=f(x)$ 的通解.证毕.

11.4.2 二阶常系数线性齐次微分方程

形如

$$y''+py'+qy=0(其中\ p,q\ 为常数) \tag{11-29}$$

的方程称为二阶常系数线性齐次微分方程.

由齐次线性微分方程通解结构定理可知,求方程(11-29)的通解的关键是求出它的两个特解 y_1、y_2,且 $\dfrac{y_1}{y_2}\neq$ 常数.那么,怎样求出这两个特解呢?

仔细观察方程(11-29)可知,如果函数 $y=y(x)$ 是方程(11-29)的解,即 y、y'、y'' 与常数 q、p、1 的乘积之和恒等于零,则 y、y'、y'' 应该是同类函数.由微分学知识知,指数函数 $y=e^{rx}$ 具有这一特征,故我们用 $y=e^{rx}$ 来尝试,看能否选择适当的常数 r,使它成为方程(11-29)的解.

设 $y=e^{rx}$,则 $y'=re^{rx}$,$y''=r^2e^{rx}$,代入方程(11-29),得

$$e^{rx}(r^2+pr+q)=0.$$

由于 $e^{rx} \neq 0$，所以

$$r^2 + pr + q = 0.$$

上式表明，如果 r 是二次方程 $r^2 + pr + q = 0$ 的根，则函数 $y = e^{rx}$ 就是方程 (11-29) 的解. 于是，要求微分方程 (11-29) 的解，就要先求出关于 r 的代数方程 $r^2 + pr + q = 0$ 的根.

定义 11-4　代数方程

$$r^2 + pr + q = 0 \tag{11-30}$$

称为二阶常系数线性齐次微分方程 $y'' + py' + qy = 0$ 的**特征方程**，特征方程的根称为**特征根**.

下面根据特征根的三种不同情况，分别讨论方程 (11-29) 的通解的不同形式.

由代数学知道，二次方程 $r^2 + pr + q = 0$ 必有两个根，并可由下列求根公式

$$r_{1,2} = \frac{-p \pm \sqrt{p^2 - 4q}}{2} \tag{11-31}$$

给出.

(1) 当 $p^2 - 4q > 0$ 时，r_1, r_2 是两个不相等的实根，此时 $y_1 = e^{r_1 x}$ 与 $y_2 = e^{r_2 x}$ 是方程 (11-29) 的两个特解；且

$$\frac{y_1}{y_2} = e^{(r_1 - r_2)x} \neq 常数,$$

所以方程 (11-29) 的通解为

$$y = C_1 e^{r_1 x} + C_2 e^{r_2 x}.$$

(2) 当 $p^2 - 4q = 0$ 时，r_1, r_2 是两个相等的实根 $r_1 = r_2$，现在我们仅得到方程 (11-29) 的一个特解

$$y_1 = e^{r_1 x}.$$

若要求出方程 $y'' + py' + qy = 0$ 的通解，还需要找出另一特解 y_2，且 $\dfrac{y_1}{y_2} \neq 常数$. 为此，设 $\dfrac{y_2}{y_1} = u(x)$，其中 $u(x)$ 为待定函数. 下面来求出 $u(x)$.

由 $\dfrac{y_2}{y_1} = u(x)$，得 $y_2 = u(x) e^{r_1 x}$，所以

$$y_2' = r_1 e^{r_1 x} u + e^{r_1 x} u' = e^{r_1 x}(r_1 u + u'),$$
$$y_2'' = r_1 e^{r_1 x}(r_1 u + u') + e^{r_1 x}(r_1 u' + u'')$$
$$= e^{r_1 x}(r_1^2 u + 2r u' + u'').$$

将 y_2'', y_2', y_2 代入方程 (11-29)，得

$$e^{r_1 x}(u'' + 2r_1 u' + r_1^2 u) + p e^{r_1 x}(r_1 u + u') + q e^{r_1 x} u = 0.$$

约去 $e^{r_1 x}$，化简得
$$u'' + (2r_1 + p)u' + (r_1^2 + pr_1 + q)u = 0.$$

因为 r_1 是特征方程 $r^2 + pr + q = 0$ 的二重根，故
$$r_1^2 + pr_1 + q = 0, 2r_1 + p = 0,$$

于是
$$u'' = 0.$$

为保证 u 不是常数，取 $u = x$，故
$$y_2 = x e^{r_1 x}.$$

所以方程(11-29)的通解为
$$y = C_1 e^{r_1 x} + C_2 x e^{r_1 x} = (C_1 + C_2 x) e^{r_1 x}.$$

(3)当 $p^2 - 4q < 0$ 时，r_1, r_2 是一对共轭复根 $r_{1,2} = \alpha \pm i\beta$. 此时
$$y_1 = e^{(\alpha + i\beta)x}, \quad y_2 = e^{(\alpha - i\beta)x}$$

是方程(11-29)的两个复数形式的特解. 为得到实数形式的解，利用欧拉公式
$$e^{ix} = \cos x + i\sin x \tag{11-32}$$

可得
$$y_1 = e^{(\alpha + i\beta)x} = e^{\alpha x} \cdot e^{i\beta x} = e^{\alpha x}(\cos \beta x + i\sin \beta x),$$
$$y_2 = e^{(\alpha - i\beta)x} = e^{\alpha x} \cdot e^{-i\beta x} = e^{\alpha x}(\cos \beta x - i\sin \beta x).$$

由解的叠加原理知
$$\bar{y}_1 = \frac{1}{2}(y_1 + y_2) = e^{\alpha x} \cos \beta x,$$
$$\bar{y}_2 = \frac{1}{2i}(y_1 - y_2) = e^{\alpha x} \sin \beta x$$

仍是方程(11-29)的解，且
$$\frac{\bar{y}_1}{\bar{y}_2} = \frac{e^{\alpha x} \cos \beta x}{e^{\alpha x} \sin \beta x} = \cot \beta x \neq 常数,$$

故方程(11-29)的通解为
$$y = e^{\alpha x}(C_1 \cos \beta x + C_2 \sin \beta x).$$

综上所述，求二阶常系数齐次线性微分方程 $y'' + py' + qy = 0$ 的通解的步骤如下：

第一步　写出微分方程 $y'' + py' + qy = 0$ 的特征方程
$$r^2 + pr + q = 0;$$

第二步　求出特征方程 $r^2 + pr + q = 0$ 的两个根 r_1, r_2；

第三步　根据 r_1, r_2 的三种不同情况，按照下表写出所给方程的通解：

特征方程 $r^2+pr+q=0$ 的两个根	微分方程 $y''+py'+qy=0$ 的通解
两个不相等的实根 r_1, r_2	$y=C_1 \mathrm{e}^{r_1 x}+C_2 \mathrm{e}^{r_2 x}$
两个相等的实根 $r_1=r_2$	$y=(C_1+C_2 x)\mathrm{e}^{r_1 x}$
一对共轭复根 $r_{1,2}=\alpha \pm \mathrm{i}\beta$	$y=\mathrm{e}^{\alpha x}(C_1 \cos \beta x+C_2 \sin \beta x)$

【例 11-19】　求微分方程 $y''+2y'-3y=0$ 的通解.

解　所给方程的特征方程是

$$r^2+2r-3=0,$$

特征根为两个不相等的实根：

$$r_1=1, r_2=-3.$$

故所求通解为

$$y=C_1 \mathrm{e}^x+C_2 \mathrm{e}^{-3x}.$$

【例 11-20】　求微分方程 $\dfrac{\mathrm{d}^2 y}{\mathrm{d}x^2}+2\dfrac{\mathrm{d}y}{\mathrm{d}x}+y=0$ 满足初始条件 $y|_{x=0}=3$ 与 $y'|_{x=0}=-1$ 的特解.

解　所给方程的特征方程是

$$r^2+2r+1=0,$$

特征根为两个相等的实根：

$$r_1=r_2=-1.$$

故方程的通解为

$$y=(C_1+C_2 x)\mathrm{e}^{-x}.$$

代入初始条件 $y|_{x=0}=3$，得 $C_1=3$，即

$$y=(3+C_2 x)\mathrm{e}^{-x}.$$

上式对 x 求导，得

$$y'=C_2 \mathrm{e}^{-x}-(3+C_2 x)\mathrm{e}^{-x}.$$

代入 $y'|_{x=0}=-1$，得 $C_2=2$. 故所求特解为

$$y=(3+2x)\mathrm{e}^{-x}.$$

【例 11-21】　求微分方程 $y''-4y'+5y=0$ 的通解.

解　所给方程的特征方程是

$$r^2 - 4r + 5 = 0.$$

特征根是一对共轭复根：

$$r_{1,2} = 2 \pm i.$$

因此所求通解是

$$y = e^{2x}(C_1 \cos x + C_2 \sin x).$$

11.4.3　二阶常系数线性非齐次微分方程

现在我们来讨论二阶常系数线性非齐次微分方程

$$y'' + py' + qy = f(x) \tag{11-33}$$

的解法.

由定理 11-3(非齐次线性微分方程解的结构定理)可知,只要先求出与方程 (11-33)对应的齐次方程

$$y'' + py' + qy = 0$$

的通解和非齐次方程(11-33)本身的一个特解,就可以得到方程(11-33)的通解. 由于与方程(11-33)对应的齐次方程的通解的求法已在前面得到解决,所以这里 仅需讨论求方程(11-33)的一个特解 y^* 的方法.

我们只介绍方程(11-33)右端的 $f(x)$ 取两类常见形式函数时求特解 y^* 的方 法. 此方法主要利用微分方程自身的特点,先确定出特解 y^* 的形式,再把 y^* 代入 方程(11-33)求出 y^* 中的待定常数,这种方法叫做"待定系数法". 这里 $f(x)$ 的两 类形式是：

(1) $f(x) = e^{\lambda x} P_m(x)$；

(2) $f(x) = e^{\lambda x}(A \cos \omega x + B \sin \omega x)$,

其中 λ, ω 和 A, B 均为常数,$P_m(x)$ 为 x 的 m 次多项式.

下面分别介绍 $f(x)$ 为上述两类形式时特解 y^* 的求法.

1. $f(x) = e^{\lambda x} P_m(x)$ 型

我们知道,多项式与指数函数乘积的导数仍然是多项式与指数函数的乘积, 因此,我们推测二阶常系数非齐次线性微分方程

$$y'' + py' + qy = P_m(x)e^{\lambda x} \tag{11-34}$$

的特解 y^* 仍然是多项式与指数函数乘积的形式,即 $y^* = Q(x)e^{\lambda x}$,其中 $Q(x)$ 是某 个待定多项式. 事实上,我们可得如下重要结论.

定理 11-4　微分方程(11-34)一定具有形如

$$y^* = x^k Q_m(x)e^{\lambda x}$$

的特解,其中 $Q_m(x)$ 是与 $P_m(x)$ 同次(m 次)的待定多项式,而 k 的值按 λ 不是特 征方程的根、是特征方程的单根或是特征方程的重根依次取 0、1 或 2.

证　设 $y^* = Q(x)e^{\lambda x}$ 是方程(11-34)的解,其中 $Q(x)$ 是某个多项式.

179

$$y^{*\prime}=Q'(x)\mathrm{e}^{\lambda x}+\lambda Q(x)\mathrm{e}^{\lambda x}=\mathrm{e}^{\lambda x}[Q'(x)+\lambda Q(x)],$$

$$y^{*\prime\prime}=\lambda\mathrm{e}^{\lambda x}[Q'(x)+\lambda Q(x)]+\mathrm{e}^{\lambda x}[Q''(x)+\lambda Q'(x)]$$

$$=\mathrm{e}^{\lambda x}[Q''(x)+2\lambda Q'(x)+\lambda^2 Q(x)].$$

将 y^*, $y^{*\prime}$, $y^{*\prime\prime}$ 代入方程(11-34)，得

$$\mathrm{e}^{\lambda x}[Q''(x)+2\lambda Q'(x)+\lambda^2 Q(x)]+p\mathrm{e}^{\lambda x}[Q'(x)+\lambda Q(x)]+qQ(x)\mathrm{e}^{\lambda x}$$

$$=P_m(x)\mathrm{e}^{\lambda x},$$

约去 $\mathrm{e}^{\lambda x}$，变形得

$$Q''(x)+(2\lambda+p)Q'(x)+(\lambda^2+p\lambda+q)Q(x)=P_m(x). \qquad (11\text{-}35)$$

(1)当 $\lambda^2+p\lambda+q\neq0$，即 λ 不是特征方程的根时，由于等式(11-35)右端是 m 次多项式，故要使等式(11-35)成立，$Q(x)$ 应是一个 m 次多项式．令

$$Q(x)=Q_m(x)=b_0 x^m+b_1 x^{m-1}+\cdots+b_{m-1}x+b_m,$$

其中 $b_0,b_1,\cdots,b_m$ 是待定常数，把上式代入方程(11-35)，就得到以 $b_0,b_1,\cdots,b_m$ 作为未知数的 $m+1$ 个方程的联立方程组，从而可以求出 $b_0,b_1,\cdots,b_m$，因此得到所求的特解

$$y^*=Q_m(x)\mathrm{e}^{\lambda x}.$$

(2)当 $\lambda^2+p\lambda+q=0$ 且 $2\lambda+p\neq0$，即 λ 是特征方程的单根时，要使等式(11-35)成立，$Q'(x)$ 应是一个 m 次多项式．此时可令

$$Q(x)=xQ_m(x)=x(b_0 x^m+b_1 x^{m-1}+\cdots+b_{m-1}x+b_m),$$

并用与(1)同样的方法确定 $Q_m(x)$ 的系数 $b_0,b_1,\cdots,b_m$，即可得 $y^*=xQ_m(x)\mathrm{e}^{\lambda x}$．

(3)当 $\lambda^2+p\lambda+q=0$ 且 $2\lambda+p=0$，即 λ 是特征方程的重根时，要使等式(11-35)成立，$Q''(x)$ 应是一个 m 次多项式．此时可令

$$Q(x)=x^2 Q_m(x)=x^2(b_0 x^m+b_1 x^{m-1}+\cdots+b_{m-1}x+b_m),$$

用同样的方法确定 $Q_m(x)$ 的系数 $b_0,b_1,\cdots,b_m$，即可得 $y^*=x^2 Q_m(x)\mathrm{e}^{\lambda x}$．证毕．

利用上一目的结论与定理 11-4 可知，方程(11-34)的求解步骤如下：

第一步　写出方程(11-34)对应齐次方程的特征方程，求出特征根，并写出对应齐次方程的通解 Y；

第二步　确定 k 的具体取值，写出方程(11-34)的特解形式

$$y^*=x^k Q_m(x)\mathrm{e}^{\lambda x},$$

其中 $Q_m(x)$ 是有 $m+1$ 个系数的 m 次待定多项式；

第三步　将 y^*, $y^{*\prime}$, $y^{*\prime\prime}$ 代入方程(11-34)，使方程(11-34)成为恒等式，求出待定系数，得方程(11-34)的一个特解 y^*；

第四步　写出方程(11-34)的通解

$$y=Y+y^*.$$

【例 11-22】 确定微分方程 $y'' + 4y = 3e^{2x}$ 的特解 y^* 的形式.

解 所给方程对应的齐次方程为

$$y'' + 4y = 0,$$

它的特征方程为

$$r^2 + 4 = 0,$$

特征根为

$$r = \pm 2i.$$

所给方程是二阶常系数线性非齐次微分方程, $f(x) = 3e^{2x}$ 属于 $f(x) = e^{\lambda x} P_m(x)$ 型, 其中 $m = 0, \lambda = 2$. 因为 $\lambda = 2$ 不是特征方程的根, 故由定理 11-4 可知, 所给方程的特解形式为

$$y^* = ae^{2x} \quad (a \text{ 为待定常数}).$$

【例 11-23】 求微分方程 $y'' - y' - 2y = 2x - 5$ 的通解.

解 先求原方程对应齐次方程 $y'' - y' - 2y = 0$ 的通解. 它的特征方程为

$$r^2 - r - 2 = 0,$$

特征根为 $r_1 = 2, r_2 = -1$. 所以对应齐次方程的通解为

$$Y = C_1 e^{2x} + C_2 e^{-x}.$$

由于 $f(x) = 2x - 5$ 属于 $f(x) = e^{\lambda x} P_m(x)$ 型, 其中 $m = 1, \lambda = 0$, 且 $\lambda = 0$ 不是特征方程的根, 故由定理 11-4 知, 可设所给方程的特解为

$$y^* = b_0 x + b_1.$$

把 y^* 代入原方程, 得

$$-2b_0 x - b_0 - 2b_1 = 2x - 5.$$

比较上式两端同次幂的系数, 得

$$\begin{cases} -2b_0 = 2, \\ -b_0 - 2b_1 = -5. \end{cases}$$

解得 $b_0 = -1, b_1 = 3$. 原方程的一个特解为

$$y^* = -x + 3.$$

于是, 原方程的通解为

$$y = C_1 e^{2x} + C_2 e^{-x} - x + 3.$$

【例 11-24】 求微分方程 $y'' - 5y' + 6y = xe^{2x}$ 的通解.

解 所给方程对应的齐次方程为 $y'' - 5y' + 6y = 0$, 它的特征方程为

$$r^2 - 5r + 6 = 0,$$

特征根为 $r_1 = 2, r_2 = 3$, 故对应齐次方程的通解为

$$Y = C_1 e^{2x} + C_2 e^{3x}.$$

由于 $f(x) = xe^{2x}$ 属于 $f(x) = e^{\lambda x} P_m(x)$ 型, 其中 $m = 1, \lambda = 2$, 且 $\lambda = 2$ 是特征方程的单根, 故由定理 11-4 知, 可设所给方程的特解为

$$y^* = x(b_0 x + b_1)e^{2x}.$$

求出 $y^{*\prime}$, $y^{*\prime\prime}$, 代入原方程并化简, 得

$$-2b_0 x + 2b_0 - b_1 = x.$$

比较两端同次幂的系数, 有

$$\begin{cases} -2b_0 = 1, \\ 2b_0 - b_1 = 0. \end{cases}$$

解得

$$b_0 = -\frac{1}{2}, \quad b_1 = -1.$$

所以

$$y^* = x\left(-\frac{1}{2}x - 1\right)e^{2x}.$$

于是, 原方程的通解为

$$y = C_1 e^{2x} + C_2 e^{3x} - \frac{1}{2}(x^2 + 2x)e^{2x}.$$

2. $f(x) = e^{\lambda x}(A\cos \omega x + B\sin \omega x)$ 型

对二阶线性非齐次微分方程

$$y'' + py' + qy = e^{\lambda x}(A\cos \omega x + B\sin \omega x), \tag{11-36}$$

利用欧拉公式可将其转化为方程 (11-34) 的类型, 从而得下面的定理.

定理 11-5 微分方程 (11-36) 一定具有形如

$$y^* = x^k e^{\lambda x}(a\cos \omega x + b\sin \omega x) \tag{11-37}$$

的特解, 其中 k 的值按 $\lambda + i\omega$ 不是特征方程的根、是特征方程的根依次取 0、1.

【**例 11-25**】 确定微分方程 $y'' + 2y' + 2y = e^{-x}(\cos x - \sin x)$ 的特解 y^* 的形式.

解 所给方程对应的齐次方程为

$$y'' + 2y' + 2y = 0,$$

它的特征方程为 $r^2 + 2r + 2 = 0$, 特征根为

$$r_{1,2} = -1 \pm i.$$

$f(x) = e^{-x}(\cos x - \sin x)$ 属于 $f(x) = e^{\lambda x}(A\cos \omega x + B\sin \omega x)$ 型, 其中 $\lambda = -1, \omega = 1, A = 1, B = -1$. 由于 $\lambda + i\omega = -1 + i$ 是特征方程的根, 故由定理 11-5 知, 所给方程的特解形式为

$$y^* = xe^{-x}(a\cos x + b\sin x).$$

【**例 11-26**】 求微分方程 $y'' - 4y' + 4y = 3\cos 2x$ 的通解.

解 所给方程对应的齐次方程为 $y'' - 4y' + 4y = 0$, 它的特征方程为

$$r^2 - 4r + 4 = 0,$$

其特征根为 $r_1 = r_2 = 2$, 故对应齐次方程的通解为

$$Y = (C_1 + C_2 x) \mathrm{e}^{2x}.$$

由于 $f(x) = 3\cos 2x$ 属于 $f(x) = \mathrm{e}^{\lambda x}(A\cos \omega x + B\sin \omega x)$ 型,其中 $\lambda = 0, \omega = 2, A = 3, B = 0$,且 $\lambda + \mathrm{i}\omega = 2\mathrm{i}$ 不是特征方程的根,故由定理 11-5 知,可设所给方程的特解为

$$y^* = a\cos 2x + b\sin 2x.$$

求导得

$$y^{*\prime} = -2a\sin 2x + 2b\cos 2x, \quad y^{*\prime\prime} = -4a\cos 2x - 4b\sin 2x,$$

把 $y^*, y^{*\prime}, y^{*\prime\prime}$ 代入所给方程,得

$$-8b\cos 2x + 8a\sin 2x = 3\cos 2x.$$

比较系数,得

$$\begin{cases} -8b = 3, \\ 8a = 0, \end{cases}$$

于是 $a = 0, b = -\dfrac{3}{8}$. 故

$$y^* = -\frac{3}{8}\sin 2x,$$

所求通解为

$$y = Y + y^* = (C_1 + C_2 x)\mathrm{e}^{2x} - \frac{3}{8}\sin 2x.$$

习　题　11.4

1. 求下列二阶常系数线性齐次微分方程的通解:

(1) $y'' - 6y' = 0$;　　　　　　　　　　(2) $y'' + 5y = 0$;

(3) $y'' + y' - 12y = 0$;　　　　　　　　(4) $y'' - 6y' + 9y = 0$.

2. 求下列微分方程满足初始条件的特解:

(1) $y'' + 3y' + 2y = 0, y\big|_{x=0} = 0, y'\big|_{x=0} = 1$;

(2) $y'' + 9y = 0, y\big|_{x=0} = 2, y'\big|_{x=0} = 3$;

(3) $4y'' + 4y' + y = 0, y\big|_{x=0} = 2, y'\big|_{x=0} = 0$;

(4) $y'' - 4y' + 13y = 0, y\big|_{x=0} = 0, y'\big|_{x=0} = 3$.

3. 确定下列各方程的特解 y^* 的形式:

(1) $y'' + 4y = \mathrm{e}^{2x}$;　　　　　　　　(2) $y'' - 2y' + y = x\mathrm{e}^x$;

(3) $y'' - 2y' + 5y = \mathrm{e}^x\sin 2x$;　　　(4) $y'' + y = \cos x$.

4. 求下列二阶常系数线性非齐次微分方程的通解:

(1) $y'' + y = 2x$；   (2) $y'' - 4y = 3e^x$；

(3) $2y'' + y' - y = 6e^{-x}$；   (4) $y'' - 6y' + 9y = (x+1)e^{3x}$

(5) $y'' - 2y' - 3y = -10\cos x$；   (6) $y'' - 2y' + 2y = e^x \sin x$.

5. 求微分方程 $y'' - 2y' - e^{2x} = 0$ 满足初始条件 $y|_{x=0} = y'|_{x=0} = 1$ 的特解.

11.5 微分方程的应用

前面几节中,已经介绍了微分方程的概念以及几类微分方程的求解方法.本节通过几个常见问题的微分方程模型,介绍微分方程在几何、生物及物理学中的应用.

【例 11-27】(探照灯镜面设计) 有旋转曲面形状的凹镜,假设由旋转轴上 O 点发出的一切光线经此凹镜反射后都与旋转轴平行,求该旋转曲面的方程.

解 取光源所在之处为原点 O,旋转轴为 y 轴,并设凹镜曲面由平面曲线 $L: y = f(x)$ 绕 y 轴旋转而成(图 11-2).由于曲线 L 的对称性,我们可以只在 $x > 0$ 的范围内求 L 的方程.

设 $M(x, y)$ 是曲线 L 的任一点,点 O 发出的光线 OM 经点 M 反射后是与 y 轴平行的光线 MS. 又设点 M 处的切线 MT 与 x 轴的夹角为 α,与 y 轴的夹角为 β,则显然 $\tan \alpha = \cot \beta = y'$.

由题意和光的反射定律可知 $\angle TMS = \angle AMO = \beta$,从而 $|AO| = |OM|$. 又

$$|AO| = |AP| - |OP| = |PM|\cot\beta - |OP| = xy' - y,$$
$$|OM| = \sqrt{x^2 + y^2},$$

于是得曲线 L 满足的微分方程

$$xy' - y = \sqrt{x^2 + y^2},$$

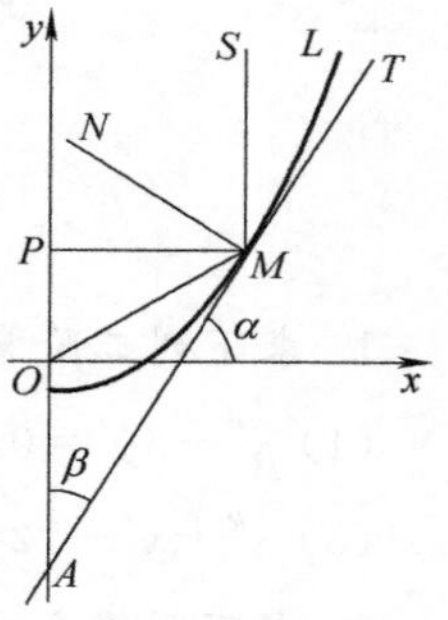

即

$$\frac{\mathrm{d}y}{\mathrm{d}x} = \frac{y}{x} + \sqrt{1 + \left(\frac{y}{x}\right)^2},$$

图 11-2

这是齐次方程. 令 $\dfrac{y}{x} = u$,则 $y = xu$,$\dfrac{\mathrm{d}y}{\mathrm{d}x} = u + x\dfrac{\mathrm{d}u}{\mathrm{d}x}$,代入上式,分离变量得

$$\frac{\mathrm{d}u}{\sqrt{1 + u^2}} = \frac{\mathrm{d}x}{x}.$$

两边积分,得

$$\ln(u + \sqrt{1 + u^2}) = \ln x - \ln C,$$

即

$$u + \sqrt{1 + u^2} = \frac{x}{C}.$$

以 $\frac{y}{x}=u$ 代入，整理得曲线 L 的方程为

$$y = \frac{x^2}{2C} - \frac{C}{2}.$$

上述 xOy 面上的抛物线绕 y 轴旋转所得旋转抛物面的方程为

$$y = \frac{x^2 + z^2}{2C} - \frac{C}{2}.$$

这就是所要求的旋转曲面的方程.

在实际问题中，可根据凹镜的底面直径 d 和顶点到底面的距离 h 确定常数 C 的取值. 以 $x=\frac{d}{2}$，$y+\frac{C}{2}=h$ 代入 $y=\frac{x^2}{2C}-\frac{C}{2}$，得 $C=\frac{d^2}{8h}$. 这时旋转曲面的方程为

$$y = \frac{4h(x^2 + z^2)}{d^2} - \frac{d^2}{16h}.$$

【例 11-28】（生物生长曲线）　氧气充足时，酵母增长规律为 $\frac{\mathrm{d}A}{\mathrm{d}t}=kA$. 而在缺氧条件下，酵母的发酵过程中会产生酒精，酒精将抑制酵母的继续发酵，在酵母增长的同时，酒精量也相应增加，酒精的抑制作用也相应增加，致使酵母的增长率逐渐下降，直到酵母量稳定地接近于一个极限值为止. 上述过程的数学模型如下

$$\frac{\mathrm{d}A}{\mathrm{d}t} = kA(A_m - A).$$

其中，A_m 为酵母量最后极限值，是一个常数. 它表示在前期酵母的增长率逐渐上升，到后期酵母的增长率逐渐下降. 求解此微分方程，并假定当 $t=0$ 时，酵母的现有量为 A_0.

解　方程 $\frac{\mathrm{d}A}{\mathrm{d}t}=kA(A_m-A)$ 是可分离变量的微分方程，分离变量得

$$\frac{\mathrm{d}A}{A(A_m - A)} = k\mathrm{d}t.$$

两边积分

$$\int \frac{\mathrm{d}A}{A(A_m - A)} = \int k\mathrm{d}t,$$

即

$$\frac{1}{A_m}\int\left(\frac{1}{A_m - A} + \frac{1}{A}\right)\mathrm{d}A = \int k\mathrm{d}t,$$

得

$$\ln \frac{A}{C(A_m - A)} = kA_m t.$$

因此所求微分方程的通解为

$$\frac{A}{A_m - A} = Ce^{kA_m t}.$$

又由初始条件：$t=0$ 时，$A=A_0$，可得 $C=\dfrac{A_0}{A_m-A_0}$. 于是微分方程的特解为

$$\frac{A}{A_m-A}=\frac{A_0}{A_m-A_0}e^{kA_mt},$$

即

$$A=\frac{A_m}{1+\left(\dfrac{A_m}{A_0}-1\right)e^{-kA_mt}}.$$

这就是在缺氧条件下，求得的酵母的现有量 A 与时间 t 的函数关系. 其图形所对应的曲线叫做生物生长曲线. 又名 Logistic 曲线. 在实际应用中常常遇到这样一类变量：变量的增长率 $\dfrac{\mathrm{d}A}{\mathrm{d}t}$ 与现有量 A、饱和值与现有量的差 A_m-A 都成正比. 这种变量是按 Logistic 曲线方程变化的，如图 11-3 所示. 在生物学、经济学等学科中常可见到这种类型的模型.

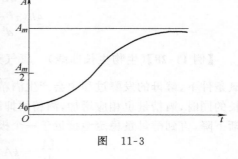

图　11-3

【例 11-29】（R—L 电路）　设有一个由电阻 $R=10\Omega$、电感 $L=2H$ 和电源电动势 $E=20\sin 5t$ V 串联组成的电路，开关 K 合上后，电路中有电流通过，求电流 i 与时间 t 的函数关系.

解　由电学知识，依题意得

$$20\sin 5t-2\frac{\mathrm{d}i}{\mathrm{d}t}-10i=0,$$

所以

$$\frac{\mathrm{d}i}{\mathrm{d}t}+5i=10\sin 5t.$$

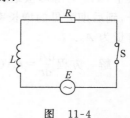

图　11-4

这是一阶线性微分方程，由通解公式得

$$i=e^{-\int 5\mathrm{d}t}\left(\int 10\sin 5t\cdot e^{\int 5\mathrm{d}t}\mathrm{d}t+C\right)=\sin 5t-\cos 5t+Ce^{-5t}.$$

由 $i|_{t=0}=0$ 可知，$C=1$，故所求电流 i 与时间 t 的函数关系为

$$i=e^{-5t}+\sqrt{2}\sin\left(5t-\frac{\pi}{4}\right).$$

【例 11-30】（物体的下沉）　设质量为 m 的物体（质点）从液面由静止开始在液体中下沉，假定液体的阻力与速度 v 呈正比，试求物体下沉时的位移 x 与时间 t 的关系.

解　设物体的起始点为坐标原点 O，物体下沉方向为 Ox 轴的正向. 物体在下降过程中受两个力的作用，一个是向下的重力 mg；另一个是向上的阻力 kv，其中

k 是大于零的比例常数. 由于物体下降的速度为 $\dfrac{\mathrm{d}x}{\mathrm{d}t}$, 加速度为 $\dfrac{\mathrm{d}^2 x}{\mathrm{d}t^2}$, 根据牛顿第二定律, 得

$$m\,\frac{\mathrm{d}^2 x}{\mathrm{d}t^2} = mg - k\,\frac{\mathrm{d}x}{\mathrm{d}t}.$$

这是二阶常系数线性非齐次微分方程, 其通解为

$$x = C_1 + C_2 \mathrm{e}^{-\frac{k}{m}t} + \frac{mg}{k}t.$$

又因为物体从静止开始运动, 所以 $x\big|_{t=0}=0$, $\dfrac{\mathrm{d}x}{\mathrm{d}t}\Big|_{t=0}=0$, 由此条件可得

$$C_1 = -\frac{m^2 g}{k^2}, \quad C_2 = \frac{m^2 g}{k^2},$$

所以位移与时间的关系是

$$x = \frac{mg}{k}\left[t - \frac{m}{k}\left(1 - \mathrm{e}^{-\frac{k}{m}t}\right)\right].$$

习 题 11.5

1. 已知曲线 $y=f(x)$ 上任一点 $M(x,y)$ 处的切线斜率与该切点到原点连线的斜率之和等于切点处的横坐标, 且曲线过点 $\left(2,\dfrac{4}{3}\right)$, 求该曲线的方程.

2. 设有连结点 $O(0,0)$ 和 $A(1,1)$ 的一段向上凸的曲线孤 $\overparen{OA}$, 对于弧 $\overparen{OA}$ 上任一点 $P(x,y)$, 曲线弧 $\overparen{OP}$ 与直线段 $\overline{OP}$ 所围图形的面积为 x^2, 求曲线弧 $\overparen{OA}$ 的方程.

3. 一物体放在 20℃ 的恒温室内冷却, 由 100℃ 冷却到 60℃ 经过 20 分钟, 试问共经过多少时间方可使物体的温度从开始时间的 100℃ 降到 30℃ (若物体的温度为 T, 则物体的冷却速度 $\dfrac{\mathrm{d}T}{\mathrm{d}t}$ 与物体温度同外界温度之差成正比).

4. 一个单位质量的质点在数轴上运动, 开始时质点在原点 O 处且速度为 v_0. 在运动过程中, 它受到一个力的作用, 这个力的大小与质点到原点的距离成正比 (比例系数 $k_1>0$) 而方向与初速度的方向一致, 又介质的阻力与速度成正比 (比例系数 $k_2>0$). 求该质点的运动规律.

5. 一链条悬挂在一钉子上, 启动时一端离钉子 8m, 另一端离开钉子 12m, 若不计摩擦阻力, 求此链条滑过钉子所需的时间.

总 习 题 11

1. 选择题

（1）下列方程中为一阶线性微分方程的是（　　）.

(A) $y-x=2$　　　　　　　　(B) $2y'-3y=x-y''$

(C) $x^2y'=x^3-y\sin x$　　　　(D) $y'-2x=y^2$

（2）一曲线上任意点 (x,y) 处的切线斜率等于 $-\dfrac{2x}{y}$，那么该曲线的图形是（　　）.

(A) 圆　　　　　(B) 椭圆　　　　(C) 双曲线　　　　(D) 抛物线

（3）设 C 为任意常数，则 $y=Ce^{2x}$（　　）.

(A) 不是微分方程 $y''-4y=0$ 的解

(B) 是微分方程 $y''-4y=0$ 的解

(C) 是微分方程 $y''-4y=0$ 的特解

(D) 是微分方程 $y''-4y=0$ 的通解

（4）微分方程 $y''+2y'-3y=xe^x$ 的特解的形式为 $y^*=$（　　）.

(A) axe^x　　　　　　　　(B) $(ax+b)e^x$

(C) $x(ax+b)e^x$　　　　　(D) $x^2(ax+b)e^x$

（5）设 $y_1(x),y_2(x)$ 是二阶常系数非齐次线性微分方程 $y''+py'+qy=f(x)$ 的两个解，则下列结论中正确的是（　　）.

(A) $y_1(x)+y_2(x)$ 是 $y''+py'+qy=f(x)$ 的解

(B) $y_1(x)-y_2(x)$ 是 $y''+py'+qy=f(x)$ 的解

(C) $y_1(x)+y_2(x)$ 是对应齐次方程 $y''+py'+qy=0$ 的解

(D) $y_1(x)-y_2(x)$ 是对应齐次方程 $y''+py'+qy=0$ 的解

2. 填空题

（1）微分方程 $\dfrac{\mathrm{d}y}{\mathrm{d}x}+\dfrac{x}{y}=0$ 的通解为 _____.

（2）已知微分方程 $y'-\dfrac{y}{x}=f(x)$ 的一个特解为 $y=x^2$，则该方程的通解是 _____.

（3）以 $y=C_1e^{-x}+C_2e^x$ 为通解的二阶常系数齐次线性微分方程是 _____.

（4）已知微分方程 $y''+3y'=f(x)$ 的一个特解为 y^*，则该方程的通解为 _____.

3. 求下列微分方程的通解：

（1）$xy'+y=1$；　　　　　　　（2）$y\mathrm{d}x+(y-x)\mathrm{d}y=0$；

（3）$y''+ay'=0$　（a 为任意常数）；　（4）$y''-y'-2y=xe^x$；

*（5）$(1+x)y''-y'=0$.

4. 求下列微分方程满足初始条件的特解：

(1) $y' = 2y$, $y|_{x=0} = 1$;

* (2) $y' = \dfrac{x}{y} + \dfrac{y}{x}$, $y|_{x=1} = 2$;

(3) $y'' - 2y' + y = 4e^{-x}$, $y|_{x=0} = 1$, $y'|_{x=0} = 0$.

5. 设 $y = f(x)$ 可导且满足 $\displaystyle\int_0^x t f(t) \, \mathrm{d}t = 2f(x) - 2$, 求 $f(x)$.

6. 一曲线过点 $(4, -1)$, 且其上任意点处的切线在切点与 x 轴之间的线段被 y 轴平分, 求该曲线的方程.

7. 设一单位质点, 从静止开始作直线运动, 假定受到一个和时间成正比的拉力 (比例系数为 $k > 0$) 及一个与速率成正比的阻力 (比例系数为 1) 的双重作用, 试求质点速度随时间变化的规律.

探月精神

部分习题答案与提示

第 7 章

习题 7.1

1. $2m - 3n = 8a - 5b + 6c$.

2. $\overrightarrow{D_1A} = -\left(c + \dfrac{1}{4}a\right), \overrightarrow{D_2A} = -\left(c + \dfrac{1}{2}a\right), \overrightarrow{D_3A} = -\left(c + \dfrac{3}{4}a\right)$.

3. 略.

4. $A : \text{II}, B : \text{V}, C : \text{VIII}, D : \text{IV}$.

5. A 在 xOy 面上, B 在 yOz 面上, C 在 y 轴上, D 在 x 轴上.

6. (1) $(a, b, -c)$、$(-a, b, c)$、$(a, -b, c)$;

    (2) $(a, -b, -c)$、$(-a, b, -c)$、$(-a, -b, c)$;

    (3) $(-a, -b, -c)$.

7. $(a, 0, 0)$、$(0, a, 0)$、$(0, 0, a)$、$(a, a, 0)$、$(0, a, a)$、$(a, 0, a)$、(a, a, a).

8. $(1, -4, 4), (-3, 12, -12)$.

9. x 轴: $\sqrt{41}$; y 轴: $\sqrt{29}$; z 轴: $2\sqrt{5}$.

10. $(0, 1, 1)$.

11. 略.

12. $\left(\dfrac{5}{9}, -\dfrac{7}{9}, \dfrac{\sqrt{7}}{9}\right)$ 或 $\left(-\dfrac{5}{9}, \dfrac{7}{9}, -\dfrac{\sqrt{7}}{9}\right)$.

13. 模: 2; 方向余弦: $-\dfrac{1}{2}, -\dfrac{\sqrt{2}}{2}, \dfrac{1}{2}$; 方向角: $\dfrac{2\pi}{3}, \dfrac{3\pi}{4}, \dfrac{\pi}{3}$.

14. (1) 垂直于 y 轴, 平行于 xOz 面;

    (2) 方向与 z 轴正向一致, 垂直于 xOy 面;

    (3) 平行于 x 轴, 垂直于 yOz 面.

15. $3\sqrt{3}$.

16. $B(0, 1, 13)$.

17. $3, -20j$.

习题 7.2

1. (1) $7, 3i-j-5k$；(2) $-42, -18i+6j+30k$，；(3) $\arccos\dfrac{\sqrt{21}}{6}$.

2. $-\dfrac{3}{2}$.

3. (1) -3；(2) $-\dfrac{3}{2}\sqrt{2}$.

4. $600g(\text{J})$.

5. $\lambda=2\mu$.

6. $\pm\left(-\dfrac{2}{15}, \dfrac{11}{15}, \dfrac{2}{3}\right)$.

7. $9\sqrt{2}$.

8. 略.

习题 7.3

1. $3x^2+3y^2+3z^2-48x-28y+8z+128=0$.

2. $(x+1)^2+(y+3)^2+(z-2)^2=9$.

3. 表示以点$(1,-2,2)$为球心,半径为 4 的球面方程.

4. $4x^2+4y^2+z^2=9$.

5. $x^2+z^2=4y$.

6. 绕 x 轴：$9x^2-4y^2-4z^2=16$；绕 y 轴：$9x^2-4y^2+9z^2=16$.

7. (1) xOz 平面上的椭圆$\dfrac{x^2}{4}+\dfrac{z^2}{9}=1$ 绕 z 轴旋转一周；

   (2) yOz 平面上的双曲线$-\dfrac{y^2}{9}+\dfrac{z^2}{16}=1$ 绕 y 轴旋转一周；

   (3) xOy 平面上的双曲线 $x^2-3y^2=1$ 绕 x 轴旋转一周；

   (4) yOz 平面上的直线 $z=y+a$ 绕 z 轴旋转一周.

8. 略.

9. 略.

习题 7.4

1. 略.

2. (1)圆；   (2)抛物线；   (3)双曲线.

3. 母线平行于 x 轴的柱面方程：$y^2 + 4z^2 = 9$；

     母线平行于 y 轴的柱面方程：$7z^2 - x^2 = 9$.

4. $\begin{cases} 2y^2 - 2y - 3x + 1 = 0, \\ z = 0. \end{cases}$

5. $\begin{cases} x^2 + y^2 + xy - 2 = 0, \\ z = 0. \end{cases}$

6. $\begin{cases} \dfrac{x^2}{64} + \dfrac{y^2}{32} = 1, \\ z = 0; \end{cases}$ $\begin{cases} y + z = 0, \\ x = 0, \end{cases} (|y| \leqslant 4\sqrt{2})$；$\begin{cases} \dfrac{x^2}{64} + \dfrac{z^2}{32} = 1, \\ y = 0. \end{cases}$

习题 7.5

1. $3x - 2y + 7z + 30 = 0$.

2. $2x + 9y - 6z - 121 = 0$.

3. $14x + 9y - z - 15 = 0$.

4. (1) 即 xOz 面；   (2) 平行于 yOz 面的平面；

    (3) 平行于 z 轴的平面；   (4) 通过 z 轴的平面；

    (5) 平行于 x 轴的平面；   (6) 通过 y 轴的平面；

    (7) 通过原点的平面.

5. $\dfrac{3\sqrt{2}}{10}, \dfrac{2\sqrt{2}}{5}, \dfrac{\sqrt{2}}{2}$.

6. $8x + 4y + 7z - 1 = 0$.

7. $\left(\dfrac{3}{2}, -\dfrac{1}{2}, -\dfrac{3}{2} \right)$.

8. (1) $x - 2 = 0$；   (2) $2x + y = 0$；

    (3) $4x + 7z - 25 = 0$.

9. (1) $\dfrac{\sqrt{3}}{2}$；   (2) $\dfrac{5\sqrt{3}}{6}$.

习题 7.6

1. $\dfrac{x+1}{1} = \dfrac{y-2}{-3} = \dfrac{z-5}{-1}$.

2. $\dfrac{x-2}{1} = \dfrac{y-3}{-5} = \dfrac{z-1}{4}$.

3. $\dfrac{x}{3}=\dfrac{y}{4}=\dfrac{z-1}{5}$; $\begin{cases} x=3t, \\ y=4t, \\ z=5t+1. \end{cases}$

4. $\dfrac{x+1}{2}=\dfrac{y-3}{7}=\dfrac{z+2}{4}$.

5. $\theta=\arccos\dfrac{\sqrt{21}}{7}$.

6. 略.

7. $\varphi=\arcsin\dfrac{7\sqrt{6}}{18}$.

8. $x-y-z+1=0$.

9. $8x-9y-22z-59=0$.

10. (1) 平行；(2) 垂直；(3) 直线在平面内.

11. $x-y+z=0$.

12. $\sqrt{\dfrac{46}{5}}$.

13. 略.

总习题 7

1. (1) C；　　(2) C；　　(3) B；　　(4) A.

2. (1) -3；　　(2) 1；　　(3) $x^2+2y^2=16$；

　　(4) $\begin{cases} (1-c)y+z=a-b, \\ x=0. \end{cases}$

3. $\dfrac{\pi}{3}$.

4. 30.

5. $x^2+y^2-2x+2y-4z+6=0$.

6. (1) zOx 平面上的曲线 $2x^2-z=0$ 绕 z 轴旋转而成,图形略；

　　(2) xOy 平面上的曲线 $\dfrac{x^2}{4}+\dfrac{y^2}{9}=1$ 绕 y 轴旋转而成,图形略；

　　(3) xOy 平面上的曲线 $x^2-y^2=2$ 绕 x 轴旋转而成,图形略.

7. $\begin{cases} 2x-2y+z-9=0, \\ x^2+y^2+z^2=25; \end{cases}$　　4.

8. $\begin{cases} x^2+y^2-x-y=0, \\ z=0; \end{cases}$ $\begin{cases} 2y^2+2yz+z^2-4y-3z+2=0, \\ x=0; \end{cases}$

$\begin{cases} 2x^2+2xz+z^2-4x-3z+2=0, \\ y=0. \end{cases}$

9. $\begin{cases} (x-1)^2+y^2\leqslant 1, \\ z=0; \end{cases}$ $\begin{cases} \left(\dfrac{z^2}{2}-1\right)^2+y^2\leqslant 1, z\geqslant 0, \\ x=0; \end{cases}$ $\begin{cases} x\leqslant z\leqslant\sqrt{2x}, \\ y=0. \end{cases}$

10. $(3,-1,0)$.

11. $x+2y+1=0$.

12. $\dfrac{x+1}{16}=\dfrac{y}{19}=\dfrac{z-4}{28}$.

第 8 章

习题 8.1

1. $f(2,1)=\dfrac{2}{3}$，$f(1,0)=0$，$f(tx,ty)=\dfrac{xy}{x^2-y^2}$.

2. $\dfrac{x^2-xy}{2}$.

3. (1) $\{(x,y)\,|\,x^2+y^2\leqslant 2\}$；   (2) $\{(x,y)\,|\,x\geqslant y,x+y<1\}$；

   (3) $\{(x,y,z)\,|\,r^2\leqslant x^2+y^2+z^2<R^2\}$； (4) $\{(x,y,z)\,|\,x^2+y^2\leqslant z\leqslant 2\}$.

4. (1) $2\ln 3$；   (2) 3；   (3) $\dfrac{4}{3}$；   (4) 2.

5. 略.

习题 8.2

1. (1) $\dfrac{\partial z}{\partial x}=3x^2y-y^3$， $\dfrac{\partial z}{\partial y}=x^3-3xy^2$；

   (2) $\dfrac{\partial z}{\partial x}=\dfrac{1}{y}-\dfrac{y}{x^2}$， $\dfrac{\partial z}{\partial y}=\dfrac{1}{x}-\dfrac{x}{y^2}$；

   (3) $\dfrac{\partial z}{\partial x}=\dfrac{-2xy}{(x^2+y^2)^2}$， $\dfrac{\partial z}{\partial y}=\dfrac{x^2-y^2}{(x^2+y^2)^2}$；

   (4) $\dfrac{\partial z}{\partial x}=2\sin 2(2x-3y)$， $\dfrac{\partial z}{\partial y}=-3\sin 2(2x-3y)$；

   (5) $\dfrac{\partial z}{\partial x}=\dfrac{2y}{\sqrt{4x-y^2}}$， $\dfrac{\partial z}{\partial y}=\dfrac{2(2x-y^2)}{\sqrt{4x-y^2}}$；

(6) $\dfrac{\partial z}{\partial x}=\dfrac{y}{z}x^{\frac{y}{z}-1}$, $\dfrac{\partial z}{\partial y}=\dfrac{1}{z}x^{\frac{y}{z}}\ln x$, $\dfrac{\partial u}{\partial z}=-\dfrac{y}{z^2}x^{\frac{y}{z}}\ln x$;

(7) $\dfrac{\partial u}{\partial x}=\dfrac{z^3}{2x\sqrt{\ln(2xy)}}$, $\dfrac{\partial u}{\partial y}=\dfrac{z^3}{2y\sqrt{\ln(2xy)}}$, $\dfrac{\partial u}{\partial z}=3z^2\sqrt{\ln(2xy)}$.

2. (1) $-\dfrac{1}{2}$, $\dfrac{1}{4}$;   (2) $1+2\ln 2$;   (3) $4x\mathrm{e}^{2x^2}$;   (4) -3, -1.

3. 略.   4. 略.

5. $\dfrac{\pi}{4}$.

6. (1) $z''_{xx}=6x$, $z''_{xy}=-4y$, $z''_{yy}=6y-4x$;

(2) $z''_{xx}=\dfrac{-2xy}{(x^2+y^2)^2}$, $z''_{xy}=\dfrac{x^2-y^2}{(x^2+y^2)^2}$, $z''_{yy}=\dfrac{2xy}{(x^2+y^2)^2}$;

(3) $z''_{xx}=y^x\ln^2 y$, $z''_{xy}=y^{x-1}(1+x\ln y)$, $z''_{yy}=x(x-1)y^{x-2}$;

(4) $z''_{xx}=-4\cos(2x-y)$, $z''_{xy}=2\cos(2x-y)$, $z''_{yy}=-\cos(2x-y)$.

7. 24, -6, 24.

8. 略.

习题 8.3

1. (1) $2(x-y)\mathrm{d}x+(3y^2-2x)\mathrm{d}y$;   (2) $\dfrac{1}{y}\mathrm{e}^{\frac{x}{y}}\mathrm{d}x-\dfrac{x}{y^2}\mathrm{e}^{\frac{x}{y}}\mathrm{d}y$;

(3) $\dfrac{2x^2-y^2}{\sqrt{x^2-y^2}}\mathrm{d}x-\dfrac{xy}{\sqrt{x^2-y^2}}\mathrm{d}y$;   (4) $\dfrac{5(y\mathrm{d}x-x\mathrm{d}y)}{(x+2y)^2}$;

(5) $(2x+y^2+z^3)\mathrm{d}x+2xy\mathrm{d}y+3xz^2\mathrm{d}z$;

(6) $yzx^{yz-1}\mathrm{d}x+zx^{yz}\ln x\mathrm{d}y+yx^{yz}\ln x\mathrm{d}z$.

2. (1) $\mathrm{d}z\big|_{(1,-1)}=-\left(\mathrm{d}x+\dfrac{2}{3}\mathrm{d}y\right)$;   (2) $\mathrm{d}u\big|_{(1,-1,2)}=4\mathrm{d}x-6\mathrm{d}y+3\mathrm{d}z$.

3. $\mathrm{d}z=-0.125$, $\Delta z=-0.119$.

*4. (1) 1.021;   (2) 0.502.

*5. $-5\mathrm{cm}$.

习题 8.4

1. $4t^3-7t^6$.

2. $\dfrac{\mathrm{e}^x(1+x)}{x^2\mathrm{e}^{2x}+1}$.

3. $\mathrm{e}^{2x}(4x-2x^3+2-3x^2)$.

4. $\dfrac{\partial z}{\partial x}=\mathrm{e}^{xy}\left[y\cos(2x-y)-2\sin(2x-y)\right]$, $\dfrac{\partial z}{\partial y}=\mathrm{e}^{xy}\left[x\cos(2x-y)+\sin(2x-y)\right]$.

5. $\dfrac{\partial z}{\partial x}=\dfrac{y^2\sin 2x+2x}{y^2\sin^2 x+x^2+y}$, $\dfrac{\partial z}{\partial y}=\dfrac{2y\sin^2 x+1}{y^2\sin^2 x+x^2+y}$.

6. $\dfrac{\partial z}{\partial x}=(2x+y)^{x+2y}\left[\ln(2x+y)+\dfrac{2x+4y}{2x+y}\right]$,

   $\dfrac{\partial z}{\partial y}=(2x+y)^{x+2y}\left[2\ln(2x+y)+\dfrac{x+2y}{2x+y}\right]$.

7. (1) $u'_x=2xf'_1+3f'_2$, $u'_y=-2yf'_1+2f'_2$.

   (2) $u'_x=f'_1+yzf'_2$, $u'_y=2yf'_1+xzf'_2$, $u'_z=3z^2f'_1+xyf'_2$.

   (3) $u'_x=f'_1+f'_2$, $u'_y=-f'_1+2f'_2+f'_3$.

   (4) $u'_x=\dfrac{1}{y}f'_1$, $u'_y=-\dfrac{x}{y^2}f'_1+\dfrac{1}{z}f'_2$, $u'_z=-\dfrac{y}{z^2}f'_2$.

8. 0

9. 略.

10. (1) $\dfrac{\partial^2 z}{\partial x^2}=y^2 f''_{11}$, $\dfrac{\partial^2 z}{\partial x\partial y}=f'_1+y(xf''_{11}+f''_{12})$, $\dfrac{\partial^2 z}{\partial y^2}=x^2 f''_{11}+2xf''_{12}+f''_{22}$;

   (2) $\dfrac{\partial^2 z}{\partial x^2}=2yf'_2+y^4 f''_{11}+4xy^3 f''_{12}+4x^2 y^2 f''_{22}$,

   $\dfrac{\partial^2 z}{\partial x\partial y}=2yf'_1+2xf'_2+2xy^3 f''_{11}+2x^3 yf''_{22}+5x^2 y^2 f''_{12}$,

   $\dfrac{\partial^2 z}{\partial y^2}=2xf'_1+4x^2 y^2 f''_{11}+4x^3 yf''_{12}+x^4 f''_{22}$.

11. $\dfrac{\partial^2 w}{\partial x\partial z}=f''_{11}+yf'_2+y(x+z)f''_{12}+xy^2 zf''_{22}$.

习题 8.5

1. $\dfrac{\mathrm{e}^x+y}{3y^2-x}$.

2. $\dfrac{x+y}{x-y}$.

3. (1) $z'_x=\dfrac{y(\cos xy-z)}{z^2+xy}$, $z'_y=\dfrac{x(\cos xy-z)}{z^2+xy}$;

   (2) $z'_x=\dfrac{z(1-2xyz)}{x-z}$, $z'_y=\dfrac{z^2(1+yx^2)}{(z-x)y}$.

4. 1.

5. $dz\big|_{(1,1)} = -dx + dy.$

6. 略.

7. 略.

8. $\dfrac{\partial^2 z}{\partial x^2} = -\dfrac{16xz}{(3z^2-2x)^3}, \quad \dfrac{\partial^2 z}{\partial y^2} = -\dfrac{6z}{(3z^2-2x)^3}.$

9. $\dfrac{\partial^2 z}{\partial x \partial y}\bigg|_{\substack{x=0 \\ y=0}} = \dfrac{1}{2}.$

习题 8.6

1. （1）切线方程：$\dfrac{x-1}{-2} = \dfrac{y-2}{-1} = \dfrac{z+1}{3}$，法平面方程：$2x+y-3z-7=0$；

   （2）切线方程：$\dfrac{x}{1} = \dfrac{y-1}{2} = \dfrac{z-e}{e}$，法平面方程：$x+2y+ez-2-e^2=0.$

2. $(-6,8,21).$

3. （1）切平面方程：$x+2y-4=0$，法线方程：$\dfrac{x-2}{1} = \dfrac{y-1}{2} = \dfrac{z}{0}$；

   （2）切平面方程：$3x+4y-5z=0$，法线方程：$\dfrac{x-3}{3} = \dfrac{y-4}{4} = \dfrac{z-5}{-5}.$

4. $(1,1,1).$

5. $x-y+2z = \pm\sqrt{\dfrac{11}{2}}.$

6. $(-3,-1,3).$

7. 略.

习题 8.7

1. 极大值 $f(2,-2)=8.$

2. 极大值 $f(-1,1)=1.$

3. 极小值 $z(1,0)=-1.$

4. 极大值 $z(3,2)=36.$

5. 2.

6. $\left(\dfrac{8}{5},\dfrac{16}{5}\right).$

7. 当长、宽均为 $\sqrt[3]{2V}$，高为 $\dfrac{1}{2}\sqrt[3]{2V}$ 时，表面积最小.

8. 当两边分别为 $\dfrac{\sqrt{2}}{2}R,\sqrt{2}R$ 时，可得最大面积的矩形.

总习题 8

1. (1) D；   (2) B；   (3) B；   (5) A.

2. (1) $\dfrac{\mathrm{d}x - 2y\mathrm{d}y}{x - y^2}$；

  (2) $-8(2x + y)\mathrm{e}^{-(2x+y)^2}$；

  (3) $\dfrac{x-1}{2} = \dfrac{y-1}{1} = \dfrac{z-1}{4}$；

  (4) -5.

3. $f'_x(x, y) = \begin{cases} \dfrac{y^3}{(x^2 + y^2)^{\frac{3}{2}}}, & x^2 + y^2 \neq 0, \\ 0, & x^2 + y^2 = 0, \end{cases}$

4. $\dfrac{\partial z}{\partial x} = -\dfrac{2xyf'}{f^2}, \quad \dfrac{\partial z}{\partial y} = \dfrac{2y^2 f' + f}{f^2}$.

5. $\dfrac{\partial^2 z}{\partial x \partial y} = f_1' - \dfrac{1}{x^2} f_2' + xyf_{11}'' - \dfrac{y}{x^3} f_{22}''$.

6. $a = 3$ 或 -2.

7. 长、宽、高分别取 $2\mathrm{m}$、$2\mathrm{m}$、$3\mathrm{m}$.

8. 高 $h = \dfrac{2R}{\sqrt{3}}$.

9. 略.

10. 略.

第 9 章

习题 9.1

1. $\displaystyle\iint\limits_{D} \mu(x, y)\mathrm{d}\sigma$.

2. (1) $I_1 \geqslant I_2$；   (2) $I_1 \leqslant I_2$；   (3) $I_1 \leqslant I_2 \leqslant I_3$.

3. (1) $8 \leqslant I \leqslant 8\sqrt{2}$；   (2) $0 \leqslant I \leqslant 2\pi$；   (3) $1 \leqslant I \leqslant \dfrac{5}{2}$.

习题 9.2

1. (1) 1；   (2) $\dfrac{1}{6}$；   (3) $-\dfrac{3}{2}\pi$；   (4) $\dfrac{11}{15}$.

2. (1) $\dfrac{6}{55}$；   (2) $\dfrac{1}{2}(1 - \cos 2)$；

(3) $e - e^{-1}$；   (4) $-\dfrac{5}{6}$.

3. (1) $\displaystyle\int_0^1 dx \int_0^{2-2x} f(x,y)dy$ 或 $\displaystyle\int_0^2 dy \int_0^{\frac{1}{2}(2-y)} f(x,y)dx$；

   (2) $\displaystyle\int_0^1 dx \int_{-\sqrt{x}}^{\sqrt{x}} f(x,y)dy$ 或 $\displaystyle\int_{-1}^1 dy \int_{y^2}^1 f(x,y)dx$；

   (3) $\displaystyle\int_1^3 dx \int_{\frac{1}{x}}^x f(x,y)dy$ 或 $\displaystyle\int_{\frac{1}{3}}^1 dy \int_{\frac{1}{y}}^3 f(x,y)dx + \int_1^3 dy \int_y^3 f(x,y)dx$.

4. 略.

5. (1) $\displaystyle\int_0^1 dy \int_y^1 f(x,y)dx$；   (2) $\displaystyle\int_0^4 dx \int_{\frac{x}{2}}^{\sqrt{x}} f(x,y)dy$；

   (3) $\displaystyle\int_1^{\sqrt{2}} dy \int_{-\sqrt{2-y^2}}^{\sqrt{2-y^2}} f(x,y)dx$；

   (4) $\displaystyle\int_0^1 dx \int_0^x f(x,y)dy + \int_1^2 dx \int_0^{2-x} f(x,y)dy$；

   (5) $\displaystyle\int_0^1 dy \int_{\frac{y}{2}}^y f(x,y)dx$.

6. 略.

7. 略.

8. $\dfrac{4}{3}$.   9. 1.   10. $\dfrac{40}{3}$.

11. (1) $\displaystyle\int_0^{2\pi} d\theta \int_0^3 f(\rho\cos\theta, \rho\sin\theta)\rho d\rho$；

   (2) $\displaystyle\int_0^{2\pi} d\theta \int_a^b f(\rho\cos\theta, \rho\sin\theta)\rho d\rho$；

   (3) $\displaystyle\int_0^{\pi} d\theta \int_0^{\sin\theta} f(\rho\cos\theta, \rho\sin\theta)\rho d\rho$；

   (4) $\displaystyle\int_{\frac{\pi}{4}}^{\frac{\pi}{2}} d\theta \int_0^{\csc\theta} f(\rho\cos\theta, \rho\sin\theta)\rho d\rho$；

   (5) $\displaystyle\int_0^{\frac{\pi}{4}} d\theta \int_{\frac{2}{\sin\theta+\cos\theta}}^{2\cos\theta} f(\rho\cos\theta, \rho\sin\theta)\rho d\rho$.

12. (1) $\displaystyle\int_{\frac{\pi}{4}}^{\frac{\pi}{3}} d\theta \int_0^{\sec\theta} f(\rho\cos\theta, \rho\sin\theta)\rho d\rho$；

   (2) $\displaystyle\int_0^{\frac{\pi}{4}} d\theta \int_0^{a\sec\theta} f(\rho^2)\rho d\rho + \int_{\frac{\pi}{4}}^{\frac{\pi}{2}} d\theta \int_0^{a\csc\theta} f(\rho^2)\rho d\rho$；

   (3) $\displaystyle\int_0^{\frac{\pi}{2}} d\theta \int_0^{2\sin\theta} f(\rho\cos\theta, \rho\sin\theta)\rho d\rho$；

   (4) $\displaystyle\int_0^{\frac{\pi}{4}} d\theta \int_{\sec\theta\tan\theta}^{\sec\theta} f(\rho\cos\theta - \rho\sin\theta)\rho d\rho$.

13. (1) 4π；　　　(2) $\sqrt{2}-1$；　　　　　(3) $\dfrac{16}{9}$；

(4) $\dfrac{\pi}{2}(1-\mathrm{e}^{-a^2})$.

14. (1) 18π；　　　(2) $\pi(\cos\pi^2-\cos 4\pi^2)$；　　　(3) $\dfrac{3}{64}\pi^2$；

(4) $\dfrac{\pi}{4}(2\ln 2-1)$.

15. (1) $\dfrac{8}{3}$；　　(2) 1；　　(3) $\dfrac{9}{4}$；　　(4) $\dfrac{\pi}{8}(\pi-2)$.

16. 18π.

17. $\dfrac{3\pi}{32}a^4$.

习题 9.3

1. $\dfrac{1}{6}\pi[(1+4R^2)^{\frac{3}{2}}-1]$.　　　2. 20π.　　　3. $8(\pi-2)$.

4. (1) $\bar{x}=\dfrac{12}{5}, \bar{y}=0$；　　　　　(2) $\bar{x}=\dfrac{1}{2}, \bar{y}=\dfrac{2}{5}$；

(3) $\bar{x}=0, \bar{y}=\dfrac{b^2+ab+a^2}{2(a+b)}$.

5. $\bar{x}=\dfrac{39}{55}, \bar{y}=\dfrac{37}{55}$.

6. (1) $I_x=\dfrac{32}{105}, I_y=\dfrac{4}{15}$；　　　　(2) $I_x=I_y=\dfrac{1}{4}\pi a^4, I_z=\dfrac{1}{2}\pi a^4$；

(3) $I_a=\dfrac{1}{3}ab^3, I_b=\dfrac{1}{3}a^3b$.

习题 9.4

1. (1) $\displaystyle\int_0^1\mathrm{d}x\int_0^2\mathrm{d}y\int_{-1}^3 f(x,y,z)\mathrm{d}z$；

(2) $\displaystyle\int_{-1}^1\mathrm{d}x\int_{-\sqrt{1-x^2}}^{\sqrt{1-x^2}}\mathrm{d}y\int_{\sqrt{x^2+y^2}}^1 f(x,y,z)\mathrm{d}z$；

(3) $\displaystyle\int_0^1\mathrm{d}x\int_0^{1-x}\mathrm{d}y\int_0^{xy} f(x,y,z)\mathrm{d}z$.

2. $\dfrac{3}{2}$.

3. (1) $\dfrac{2}{3}$；　　　(2) $\dfrac{1}{2}\left(\ln 2-\dfrac{5}{8}\right)$；　　　(3) $\dfrac{1}{48}$.

4. (1) π；　　　(2) $\dfrac{1}{2}\pi$.

5. (1) $\dfrac{32}{3}\pi$;   (2) π;   (3) $\dfrac{1}{6}\pi$.

6. $\left(0,0,\dfrac{27}{20}\right)$.

7. $\dfrac{1}{10}\pi$.

习题 9.5

1. (1) $2\pi R^7$;   (2) $-\dfrac{3}{2}\sqrt{2}$;   (3) $\dfrac{1}{12}(5\sqrt{5}+6\sqrt{2}-1)$;

    (4) $\pi+1$;   (5) $(2+\sqrt{2}\pi)\mathrm{e}^{\pi}-2$.

2. πR^3.

习题 9.6

1. (1) $\dfrac{4}{3}$;   (2) $-\dfrac{16}{5}\sqrt{2}$;   (3) 4;

    (4) -2π;   (5) $-2\pi a^2$.

2. (1) $\dfrac{9}{2}$;   (2) $\dfrac{7}{2}$;   (3) $\dfrac{7}{6}$.

3. $-|\boldsymbol{F}|a$.

习题 9.7

1. (1) $\dfrac{\pi}{2}a^4$;   (2) 4;   (3) 0;

    (4) -16;   (5) $4-\dfrac{1}{3}\pi^3$.

2. (1) πR^2;   (2) πab.

3. (1) $-\dfrac{32}{3}$;   (2) $2\mathrm{e}^4$.

4. 2.

总习题 9

1. (1) C;   (2) D;   (3) C;   (4) B.

2. (1) $\dfrac{2}{3}\pi R^3$;   (2) $f(0,0)$;

    (3) $\displaystyle\int_0^{\pi}\mathrm{d}\theta\int_0^{2a\sin\theta}f(\rho\cos\theta,\,\rho\sin\theta)\rho\,\mathrm{d}\rho$;

    (4) $12l$.

3. (1) $\displaystyle\int_0^2\mathrm{d}x\int_{\frac{1}{2}x}^{3-x}f(x,y)\,\mathrm{d}y$;

    (2) $\displaystyle\int_0^1\mathrm{d}y\int_0^{y^2}f(x,y)\,\mathrm{d}x+\int_1^2\mathrm{d}y\int_0^{\sqrt{2y-y^2}}f(x,y)\,\mathrm{d}x$.

4. 提示：先交换二次积分的次序；$\dfrac{1}{2}(1-e^{-a^2})$.

5. (1) $\pi^2-\dfrac{40}{9}$;   (2) $\dfrac{1}{3}R^3\left(\pi-\dfrac{4}{3}\right)$;

   (3) $\dfrac{1}{2}\pi-1$.

6. $\dfrac{1}{2}\sqrt{a^2b^2+b^2c^2+c^2a^2}$.

7. $\dfrac{4}{7}$, $\dfrac{368}{105}$.

*8. (1) $\dfrac{13}{4}\pi$;   (2) $\dfrac{256}{3}\pi$.

*9. $\dfrac{4}{15}\pi$.

*10. (1) -18π;   (2) $\dfrac{1}{2}\pi$.

*11. (1) $\dfrac{8}{3}a^4$;   (2) $\bar{x}=0$, $\bar{y}=0$, $\bar{z}=\dfrac{7}{15}a^2$;

   (3) $I_z=\dfrac{112}{45}a^6\rho$.

第 10 章

习题 10.1

1. (1) $u_n=\dfrac{1}{2n}$;   (2) $u_n=\dfrac{n+1}{n^2+1}$;

   (3) $u_n=(-1)^{n-1}\dfrac{n+1}{n}$;   (4) $u_n=(-1)^{n-1}\dfrac{a^{n+1}}{2n+1}$.

2. $u_1=1$, $u_2=\dfrac{1}{3}$, $u_n=\dfrac{2}{n(n+1)}$, $S=2$.

3. (1) 发散;   (2) 收敛;   (3) 发散.

4. (1) 收敛;   (2) 发散;   (3) 收敛;   (4) 发散;   (5) 收敛.

5. (1) 收敛;   (2) 发散;   (3) 收敛;   (4) 发散.

习题 10.2

1. (1) 收敛;   (2) 发散;   (3) 发散;   (4) 收敛;   (5) 收敛.

2. (1) 收敛;   (2) 发散;   (3) 收敛;   (4) 收敛;   (5) 发散.

3. (1) 收敛;   (2) 发散;   (3) 收敛;   (4) 发散;   (5) 发散;

   (6) $\alpha>1$ 时收敛, $\alpha\leqslant1$ 时发散.

4. （1）绝对收敛；　　　（2）绝对收敛；　　　（3）条件收敛；

　　（4）绝对收敛；　　　（5）发散；　　　　（6）条件收敛.

习题 10.3

1. （1）$R = 1,(-1,1)$;　　　　　　　　　（2）$R = +\infty(-\infty,+\infty)$;

　　（3）$R = 2,(-4,0)$;　　　　　　　　　（4）$R = 1,(-1,1)$;

　　（5）$R = \dfrac{1}{2},\left(-\dfrac{1}{2},\dfrac{1}{2}\right)$.

2. （1）$[-1,1]$;　　　　　　　　　　　　（2）$(-3,3]$.

3. （1）$-\ln(1-x)$　$(-1 < x < 1)$;　　　（2）$\dfrac{1}{(1+x)^2}$　$(-1 < x < 1)$.

习题 10.4

1. （1）$\displaystyle\sum_{n=0}^{\infty} x^{2n},(-1 < x < 1)$;

　　（2）$\displaystyle\sum_{n=0}^{\infty} \dfrac{(-1)^n}{2^{n+1}}x^n,(-2 < x < 2)$;

　　（3）$\displaystyle\sum_{n=0}^{\infty} (-1)^n \dfrac{x^{n+1}}{n!},(-\infty < x < +\infty)$;

　　（4）$\displaystyle\sum_{n=1}^{\infty} (-1)^{n-1} \dfrac{2^{2n-1}}{(2n)!}x^{2n},(-\infty < x < +\infty)$;

　　（5）$\displaystyle\sum_{n=0}^{\infty} \dfrac{2}{4n+1}x^{4n+1},(-1 < x < 1)$;

　　（6）$\displaystyle\sum_{n=0}^{\infty} \left(\dfrac{1}{2^{n+1}} - \dfrac{1}{3^{n+1}}\right)x^n,(-2 < x < 2)$.

2. （1）$\ln 2 + \displaystyle\sum_{n=1}^{\infty} \dfrac{(-1)^{n-1}}{n2^n}(x-1)^n,(-1 < x \leqslant 3)$;

　　（2）$-\dfrac{1}{3} \displaystyle\sum_{n=0}^{\infty} \left(1 + \dfrac{(-1)^n}{2^{n+1}}\right)(x-1)^n,(0 < x < 2)$.

3. $\dfrac{1}{2} \displaystyle\sum_{n=0}^{\infty} (-1)^n \left[\dfrac{1}{(2n)!}\left(x+\dfrac{\pi}{3}\right)^{2n} + \dfrac{\sqrt{3}}{(2n+1)!}\left(x+\dfrac{\pi}{3}\right)^{2n+1}\right],(-\infty < x < +\infty)$.

习题 10.5

1. 0.9848.

2. 2.715.

3. 0.7636.

总习题 10

1. (1) A;　　　　(2) C;　　　　(3) D;　　　　(4) B.

2. (1) $\dfrac{1}{3}$;　　(2) $p > 0$;　　(3) $(-4, 0)$;　　(4) $\left|\dfrac{a}{b}\right|$.

3. (1) 发散;　　　　(2) 发散;　　　　(3) 收敛;

　(4) $0 < a < 1$ 时收敛, $a \geqslant 1$ 时发散;　　　　(5) 收敛.

4. (1) 绝对收敛;　　(2) 绝对收敛;　　(3) 发散;　　(4) 条件收敛.

5. (1) $\left(-\dfrac{1}{3}, \dfrac{1}{3}\right), S(x) = -\ln(1 - 3x)$;

　(2) $(-\sqrt{2}, \sqrt{2}), S(x) = \dfrac{2 + x^2}{(2 - x^2)^2}$;

　(3) $(-1, 1), S(x) = \dfrac{x}{1 - x} - \ln(1 - x)$;

　(4) $(-1, 1), S(x) = \dfrac{x}{(1 + x)^2}$.

6. (1) $(x + 1)e^x = \displaystyle\sum_{n=0}^{\infty} \dfrac{n+1}{n!} x^n, (-\infty < x + \infty)$;

　(2) $\sin x - x\cos x = \displaystyle\sum_{n=1}^{\infty} \dfrac{(-1)^{n-1}}{(2n+1)(2n-1)!} x^{2n+1}, (-\infty < x < +\infty)$;

　(3) $\dfrac{1}{(2 - x)^2} = \displaystyle\sum_{n=0}^{\infty} \dfrac{n+1}{2^{n+2}} x^n, (-2 < x < 2)$.

7. $\ln \dfrac{x}{1+x} = -\ln 2 + \displaystyle\sum_{n=1}^{\infty} \dfrac{(-1)^{n-1}}{n}\left(1 - \dfrac{1}{2^n}\right)(x-1)^n, (0 < x \leqslant 2)$.

第 11 章

习题 11.1

1. (1) 是, 一阶;　　(2) 是, 二阶;　　(3) 不是;　　(4) 是, 一阶;

　(5) 是, 二阶.

2. $y = \dfrac{1}{3} x^3$.

3. $x^2 - xy + y^2 = 1$.

4. $y' = x^2$.

习题 11.2

1. (1) $y = Ce^{3x^2}$;　　　　　　(2) $e^y = e^x + C$;

　(3) $\ln x + \ln y + x - y = C$;　　(4) $y = e^{Cx}$

(5) $3\mathrm{e}^{-y^2} = 2\mathrm{e}^{3x} + C.$

*2.(1) $\sin \dfrac{y}{x} = Cx$;   (2) $x^3 - 2y^3 = Cx$;

    (3) $Cy = 1 + \ln \dfrac{y}{x}.$

*3.(1) $\arctan(x+y) = x + C$;   (2) $y = \dfrac{1}{x}\mathrm{e}^{Cx-1}.$

4. (1) $(1-x^2)(4+y^2) = 5$;   (2) $y = \dfrac{1}{1+\ln(1+x)}.$

5. (1) $y = (x+C)\mathrm{e}^{-x^2}$;   (2) $y = \dfrac{C - \cos x}{x}$;

    (3) $y = \sin x + C\cos x$;   (4) $y = (1+x^2)(x+C)$;

    (5) $x = \mathrm{e}^y\left[C + \dfrac{1}{2}\mathrm{e}^{-2y}\right]$;   (6) $x = y[(\ln y)^2 + \ln y + C].$

6. (1) $y = \dfrac{x}{\cos x}$;   (2) $y\sin x + 5\mathrm{e}^{\cos x} = 1$;

    (3) $y = \dfrac{1}{2}x^3(1 - \mathrm{e}^{\frac{1}{x^2}-1})$;   (4) $y = (x+1)\mathrm{e}^x.$

7. $y = 2(\mathrm{e}^x - x - 1).$

* 习题 11.3

1. (1) $y = \mathrm{e}^{-x} + C_1 x + C_2$;

    (2) $y = \cos x - 5x^4 + C_1 x^2 + C_2 x + C_3$;

    (3) $y = C_1 \mathrm{e}^{2x} + C_2$;   (4) $y = \tan(C_1 x + C_2)$;

    (5) $y = -\ln \cos(x + C_1) + C_2$;   (6) $y = \arcsin(C_2 \mathrm{e}^x) + C_1.$

2. $y = \dfrac{1}{2}(x^2 - 3).$

3. $y = -\dfrac{1}{a}\ln|ax+1|.$

4. $y = \ln x + \dfrac{1}{2}\ln^2 x.$

5. $y = \sqrt{2x - x^2}.$

6. $y = \dfrac{1}{6}x^3 + \dfrac{1}{2}x + 1.$

习题 11.4

1. (1) $y = C_1 + C_2 e^{6x}$; (2) $y = C_1 \cos \sqrt{5}x + C_2 \sin \sqrt{5}x$;

   (3) $y = C_1 e^{-4x} + C_2 e^{3x}$; (4) $y = (C_1 + C_2 x)e^{3x}$.

2. (1) $y = e^{-x} - e^{-2x}$; (2) $y = 2\cos 3x + \sin 3x$.

   (3) $y = (2 + x)e^{-\frac{x}{2}}$; (4) $y = e^{2x} \sin 3x$.

3. (1) $y^* = a e^{2x}$; (2) $y^* = x^2 (b_0 x + b_1)e^x$;

   (3) $y^* = x e^x (a\cos 2x + b\sin 2x)$;

   (4) $y^* = x(a\cos x + b\sin x)$.

4. (1) $y = C_1 \cos x + C_2 \sin x + 2x$;

   (2) $y = C_1 e^{-2x} + C_2 e^{2x} - e^x$

   (3) $y = C_1 e^{-x} + C_2 e^{\frac{x}{2}} - 2x e^{-x}$;

   (4) $y = (C_1 + C_2 x)e^{3x} + x^2 \left(\frac{1}{6}x + \frac{1}{2} \right)e^{3x}$;

   (5) $y = C_1 e^{-x} + C_2 e^{3x} + \sin x + 2\cos x$;

   (6) $y = e^x (C_1 \cos x + C_2 \sin x) - \frac{1}{2}x e^x \cos x$.

5. $y = \frac{3}{4} + \frac{1}{4}e^{2x} + \frac{1}{2}x e^{2x}$.

* 习题 **11.5**

1. $y = \frac{1}{3}x^2$.

2. $f(x) = -4x\ln x + x$.

3. 经过 1h.

4. $x = \frac{v_0}{\lambda}(1 - e^{-\lambda t})e^{\frac{1}{2}(\lambda - k_2)t}$, 其中 $\lambda = \sqrt{k_2^2 + 4k_1}$.

5. 约 $2.3(\text{s})$.

总习题 **11**

1. (1) C; (2) B; (3) B; (4) C; (5) D.

2. (1) $x^2 + y^2 = C$ (2) $y = x(x + C)$;

   (3) $y'' - y = 0$; (4) $C_1 + C_2 e^{-3x} + y^*$.

3. (1) $y = 1 + \frac{C}{x}$; (2) $x = y(C - \ln y)$;

   (3) $a = 0$ 时, $y = C_1 x + C_2$; $a \neq 0$ 时, $y = C_1 + C_2 e^{-ax}$;

(4) $y = C_1 \mathrm{e}^{-x} + C_2 \mathrm{e}^{2x} - \left(\dfrac{1}{2} x + \dfrac{1}{4} \right) \mathrm{e}^x$;

* (5) $y = C_1 \left(\dfrac{1}{2} x^2 + x \right) + C_2$.

4. (1) $y = \mathrm{e}^{2x}$;   * (2) $y^2 = 2x^2 (\ln x + 2)$;   (3) $y = x \mathrm{e}^x + \mathrm{e}^{-x}$.

5. $f(x) = \mathrm{e}^{\frac{x^2}{4}}$.

6. $y = -\dfrac{1}{2} \sqrt{x}$.

7. $v = k(t - 1 + \mathrm{e}^{-t})$.

参 考 文 献

[1]　华东师范大学数学系. 数学分析[M]. 3版. 北京:高等教育出版社,2001.

[2]　李成章,黄玉民. 数学分析[M]. 2版. 北京:科学出版社,2007.

[3]　同济大学数学系. 高等数学[M]. 6版. 北京:高等教育出版社,2007.

[4]　西北工业大学高等数学教材编写组. 高等数学[M]. 北京:科学出版社,2005.

[5]　李忠,周建莹. 高等数学[M]. 北京:北京大学出版社,2004.

[6]　刘金林. 高等数学[M]. 北京:机械工业出版社,2009.

[7]　同济大学数学系. 高等数学(本科少学时类型)[M]. 3版. 北京:高等教育出版社,2006.

[8]　赵树嫄. 微积分[M]. 修订版. 北京:中国人民大学出版社,1988.